联合作战实验概论

司光亚 吴 曦 王艳正 杨镜宇 编著

国防工业出版社

·北京·

内 容 简 介

本书着眼于新时代强军思想指导和备战打仗的实践，通过梳理总结国内外联合作战实验研究成果，借鉴外军作战实验最新进展，结合编者团队在长期联合作战实验活动中的积淀精华和实践与理论迭代升华形成的最新成果，重点围绕联合作战实验基本概念、类型、框架和模式等内容阐述联合作战实验基本原理，按照实验设计、实验实施和实验分析的逻辑关系详述联合作战实验基本方法，并以实践案例形式介绍联合作战实验典型应用。

本书可作为军事运筹与作战实验专业学科的研究生基础教材，也可为从事联合作战实验工作的科研院所、部队等提供基础读物。

图书在版编目（CIP）数据

联合作战实验概论/司光亚等编著. —北京：国防工业出版社，2024.3(2024.12 重印).
ISBN 978 – 7 – 118 – 13109 – 3

Ⅰ.①联… Ⅱ.①司… Ⅲ.①联合作战—研究 Ⅳ.①E837

中国国家版本馆 CIP 数据核字(2024)第 045648 号

※

国防工业出版社出版发行

（北京市海淀区紫竹院南路 23 号　邮政编码 100048）
北京虎彩文化传播有限公司印刷
新华书店经售

*

开本 710×1000　1/16　印张 18¾　字数 345 千字
2024 年 12 月第 1 版第 2 次印刷　印数 2001—3500 册　定价 118.00 元

（本书如有印装错误，我社负责调换）

国防书店：(010)88540777　　书店传真：(010)88540776
发行业务：(010)88540717　　发行传真：(010)88540762

编写委员会

主　编：司光亚

副主编：吴　曦　　王艳正　　杨镜宇

编　者：王玉帅　　何吕龙　　罗　凯　　孟祥林
　　　　伍文峰　　尹宗润　　黄　凯　　智　韬
　　　　兰　旭　　曹　伟　　马　骏　　孙宏宇
　　　　范世奇　　刘虹麟　　张大永　　张玉婷

排　版：兰　旭　　王玉帅　　范世奇　　张玉婷

前言 PREFACE

实验是人类认识世界的主要科学范式之一,不仅在自然科学领域广泛应用,而且在社会科学领域也已经成为愈加重要的研究手段。在军事领域,20世纪80年代兴起的作战实验经过近半个世纪的不断发展,也已经成为研究战争的重要方法。联合作战实验作为作战实验的高级阶段,是当前各国军队普遍关注的新领域,无论理论研究还是实践探索都是极为活跃的新热点。构建先进的联合作战实验体系是建设一流军队,实现军队现代化进程的基础工程,已经受到全军上下的广泛关注,正在加快推进。为适应新的形势、突出发展重点,军事运筹学学科也调整为军事运筹与作战实验。为满足相关专业人才培养急需,我们特编写了此书。

本书通过梳理国内外联合作战实验理论的研究成果,归纳我军联合作战实验的最新实践探索,结合编者团队近年来开展多项各类联合作战实验的收获和体会,重点阐述联合作战实验的基本概念、基本原理和基本方法,目的是为军事运筹与作战实验专业的研究生提供一本基础教材,也为从事联合作战实验的机关、部队和科研院所的同志提供一本基础读物,以便更好地统一认识,更好地开展相关工作。

全书分为三大部分,共7章。第一部分,联合作战实验基本原理,包括第1章和第2章,主要阐述联合作战实验概念内涵、类型、地位作用、历史发展、基本框架、基本模式和基本流程等内容;第二部分,联合作战实验基本方法,包括第3~6章,涵盖联合作战实验设计、实验实施、实验分析以及实验系统等内容;第三部分,作战实验典型应用及案例,即第7章,主要以案例形式介绍联合作战实验的应用情况,使读者对联合作战实验有一些感性认识。

本书由司光亚担任主编,吴曦、王艳正、杨镜宇为副主编。第1章由司光亚、王玉帅负责撰写,第2章由王艳正、智韬、范世奇负责撰写,第3章由吴曦、孟祥林、孙宏宇负责撰写，第 4 章由吴曦、何吕龙负责撰写，第 5 章由伍文峰、黄凯、兰旭、曹伟负责撰写，第 6 章由罗凯、尹宗润负责撰写，第 7 章由杨镜宇、马骏、刘虹麟、张大永、张玉婷负责撰写。司光亚负责本书总体框架设计和统稿，并对全书各章节进行修改审校；吴曦参加本书的统稿以及第 3、4、6 章的修改审校；王艳正负责第 1、2 章的统稿和修改审校；杨镜宇参加本书的总体框架设计，并对第 7 章进行修改审校；兰旭、王玉帅、范世奇、张玉婷参加了有关校核工作。

本书在撰写过程中，得到唐雪梅研究员、孙金标教授、荆涛研究员、郭齐胜教授、项红卫研究员、于小红教授、叶雄兵研究员、关爱杰研究员、卜先锦研究员、方胜良教授、王鸿正高级工程师等联合作战实验领域专家的指导，也得到国防大学联合作战学院各级领导给予的支持，在此一并表示感谢！

由于作者水平有限，本书难免存在疏漏和不足，恳请读者海涵和指正。

司光亚
2023 年 5 月 25 日于北京红山口

目 录 CONTENTS

第 1 章　绪论 ……………………………………………………………… 1
　1.1　基本概念 …………………………………………………………… 1
　1.2　主要类型 …………………………………………………………… 16
　1.3　发展演变 …………………………………………………………… 29
　1.4　本章小结 …………………………………………………………… 36

第 2 章　联合作战实验原理 ……………………………………………… 37
　2.1　逻辑框架 …………………………………………………………… 37
　2.2　基本模式 …………………………………………………………… 45
　2.3　基本流程 …………………………………………………………… 49
　2.4　本章小结 …………………………………………………………… 66

第 3 章　联合作战实验设计 ……………………………………………… 67
　3.1　概述 ………………………………………………………………… 67
　3.2　实验问题设计 ……………………………………………………… 70
　3.3　实验想定设计 ……………………………………………………… 84
　3.4　实验策略设计 ……………………………………………………… 90
　3.5　联合作战实验设计案例 …………………………………………… 100
　3.6　本章小结 …………………………………………………………… 103

第 4 章　联合作战实验实施 ……………………………………………… 105
　4.1　概述 ………………………………………………………………… 105
　4.2　研讨类实验实施 …………………………………………………… 108

4.3 仿真分析实验实施 …… 117
   4.4 兵棋推演实验实施 …… 124
   4.5 实兵实装实验实施 …… 143
   4.6 LVC 综合实验实施 …… 151
   4.7 本章小结 …… 157

第 5 章 联合作战实验分析 …… 158
   5.1 概述 …… 158
   5.2 实验数据收集与预处理 …… 166
   5.3 实验分析方法 …… 177
   5.4 本章小结 …… 206

第 6 章 联合作战实验系统 …… 207
   6.1 概述 …… 207
   6.2 综合研讨系统 …… 212
   6.3 仿真分析系统 …… 218
   6.4 兵棋系统 …… 226
   6.5 实兵实验系统 …… 234
   6.6 LVC 综合实验系统 …… 239
   6.7 本章小结 …… 249

第 7 章 作战实验应用及案例 …… 251
   7.1 作战概念开发实验案例 …… 251
   7.2 联合作战方案评估实验案例 …… 264
   7.3 装备体系能力论证实验案例 …… 275
   7.4 本章小结 …… 283

中英文对照表 …… 284

参考文献 …… 288

第1章 绪　　论

实验是人类认识世界和改造世界的重要手段。在军事领域,作战实验已成为作战研究的重要方法。当前,信息技术迅猛发展,基于网络信息体系的联合作战已成为现代战争的基本形态,作战实验也逐步进入联合作战实验阶段。本章沿着科学实验、社会实验、作战实验、联合作战实验的发展脉络,从实验的历史演变和深层次认知层面探寻联合作战实验的基本概念内涵,介绍联合作战实验的基本类型。

1.1　基本概念

联合作战实验并不是一个新概念,它是作战实验的高级阶段,是研究现代战争的科学方法,其基本内涵依然与实验活动的本质思想相一致,且发展演进历程与人们对实验活动的认识水平和实践积累也相一致。

1.1.1　作战实验

作战实验起源于科学实验,是社会实验的一种,是专门用于研究和认识作战问题的科学手段。

1. 科学实验

人类最初的实验活动是和探索自然界奥秘的尝试一起酝酿产生的。在15世纪以前,科学实验还没有和生产生活相分离,并没有成为一种独立的社会实践活动,而是生产活动的一个环节。当然,古代也曾经出现过一些独立于生产生活之外的实验活动,如我国古代墨翟(公元前4世纪)及其学生对小孔成像的研究,亚里士多德(公元前3世纪)及其学生对50多种动物的解剖研究,阿基米德对杠杆、滑轮、齿轮等机械原理以及浮力原理的研究,但这些仅仅是一些个别现象。另外,在天文学以及炼金术领域,虽然出现了独立于生产活动的、具有连续性和系统性的实验与观察活动,但天文学观察只是观察并非实验,而炼金术始终笼罩在神秘主义色彩之中,并不是真正意义上的科学实验。

欧洲在中世纪时期尽管到处都充斥着迷信和非理性,但也出现了对实验科学的倡导,代表人物就是被称为近代实验科学思想先驱的罗吉尔·培根,他主张

"靠实验来弄懂自然科学、医药、炼金术和天下地上的一切事物"。罗吉尔·培根怀疑推理演绎法，坚持实验经验的可靠性，在炼金术、天文学和光学方面进行了相关实验。他的实验科学思想对近代欧洲的自然科学和唯物主义思想发展有重大影响。然而，由于时代和阶级的限制，罗吉尔·培根还没有摆脱神学世界观的束缚，其实验方法也往往与神秘主义因素相互交杂。

进入15、16世纪，西欧文艺复兴运动蓬勃展开，人们开始从神学的统治下解放出来，以理性的眼光重新观察一切，科学实验研究的思想和方法逐渐成熟，自觉的实验运动不断兴起、发展，并最终推动了自然科学的突飞猛进。此阶段早期，对科学实验比较有影响的代表人物主要有弗朗西斯·培根、伽利略以及笛卡儿。

弗朗西斯·培根继承了罗吉尔·培根等的思想，强调实验对科学的极端重要性，同时重视理性的作用，最后建立了实验归纳法。按照他的学说，"科学是实验的科学，科学就在于用理性方法去整理感性材料。归纳、分析、比较、观察和实验是理性方法的主要条件"。伽利略则把培根提出的实验归纳法变成了可以实践的科学方法，做了许多富有独创性的实验，如自由落体实验、斜面滚球实验、钟摆实验等。他强调科学实验的两个基本要素，即用科学仪器进行测量和用数字记录（表达）测量的结果，使实验的结果成为可以定量比较和精确计算的数据。笛卡儿则继承了伽利略等的思想，认为科学与数学在本质上是统一的，强调理性在整个认识过程中的作用，主张依靠人的理性来寻求可靠的知识，把代数方程和几何学的曲线、曲面联系起来，创立了解析几何学，使辩证法进入数学，并奠定了近代数学实验方法的基础。他认为实验的功能在于确立演绎的结果与物理实验之间的一致性，这又与培根的思想产生了共鸣。

跟随时代的脚步，科学实验的思想、理论和方法随着其实践活动而不断丰富发展，大致经历了以下三个时期。

第一个时期是从伽利略至19世纪中叶，自然科学各个领域的科学家开展了一系列经典科学实验实践活动，取得了巨大成就，特点是科学家的独立实验活动。例如，波义耳的气体实验和酸碱实验、牛顿的光谱实验、托马斯·杨的双缝干涉实验、富兰克林关于电的实验、孟德尔关于生物遗传定律的实验、拉瓦锡探求燃烧理论的实验、巴斯德关于微生物的实验、伦琴发现X射线的实验等。这些实验活动的实验仪器相对简单，每个科学家基本上都是独立进行的，尽管取得了巨大成就，但还没有被成体系地组织起来。

第二个时期是自19世纪下半叶开始，实验活动规模越来越大，逐渐被组织起来，科学实验越来越具有一定的社会性，特点是许多科学家的共同协作，实验室是典型代表。由于科学本身发展的需要，实验活动被逐渐组织起来，且规模越来越大，往往需要许多科学家的共同协作才能完成。适应于这种需要，逐渐产生了一些较大规模的科学实验机构。例如，英国剑桥大学于1871年建立的卡文迪许实验室，爱迪生于1876年创建的实验研究所（即"门洛公园实验室"），以及美国电话电报公司于1925年成立的"贝尔电话实验室公司"（后改名为贝尔实验室）等。

第三个时期是第二次世界大战以后，科学实验的规模更大，社会化程度更高，往往达到了国家甚至国际规模，典型代表就是大科学装置的出现。一方面是大科学装置的兴起，如欧洲核子研究中心的大型强子对撞机、美国航空航天局（NASA）负责的喷气推进实验室以及国际空间站、我国的北京正负电子对撞机等，依托大科学装置逐渐成为实现重大科学突破、解决重大科学问题的重要途径。另外，全球大型企业几乎都建立了自己的科学实验和研究机构，科学实验活动又重新包含在生产过程之中，成为现代化生产的重要组成部分。

至此，科学实验的思想、理论和方法已经形成，并随着实验实践而不断发展，在自然科学发展史上大放异彩，为基于观察和经验习惯提出的自然科学理论假说上升为科学理论搭建了桥梁，给诸多学科领域带来了深刻的革命性转变，推动了近代科学的迅猛发展，并成为人类认识世界和改造世界的基本方式之一。至于什么是科学实验，可以从两个视角来看：一是将科学实验看成一种探索自然、追求规律和真理的社会实践；二是将科学实验看成一种科学的研究方法。《辞海》将科学实验定义为："根据一定目的，运用一定的仪器、设备等物质手段，在人工控制的条件下，观察、研究自然现象及其规律性的社会实践形式。"总的来说，科学实验是获取经验事实和检验科学假说、理论真理性的重要途径，其范围和深度随着科学技术的发展与社会的进步而不断扩大和深化。

2. 社会实验

社会科学和自然科学一样，主题都是对客观规律的探索。19世纪30年代，社会学创始人孔德首先提出了实证主义哲学命题，主张用自然科学的实证方法来研究社会现象。他认为，一切科学知识必须建立在来自观察和实验的经验事实的基础上，研究社会现象和研究自然现象一样，也应该采用观察、实验和比较等实证方法。继孔德之后，法国社会学家迪尔凯姆进一步发展了实证主义的社会研究方法论，把社会现象的客观性与整体性联系起来，认为社会现象在整体上是客观的，社会学研究的起点应该是外在于人的社会事实，强调可以采用自然科学的方法对社会现象加以分析和解释。

自然科学的实证方法和实证精神的引入是社会研究走向科学化的开端，正是在实证主义影响下，社会科学逐步从思辨的社会哲学中独立出来。社会实验体现的这种实证精神，是自然科学的实验传统在社会研究中的传承和发展，因而具有强烈的实证主义色彩。可以说,实证主义是自然科学实验与社会实验的方法论衔接点。

出于现实需要,人们愈加倾向于采用实验方法解决社会问题。19世纪末,泰勒把实验方法引入工厂经营,提倡实施"科学管理",以"发挥每个人最高的效率,实现最大的富裕"。实验方法开始不断与特定的理论相结合,并广泛在各社会学领域大放异彩。1924年,美国西方电气公司与美国国家研究委员会合作,在霍桑工厂开展实验研究,试图寻找提升工人效率的方法,即"霍桑实验"。同一时期,在政治领域也开展了一系列投票实验。20世纪60年代,美国社会心理学家坎贝尔等围绕"伟大社会"改革计划,提出通过"实验学习"策略,将政策本身作为一种实验干预施加于社会。同时期,弗农·史密斯发表实验经济学的奠基之作《竞争性市场行为的实验研究》,标志着实验方法在主流经济学领域确立了自己的独立地位。在同时期垄断竞争理论的实验中,研究者设计的"双向拍卖"制度环境的实验,为市场实现供需竞争均衡的趋向性提供了新的思路。20世纪80年代末到90年代初,我国著名社会学家辛秋水在大别山地区岳西县莲云乡建立村民自治实验区和文化扶贫实验区,通过一年蹲点实验,效果明显,并在安徽省普遍推广。20世纪90年代以后,特别是21世纪以来,随着信息技术的发展,许多社会实验的技术问题可以通过计算机和互联网来解决,加之日益突出的社会问题并未得到根本性解决,近十几年来全球开始不断涌现出社会实验室并尝试去解决最棘手的社会科学问题,并提出了技术社会实验、互联网社会实验等思路,扩大了社会实验范畴。

无论在自然科学领域,还是在社会科学领域,对世界认识的需求与我们认识的相对有限性之间的矛盾始终存在,运用科学实验加以解决无疑是一种极为重要的手段。简单地讲,社会实验就是在一定的人工设计条件下,按照一定的程序,通过人为地改变某些社会因素或控制某些社会条件,来考察某些社会现象之间的因果关系,从而揭示社会现象变化发展的规律。从一定程度上讲,社会实验就是科学实验的思想、方法和理论在社会科学领域的扩展、应用和实践。

然而,社会科学不能进行自然科学那种实验,社会实验直接在社会实践过程中进行,在实验中不可能研究"纯粹"的、与周围现实相隔绝的对象。具体来说,自然科学实验所研究的对象是自然现象及其规律,主要是自然界的"物";而社会实验所研究的对象则是社会现象及其规律,主要是社会化的人以及人与人之间的关系。因此,社会实验的组织与实施往往比自然科学实验更为艰难和复杂。另外,社会实验不同于社会科学研究中一般的社会观察和调查。不与实验相结合的一般观察和调查只是在自然的条件下围绕现象本身进行,基本上是面向过去和现在的,核心过程是记录、描述以及演绎归纳,而社会实验则是在变革对象中进行,基本上是面向未来的,过程是通过能动地干预对象本体进行对未知的探索性尝试,而这也恰恰是产生理论的源泉。

3. 作战实验

战争既与敌对双方(或多方)的政治、经济、军事、科学技术等因素密切相关,又是在一定的时间和地理环境等自然条件下进行的。这些因素和条件加上人们的主观能动性,构成了战争的整体,推动着战争的发展,从而产生一定的结局。战争有自身特殊的组织、特殊的方法、特殊的形式,人们如果不能正确地认识和掌握这些特殊性并加以有效运用,就难以取得战争的胜利。因此,自古以来,人们就采用各种方式去研究和理解战争,探索战争的本质和规律,以期正确地指导和实施战争。

在军事历史的长河中,基于战史的研究方法是研究战争的主要方式,通过大量战例对战争进行总结,并逐步上升到相应的战争理论。克劳塞维茨依据拿破仑时期的100多个战例,写出了《战争论》;杜黑的《制空权》,总结了第一次世界大战后期空战经验和战后航空工业发展情况;毛泽东军事思想,也是人民军队几十年军事斗争经验的高度总结和凝练。除此之外,自古就有一系列含有战法实验内容的战前演习演练,同时,基于沙盘、兵棋等手段进行作战研究的案例也时常出现。显然,这些活动具有一定的实验元素,但由于战争的特殊性,以及受科学技术手段和军事认知水平的制约,科学实验并未成为认识战争规律的重要方式。这些研究方法往往处于被动状态,难以控制和调试,基本还处于以经验归纳、智谋对策和哲学思辨为主的军事认知模式范畴。在实践中没有出现具有独立意义的作战实验活动,在理论上也没有形成作战实验的概念和方法。

作战实验思想、理论和方法体系的形成和发展始于20世纪中叶,兴起的基本历史条件有三个主要方面:世界新军事革命和军事转型的实践需求、信息时代科技发展提供的技术手段,以及系统科学的理论基础。

一是世界新军事革命的兴起为作战实验带来了巨大的需求牵引。第二次世界大战结束后,对战争问题的反思以及军队建设规划探索的需求,迫使人们利用科学实验的手段研究战例、探索未来的不确定性。20世纪60年代末期,电子、通信、计算机等技术快速发展,其在军事领域的应用也同步推动着武器装备的演进,进而引起军队体制编制、作战方式、军事理论等方面逐步发生根本性变化,最终导致整个军事形态发生质变,即从机械化战争形态向信息化战争形态转变。各种信息充斥在战争空间,战争迷雾问题凸显,要求必须转变思维方式,探寻一种更加科学的研究方法。其中,如何通过科学实验最大化挖掘军事潜力是各个国家亟待解决的课题,作战实验应运而生,并不断在新军事革命的舞台中大放异彩。

二是随着信息技术,特别是计算机技术的不断发展,作战实验的手段支撑更加成熟。一方面,新的战争形态对作战模拟技术提出了更高的要求,而计算机技术的发展为此提供了可能,使得能够对更大规模的战争按需进行不同层级、不同分辨率的模拟仿真,并采用多样化手段进行分析。另一方面,以计算机为核心的信息技术使得作战数据的采集、管理和利用成为可能,在数据库和计算机网络的支撑下,能够采用计算机模拟对数学理论本就不成熟的军事领域进行逼真客观的虚拟实验,且规模越来越大,这就为研究战争提供了强大的科学技术手段支撑。

三是系统科学的兴起和发展为作战实验提供了坚实的理论基础。以系统论、控制论、信息论为主的现代科学方法论诞生于20世纪中叶,随即带来了科学研究范式的转变,即从研究简单系统到探索复杂系统的转移。系统科学从事物整体性的角度观察世界、研究事物、认识问题,自20世纪70年代以来,系统科学致力于研究自然与社会中的复杂系统现象,进一步形成了复杂系统理论。现代战场是一个庞大而复杂的系统,系统科学为研究战争和军事问题提供了崭新的认识视角和科学方法,是作战实验的科学理论基础。

作战实验正是在这样的历史条件下发展和兴起的。对于作战实验的理解和定义,国内外学者尽管在表述上存有诸多差异,但大多侧重于从方法手段、基本原理和主要功能入手,来揭示作战实验的内涵和本质。2011年版《中国人民解放军军语》认为,"作战实验是在可控、可测、近似真实的模拟对抗环境中,运用作战模拟手段研究作战问题的实验活动"。该定义更加强调作战实验的作战模拟手段,没有将实兵实装演习等包含在内,具有一定的局限性。美国国防部最新发布的《国防部实验指南2.0》中对作战实验的描述是"在一定规则下检验一种假设,以探索预先提出的作战概念、技术或条件的未知效果"。该定义试图从科学实验的视角来概括作战实验的主要功能,但其描述过于笼统,不够全面。

作战实验本质上是一种把数学方法、计算机模拟技术和科学实验等手段相结合,对军事问题进行研究的科学方法,是把定性分析与定量评估有效结合起来研究军事问题的科学工具和手段。基于对作战实验的共性理解,可以对其基本内涵作一概括:作战实验,就是根据作战研究目的,在可控、可测、虚实结合的实战化对抗环境中,运用科学实验原理和模拟推演等实验手段,有计划地操纵和影响实验对象的有关变量,研究军队建设和作战问题,探索和创新作战能力生成的方法及活动。

这一概括体现了作战实验的4个基本特征:一是以军队建设和作战问题为实验对象,其根本目的是探索和创新作战能力生成。这是社会实验在军事领域的特殊应用模式。二是强调实验环境的"实战化",突出实验手段的人机结合,尤其是作战模拟推演的参与。这是现代信息技术与系统科学对作战研究活动综合影响的结果。三是突出实验过程中的科学实验方法,即有计划地操纵和影响变量,这是作战实验根植于科学实验的体现。作战实验的基本手段是改变作战实验中的作战力量、战法、作战环境等影响作战进程和结局的条件,以考察各种条件下的战争进程和结局。四是以辅助军事决策、指导战争实践为目的,尤其强调"探索和创新作战能力生成"。这是军事科学的实践性对作战实验的核心要求,也是衡量作战实验认知功能和科学价值的基本标准。

厚重的理论积淀和生动丰富的作战实验活动,是作战实验科学体系创新发展的基石。伴随着信息技术的发展,战争形态正悄然发生变化,军事转型刻不容缓。尽管作战实验在作战概念创新、军队建设规划等领域发挥巨大作用,为科学高效地研究、预测和设计未来战争提供科学的方法论基础,但相关理论、方法和技术等方面仍需进一步完善和发展。

1.1.2 联合作战实验

随着科学技术的发展,人类的探索能力、生产能力不断拓展,这种能力也迅速应用到军事领域,促进了联合作战概念和相关实践活动的发展。而作为研究作战问题的作战实验,随着联合作战的出现以及对作战问题认识和理解的深化,也逐渐发展到联合作战实验这一高级阶段。从作战实验发展到联合作战实验不是一蹴而就的,而是在以往作战实验局限性不断凸显的同时,在其充分的实践活动基础之上衍生出联合作战实验的现代科学特征。

1. 兴起的时代背景

从作战实验到联合作战实验,既是信息技术和军事需求推动的结果,又是联合作战理论和新军事革命实践发展的必然产物,更是以复杂系统理论为代表的新的军事认知模式的客观要求。

1)新军事革命实践发展给联合作战实验带来了迫切需求

新军事革命的发展必然会对军队建设和未来战争产生巨大影响。美国未来学家托夫勒认为,真正的军事革命应体现在它彻底改变了军事领域的方方面面,包括作战方式、武器装备、体制编制、教育训练以及整个战争形态。但军事革命的产生并不意味着实现,它的最终实现还需经过相当长一段时间。在这一过程中,诸多要素必然要按照军事革命的内在要求进一步变革,而作战实验必然会成为促进变革的重要科学工具。

一方面,随着军事思想牵引和技术进步推动,联合作战逐渐成为现代战争的基本形式。1991年,美军参谋长联席会议颁发第1号联合出版物《美国武装部队的联合作战》,标志着联合作战概念的正式提出。此后,美军不断创新联合作战概念,于1996年、2000年先后发布了《联合作战构想2010》与《联合作战构想2020》。实际上,美军在冷战后发动的第一场大规模局部战争海湾战争,就是在"空地一体战"与"联合作战"概念指导下取得的重大胜利。但在当时的历史背景与技术条件下,联合作战概念是军兵种机械性叠加联合,内部存在诸多需要化解的矛盾。同时期提出了"网络中心战"概念,期望能够基于全球信息栅格,融合所有作战力量,发挥体系优势与信息优势,以达到网络倍增作战效果。从"平台中心"到"网络中心"的战争理念转变是军队对信息时代的反应,对作战理论有着深远影响。21世纪以来,美军先后制定并颁布了一系列相互衔接、相互补充的联合作战概念文件,将联合作战概念推向一体化联合作战,其作战概念体系也在近几年发生了数次调整,提出了"空海一体战""基于效果作战""敏捷作战""分布式海上作战""远征前进基地""多域作战""马赛克战""决策中心战"等新概念,不断牵引着联合作战理论发展,指导着对未来联合部队能力的开发和运用。可见,以信息技术为主要标志的高新技术军事应用,深刻改变了战斗力要素的内涵。在信息化条件下,信息要素贯穿于作战过程始终,作用更加突显,而作战已不再是单一兵器、单个战斗单元之间的简单打斗,而是敌对双方体系之间的复杂对抗。

另一方面,在新军事革命牵引下,作战实验的战争"预实践"作用愈加受到各国重视,尤其是在当前各大国推进军事转型建设的紧要关头,"设计战争"成为各国军事领域的主要命题。信息技术更新速度快,信息化武器装备更新换代的频率远远高于机械化时代,因此,"下一场战争怎么打",在已经打过的战争战例中几乎找不到相同的参照系,必须利用虚拟的未来作战环境,也就是预测性作战实验环境,进行未来战争的虚拟预实践推演。在作战实验中发现问题、解决问题,改革创新战法对策,优化重组指挥系统,引导武器装备发展,促进体制编制调整,改进军事训练方法,从而达到设计未来战争的目的。

2)信息技术的深层次发展推动着联合作战实验的兴起和发展

20世纪中期以来陆续产生的以信息技术为代表的一大批高技术群,在进入21世纪后继续向深层次迅猛发展,计算机技术、互联网技术以及后来的大数据、人工智能等高新技术在不断重塑着新技术革命,在指控、通信、侦察、武器系统等方面得到全面应用,引发了军事理论、战争形态、作战样式、体制编制等全方位的深刻变革,不断成为谋求军事优势的关键所在。大规模复杂信息网络成为支撑体系作战能力的核心,规模宏大的异构网络系统,包括信息栅格系统、战场移动通信系统以及各种嵌入式信息系统等,涵盖海基、陆基、空基、天基和网电等领域,网络拓扑高度动态,网络路由复杂多变,网络协议各异,网络终端种类多样,复杂性特征明显。网络信息体系成为当前联合作战体系的基本形态,而传统作战实验往往是针对少数网络单元构成的小规模网络系统及其装备系统进行实验,割裂了局部与体系之间的联系。同时,针对不断演化的作战体系,探索其中对作战能力的影响因素需要面对更多的、更加复杂的不确定性因素。解决这些问题的方法是在体系对抗环境条件下进行作战实验,对体系能力生成过程进行探索性研究和实践,这也从另一个方面推动联合作战实验从实验理念到技术手段的创新发展。

科学技术的飞速发展,使得作战实验的新方法、新手段不断涌现,特别是人工智能、大数据、云计算等高新技术的发展和应用,极大地推动着联合作战实验的发展。人工智能的"类脑"功能和"超越人类极限"的能力越来越强,不断重塑着未来战争形态、改变着战争制胜机理,同时也提供了强大的建模仿真以及分析手段,模型的精度和复杂度大幅提升,能够在海量的实验数据中探寻到体系对抗中"涌现"的知识;大数据为作战实验带来的不仅仅是对海量实验数据的存储和处理能力,更是一种基于定量分析实现从数据到决策的思维模式,为解决联合作战中的复杂问题提供了新的途径;云计算技术应用于作战实验,其特点和优势在于能够提供强大的基础架构资源、平台和软件等服务,快速搭建各类满足实验系统需求的硬件环境,有效降低成本、提高效率,也能极大地提高作战实验的网络应用;多媒体技术则更多体现在虚拟现实、增强现实等,在数据的基础上实现科学与艺术的结合,提供了一种更加容易接受的人机交互方式,在极大提升实验人员参与度、体验感以及探索欲的同时,也从另一个角度提升了作战实验手段的可信度。

3)复杂系统理论的发展给联合作战实验提供了理论支撑

20世纪末,随着电子信息技术,特别是网络技术的飞速发展及其在军事领域的广泛应用,战争的复杂性问题逐渐凸显。认识战争的复杂性是认识信息化战争的基础。美国军事革命的创始人马歇尔曾指出,军事革命的成功与否不在技术本身,根本问题是思想问题。精神变化是物质变化的先导,思想的转变应当先于软件和硬件。过去,对战争的认识都是置于牛顿科学体系下进行的。由于传统的战争相对比较简单,转变得也不够快,很多问题都可以逐步得以认识和解决。但信息化战争的产生,使得很多问题用原有的牛顿科学体系已经无法回答,必须扩大认识范围,将军事理论放在复杂性科学体系下来考虑。这样才能产生出与时俱进的战争理论,产生符合信息化时代要求的创新思想。

信息化战争的到来,放大了传统作战实验理论的不足,也暴露了传统技术方法的缺陷。如何适应战争复杂性,建立起符合信息化战争特点的军事认知理论,找到可行的技术途径,就成为作战实验进一步发展的动力。如何将复杂性特性反映出来,成为信息化战争需要研究的重点问题。一是把战争复杂系统作为研究对象。从全局出发、从整体论的思想出发,以动态的方式研究和看待问题,将体系的动态整体性作为研究的重点,始终考虑体系对抗的要求。二是考察"人"的战争而不是"机器"的战争。尽管作战实验对象始终绕不开武器装备,但必须考量"人"的作用,作战模型的构建要重视指挥控制,体现"联合"的思想,实验分析要注重考察体系内部各组分之间的相互支撑、融合的演变过程。三是要重视信息交互对战争至关重要的作用。能够描述网络信息体系对联合作战体系的支撑作用,体现体系各部分之间的信息交联关系,反映指挥员及指挥机构的决策优势。

从简单性和简单系统转向复杂性和复杂系统,要求在方法论上实现根本的转变。战争复杂系统的到来促使作战实验必须迈向联合作战实验阶段,针对战争复杂系统的特点,建立符合战争复杂性特点的作战实验理论体系。

2. 概念内涵

基于对时代背景的分析,不难发现,联合作战实验不是横空出世的新鲜事物,而是作战实验的高级阶段。作战实验的目的是不断提高战斗力,通过开发新的作战概念,提出和发展各种新思想、新方法、新技术,服务于军队决策层,为其进行高级咨询,为作战决策提供服务。从这个角度来讲,联合作战实验与作战实验并无大的差别。

围绕联合作战实验,美军基于丰富的实践活动,在作战实验方面先后提出了很多相近的概念,反映了对作战实验的认识过程,如联合实验、防务实验、军事实验、实验战役等。基于对这些相关术语的辨析,可以从不同的角度去理解联合作战实验的内涵和外延。美军提出的"联合实验"(Joint Experimentation)更加强调实验组织者、参与者的"联合性"。美军在参联会文件中,对"Joint Experiment"的定义旨在识别能力差距,结合适当的联合环境给出解决方法,是一组分析活动,由在典型环境中基于控制条件进行的无偏试验衍生而来。这里牵涉实验问题的利益相关者(Stakeholder)。美军提出的防务实验(Defense Experimentation)主要强调运用实验方法来解决复杂的国防能力开发问题,包括所有冲突类型,不仅限于研究正规作战问题,也包括强制实现和平、人道主义救援和维和、反恐作战等非正规作战问题。由于"作战实验"这一术语在美国及其伙伴国家的含义并不完全一致,因此,在一些多国合作完成的实验领域的理论著作中,多使用"防务实验"这一术语。例如,美国、英国、加拿大、澳大利亚4国专家共同完成的《作战实验实施指南》中,就固定使用"防务实验"一词,用以描述国防领域内使用的实验方法。军事实验(Military Experimentation)一词多见于美军20世纪80年代之前的资料中。1946年,美国运筹学学者莫尔斯和金布尔首次提出将实验方法运用于作战研究,使用的就是军事实验这一词语,而且美军现在仍在使用,但含义比较宽泛,如有些学者认为军事实验还包括通过纯粹想象方式实现的"思想实验"。实验战役(Campaign of Experimentation)更加强调实验活动的系列设计。一方面,在单个实验中,能够探索的变量以及得出的结论是有限的,对单个实验进行过多的探索,从一定程度上能够增加获得新知识的可能性,但往往不会产生更多的信息或价值;另一方面,单个实验的结果往往需要在相同或相似条件下,在其他实验中得到重复,才能被认为是可靠和有效的,而如果要对实验结果进行适当的解释、推理和进一步理解,就需要通过系列实验充分探索以确定实验的特定假设和条件集。

联合作战实验是围绕基于网络信息体系的联合作战、全域作战军事问题,综合运用多种手段和方法,设计操纵变量空间,探索体系影响效果,创新联合作战体系能力的复杂实验活动。简单地讲,只要是关于联合作战问题的实验,就是联合作战实验。

这一概括主要体现了联合作战实验的以下内涵:①实验主体方面,一是实验活动本身的复杂性要求必须根据实验问题以及实验目的,综合多方面意见,统筹设计实验,因此实验主体可能不仅包括实验人员,还应有作战人员、军工企业等参与,根据需要可能会成立联合作战实验组织机构;二是组织方的限定性不应该太强,甚至可以单一军种独自实施,但研究的问题必须是联合作战问题;三是强调"联合体",强调多军兵种、军地甚至多国的参与,主要特点是特别注重典型场景下的系列实验活动,即实验活动是成体系设计的。②实验对象方面,要依据"基于网络信息体系的联合作战、全域作战"机理来界定联合作战实验问题。即便是军种作战问题,也应置于联合作战背景下开展研究,同时要考虑影响联合作战体系能力生成的作战概念设计、能力建设、作战运用,尤其是对手因素;这也体现了当前作战问题的以网络为中心、跨域作战内涵的内在要求和本质特征。③实验条件方面,强调平台的联合性,更加注重标准规范,技术也更加先进可靠,确保能够支撑联合作战体系的完备性,同时由于数据本身的复杂性以及对数据的更加重视,大数据、云技术、人工智能等先进技术也越来越广泛地应用于实验数据的全生命周期。④实验活动方面,联合作战实验本身就是复杂的实验活动,往往不是一次性、简单量化的实验,而是运用定性定量相结合的综合集成思想指导下循环迭代的系列实验,强调探索体系影响效果,这就涉及体系能力指标设计、动态测量、综合分析等内容,反映了实验组织过程的复杂性。

3. 基本特征

联合作战实验作为作战实验的高级形式,具有一定的特征,主要体现在复杂性、综合性和对抗性三个方面。

1）复杂性

联合作战实验的复杂性主要是指联合作战问题的复杂性和联合作战实验组织的复杂性。

联合作战问题的复杂性，一方面体现在联合作战参与军种更多，组织协同更复杂；另一方面新域新质力量的参与使得联合作战手段更丰富，战场情况更复杂。因此，相较于传统作战样式，联合作战要素更多、体系更复杂，而联合作战实验研究的是联合作战问题，其复杂性不言而喻。

联合作战实验组织的复杂性具体表现在联合作战实验参与人员多、组织管理复杂、环境要求高等方面。联合作战实验作为综合性实践活动，需要大量不同领域、不同专业、不同层级的人员集体参与、协同开展，因此，对相关人员的条件审核、组织协调、后勤保障等都是非常复杂的工作。同时，由于研究问题的复杂性、参与人员的多样性以及时间的有限性，联合作战实验必须预先筹划设计，组织协调好各个环节和相关细节，确保联合作战实验组织实施流畅顺利，在有限的时间内高效完成实验，获得高质量成果。最后，联合作战实验组织的复杂性在于联合作战实验对环境要求极高。一方面，联合作战实验研究问题关系军队发展建设，相关问题的保密性尤为重要，故实验环境必须具备极高的保密性；另一方面，联合作战实验过程中需使用大量设备设施和各类实验系统，对相关设备设施和实验系统的功能、性能等也都提出了极高的要求。

2）综合性

联合作战实验的综合性主要是指联合作战实验方法和手段的综合性。联合作战问题的复杂性决定了联合作战实验的综合性，由于联合作战问题通常是复杂的，往往无法通过单一实验方法手段得到解决，这就要求联合作战实验必须综合运用军事理论、分析技术等多种方法手段对所研究的问题进行全面的、多方位的分析研究，以保证实验结论的有效性、稳定性以及可信性。

联合作战实验的综合性具体体现在实验方法、技术、工具、空间等方面，实验方法包含综合研讨法、仿真模拟法、兵棋推演法、实兵检验法等，实验技术包括真实仿真、构造仿真以及虚拟仿真等，实验工具包括沙盘、地图、计算机、网络等，实验空间包含三维空间、虚拟空间、认知空间等。与以往的作战实验相比，联合作战实验对理论的交叉、方法的融合、技术的集成等方面都提出了更高的要求，充分体现了联合作战实验的综合性特征。

3）对抗性

联合作战实验的对抗性，指的是联合作战实验必须在对抗条件下开展，以此反映作战进程中各方的对抗博弈过程，揭示战争规律。对抗性是战争中最普遍、最明显的特征，而作战实验所研究的是联合作战的问题，相关实验问题一定具备对抗性。如果联合作战实验在非对抗条件下开展实施,那么研究的问题就无法体现出对抗性特征,这不符合联合作战实际,也没有意义。

联合作战实验的对抗性主要包含以下方面:一是参演方的对抗性。联合作战实验中参演各方从己方利益出发,同参演的敌对方进行博弈对抗,一般分为红蓝双方对抗,复杂情况下会增加其他利益相关方。二是对抗过程是敌对双方的动态交锋。对抗过程中,一方率先做出决策,另一方依据战场态势、敌方决策、相关作战规则等做出应对,交战双方展开激烈的竞争博弈。三是联合作战实验的结果是所有对抗回合结果的累积。每一个回合的对抗结果都是后一个回合的初始态势前提,任何一个回合的结果变化都可能导致实验对抗结局的改变。在基于仿真模拟或实兵实装的联合作战实验中,除参演方的对抗性外,联合作战实验的对抗性也体现在平台的对抗性和体系的对抗性。联合作战实验研究的是联合作战问题,而联合作战强调整体作战能力,在体系内各要素、平台对抗的基础上集中表现为体系的对抗。联合作战实验以对抗性为依据,通过观察分析对抗过程、结果等探讨参与方决策的依据以及影响参与方决策的因素,发掘因果关联,探索"战争迷雾"。

1.1.3 相关概念辨析

与联合作战实验相关的术语有很多,如作战试验、作战模拟、作战训练、战争实验等,下面分别加以区别讨论。

1. 作战实验与作战试验

很多场合都将实验与试验混为一谈,或是当作同一概念。例如,《辞海》中就定义实验为:"实验:又称'试验',根据一定目的,运用必要的手段,在人为控制的条件下,观察研究事物的实践活动。"实际上,两者虽然有密切联系,但也有很大的不同。如前所述,实验重在发现未知的结果,强调的是体验,是系统的观察和测量;通过实验,可以确定一些先前未尝试过的事物的功效,检查某个假设的有效性,或者演示某个真理。试验,从应用上多应用于武器装备研制领域,武器装备试验是武器装备定型的必要环节;从实验角度讲,试验是实验实施阶段的单次运行过程,是指在实验中的一次活动,是对已知行为的检验。

如同实验和试验一样,作战实验和作战试验之间既有很多联系,也存在很多区别。首先,作战实验和作战试验都有认识的主体,都是运用一定的手段对研究对象进行尝试性、探索性的实践活动,因此都能够提供一定的检验和验证功能,对军事问题认识和理解的提升起着基础性作用。

但是,两者之间也有很大的区别。首先,作战实验强调通过设计、操纵实验对象的有关变量来认识所研究的军事问题,而作战试验则没有。正是由于对变量的操纵,作战试验往往是作战实验的单次活动。例如,研究某型导弹在不同部署方式的防空阵地拦截下,如何才能更好地实现突防这一问题。针对这个问题开展的作战实验就以"导弹突袭数量"和"不同的防空阵地部署方式"为实验变量,通过探索性实验可以找到针对不同部署方式的防空阵地,应该发射几枚导弹同时突袭才能取得更好的突防效果。其中,可以通过实装(耗费很大,但实验结果更真实可信),也可以通过仿真,或者综合使用两者。但是,"在 A 部署模式下发射两枚导弹的突防情况",就是整个作战实验活动中的一次作战试验活动。其次,作战实验和作战试验对环境、条件的要求不同。对于作战实验,和自然科学研究的实验方法一样,为了揭示自然现象的本质,达到科学研究的目的,往往要根据研究的需要,借助于各种手段和方法,尽可能地排除偶然和次要因素的影响,使实验对象在理想的条件下进行假设性的活动,有时直接进行逻辑推理,运用数学模型进行科学抽象;而在作战试验中,往往需要根据要求引入作战过程中可能遇到的复杂多变的影响因素,尽可能地在接近实战的环境和条件下进行试验,尤其是针对武器装备的实装测试,往往需要从多个维度去试验其实战性能。最后,两者的目的也有差别,作战实验强调积累感性材料并上升为理论,完成感性认识到理性认识的飞跃;而作战试验则更加强调实践,根据一定的理论指导对作战问题进行检验验证。

2. 作战实验与作战模拟

为了研究战争规律,人类一直在探索各种方式,从古代的棋戏到沙盘推演,从手工兵棋到计算机模拟,从古代战阵式实兵演习到基于实况、虚拟与构造仿真(Live,Virtual,Constructive,LVC)的综合演习。这些都是人类研究战争的方法,都属于作战模拟和作战实验的范畴。两者的关系,无论是内涵,还是外延,都既有联系,也有不同。

1979 年 7 月 24 日,钱学森在解放军总部机关领导学习班讲授《军事系统工程》中,对作战模拟有过这样的论述:"战术模拟技术,实质上提供了一个'作战实验室',在这个实验室里,利用模拟的作战环境,可以进行策略和计划的实验,可以检验策略和计划的缺陷,可以预测策略和计划的效果,可以评估武器系统的效能,可以启发新的作战思想。"这里的战术模拟技术,其实就是指作战模拟。在这之后,钱老又讲:"在模拟的可控制的作战条件下进行作战实验,能够对有关兵力与武器装备使用之间的复杂关系获得数量上的深刻了解。作战实验,是军事科学研究方法划时代的革新。"理解这一论述,就可以看出作战模拟与作战实验之间的基本关系,即作战模拟是技术手段,作战实验是实践活动,作战实验通过作战模拟达到认识战争一般规律和指导规律的目的。

在概念本质上,两者都与军事模型有密切联系。军事模型一般被认为是对客观军事活动的简化反应和抽象,是对实际军事原型的仿真,是理解和反映军事活动形态、结构和属性的一种形式,提供了一种认识、理解、探索复杂军事问题的方法。除完全基于实兵实装外,作战实验的实现往往依赖于军事模型,而作战模拟则是通过建立和运行军事模型来模拟作战进程和结局,进而支撑对作战问题的研究。可见,作战模拟是作战实验所运用的技术之一,作战实验在设计和实施过程中很大程度上需要依赖作战模拟的相关技术,同时,有效的作战模拟也是建设各类作战实验室并进行作战实验活动的核心。

通过以上分析,可以相对比较清晰地认识作战实验和作战模拟的关系,即作战实验是一种利用作战模拟来研究客观作战问题的活动;作战模拟是一种研究工具和方法,此工具和方法的作用就是使用各类军事模型模仿实际战斗的进程和结局;作战实验活动通过作战模拟这一工具和方法来达到认识作战规律和指导作战活动的目的。

3. 作战实验与作战训练

作战实验和作战训练之间的根本区别不是方法手段,而是活动目标。作战实验是从研究角度,测试新的概念或技术等,是以探求战争指导规律为目的的科学活动,揭示战争中的科学成分;作战训练是遵循战争指导规律,培养军事人员的实践能力,提高人员军事素质和部队整体行动能力,培养严明的纪律和优良的作风,将战争中的科学成分落实到战斗力上。战争中的科学规律是可以通过作战实验得以揭示的,但是战争指导的艺术性是作战实验无法完成的,必须通过有效的作战训练和实际作战活动才能学会。因此,作战实验和作战训练是处理两个不同方面的问题,作战实验揭示战争中的一般规律,作战训练主要是培养指战员根据具体战争实际,创造性运用理论的能力。

通过作战实验能够达到作战训练的目的。换句话说,虽然作战实验的目的是"获取新能力",但在"获取"的过程中,也能够实现对已知规律的进一步认识,包括发现问题、解决问题、形成实践能力等。从这一点讲,作战实验可以是作战训练的手段之一。另外,作战训练也可以达到作战实验的目的。作战训练的目的是形成实践能力,但在"形成"的过程中,可以"观察"和"测量",可以通过一定的设计在已知规律中发现问题,找到创新点,甚至直接解决问题。从这一点讲,作战实验活动也可以与作战训练相结合,在训练活动中融入作战实验。

通过以上分析,可以对作战实验和作战训练的关系有一个比较清晰的认识。两者的侧重点有明显不同,但在一定条件下,也能够相互支撑。

4. 作战实验与战争实验

战争绝非单纯的武力较量,而是在综合国力的基础上,以军事手段为主,在政治、经济、科技、外交、文化等多种手段配合下进行的整体较量。现代战争的基本特点是体系与体系的对抗；传统体系对抗一般认为是陆、海、空等联合作战体系的纯军事对抗，但是随着信息技术的发展和作战样式的不断变化，现代战争的范畴扩大到了能源、交通、通信等国家关键基础设施体系的对抗，核心思想是战争体系的对抗。这里的战争体系既包括传统作战体系，也包括国家关键基础设施等体系，甚至包括政治、经济、外交、社会、舆论等各个领域的体系对抗。这对作战研究提出了更高的要求，相对应可称之为战争实验。

战争实验是根据研究的目的，在战争及作战的范畴下，通过仿真模拟、实兵实装实验、专家研讨及综合演习等方法，有计划地操纵所提出的战争能力或条件变量，探寻其在战争过程中产生的效果，从而认识战争规律和指导战争实践的活动。从战争实验的概念化描述来说，战争实验是一种利用实兵实装和虚拟环境相结合的实验活动，通过实验，可以发现、测试、演示或者探索未来的战争概念、军队组织结构、武器装备以及它们之间的关系。

很显然，战争实验比联合作战实验层次更高，是距离社会实验更近的实验方法，不仅包含整个作战实验的内涵，而且也包含作战实验中没有包含的政治、经济、社会等方面实验的内容。作战实验虽然只局限在作战范畴，也可包含"非战争军事行动"（如维和、维稳），但其可以贯穿所有与作战相关的各个层次，从顶层的联合作战，到低层次的分队作战，甚至是武器装备的运用。因此，人们在说"战争实验"时，可能包括两个含义：一是涵盖各层次作战实验以及其他战争相关各类实验的广义概念范畴；二是只包含"战争"这个高层面的相关实验内容，而不包括低层次作战及其他行动内容的狭义概念范畴。

从广义的战争实验型谱上观察，"战争"本身也是一种实验，而且是最真实的实验，很显然，这种真实的实验代价太大，而且可重复性很小。演习是最接近战争实际的实验形式，可以包括作战演习、政治军事对抗演习等。虚拟环境是通过计算机及网络合成出来的战争环境，比较接近演习的形式，如果技术允许，也可以使用合成虚拟环境进行演习。兵棋推演其实就是构造式仿真推演的一种形式，更抽象一些，比较适合中高层的指挥决策分析与训练。仿真模型实际上是任何虚拟仿真环境的基础，如果只是模型本身，其逼真度就弱一些，而可重复性就更强一些。很显然，数学模型是最抽象的形式，花费代价最小，可重复性最高，但逼真度也最差。

1.2 主要类型

基于不同的目的和方法，从不同的视角可以将联合作战实验分为不同的类型，在本节讨论中，不再区分联合作战实验和作战实验。

1.2.1 依据实验活动目的分类

作战实验的认知作用主要体现在探索发现未知事物、验证评估假设情况以及演示展现规律三个方面。因此,根据作战实验活动的科学特点,可分为发现型实验、验证型实验和演示型实验。

1. 发现型实验

发现型实验的核心是"创新",主要是通过在某处引入新的系统、概念、组织结构、技术或其他元素,以便决策者或研究机构对"发现结果"进行观察和分类,同时激发研究人员的创造性。通过发现型实验能够开发当前作战力量体系和作战方法的替代品,并对其进行细化,直至能对其潜能做出确切的评估。发现型实验主要是按以下方式设计和开展:一是鼓励全面挖掘可能的方案空间;二是设计和开展的实验活动应便于对所用的方法或方案及其结果做出准确描述。

发现型实验的目的在于探索战争的新特点、发现战争的新现象,揭示战争的特殊规律、创立新的作战思想和作战概念。发现型实验一般用于作战概念形成阶段,其成果就是有潜力的观点或方法。美国林肯实验室定期召开的国防技术研讨会,邀请中级军官参加,通过演示、参观和演讲等形式,试图提炼总结出应对军事挑战、反叛乱冲突和恐怖主义等的最新技术展望,这是发现型实验的一种,其组织形式并不固定。

发现型实验往往开始于相对粗糙的新思想或新问题,有的只是一些尚无法精确定义的概念性"命题",主要是对事件进行观察、定义和归类,需要通过深入的创造性思考,将原始想法转化为有意义的变量、关系和条件。发现型实验是用于产生新的观点和方法的。通过发现型实验,能够为个人和组织创造"在盒外"进行思考的机会。在对新观点、新方法、新系统与现有做法或学说进行比较前,对其进行适当细化是非常重要的。如果不这样做,那么实验将主要测试一个不成熟的、不完善的应用(实例)。在这种情况下,超越理论或将一般应用的实例进行普遍化是不合适的。近年来,美智库围绕马赛克战作战概念,开展了大量的作战实验。兰德公司发布的相关研究报告,涉及多种形式的作战实验,有兵棋推演、Agent 仿真、博弈模型等;战略与预算评估中心则是通过三个任务场景的对抗推演,探索实现马赛克战理论的有效途径,分析对美军兵力设计和指控流程的影响。可见,通过兵棋推演、仿真模型等形式进行作战实验,从不同角度研究一定任务场景下作战概念的应用情况,能够发现其中的规律和问题所在,得出一定的结论。

2. 验证型实验

验证型实验的核心是"质疑",以分析、检验、证实为重点,用批判性思维对已有的战争经验、情况设想或效果预测进行评估和反思。"质疑"的基础是假设。经验性假设通常是在已有的科学理论、经验知识基础上,结合专家的创造性思维和判断力,针对所研究的问题提出和形成的。由于联合作战问题的复杂性,其中的经验性假设往往是跨学科、跨领域的,通常不是一个专家或一个学科的专家群体所能提出来的,而是由不同领域、不同学科专家构成的专家体系,通过知识的碰撞而形成的。验证型实验的基础往往是发现型实验的结果,实验目的是形成说明性或因果性的知识,从仅仅描述"发生了什么"(What)扩展到能解释"为什么发生"(Why)。这类实验需要清晰地表达一系列相关假设、确定合理可信的准则、明确一系列具体的限制条件。

经验性假设的正确与否还有待于用严谨的科学手段加以证明与检验,这就是验证型实验。验证型实验的主要过程是先给出一个未经证实的结论,然后通过改变各个自变量的取值,测试、观察因变量的变化情况,找到使结论成立的结果,从而得到两者之间的因果关系。验证型实验通常需要在不同的环境下,进行多次实验以便获得大量数据,可以对实验结果进行分析得出初步的结论,也可以通过逻辑推理,证明某理论、观点、方法的合理性。验证型实验可用于验证某种作战思想、战法及其过程,如检验部队完成任务的程度,验证不同作战目的要求下作战方案的科学性和不同层次作战指挥体系、指挥活动的有效性,分析假设性作战理论、战法的正确性等。

验证型实验通常都会导致军事方案出现"螺旋式"改进。在验证型实验中,作战体系和作战方案会置于不同的典型作战场景中进行检验,通过探索性分析获得不同的作战运用结果,梳理分析并给出不同层次和类别的实验组织者或参与者所关注的问题的答案,为具体的作战体系和作战方案的各类假设提供支撑。经过实验验证的作战理论、概念、方案,可以直接用于指导作战训练和作战实践;经过实验验证的作战体系方案,可以直接指导装备研制和装备体系建设,或者进入采购准入渠道。2002年11—12月,为准备伊拉克战争,美军组织了大规模兵棋推演(Internal Look 03),使用联合战区级仿真系统,对伊拉克战争的全部作战方案进行了推演验证。战后评估证明:兵棋推演的作战进程与实际进程基本吻合,兵棋推演对美军在伊拉克战争取胜起到重要作用。

3. 演示型实验

演示型实验的核心是"事实",目的是通过形象直观的方式对"已知事实"进行再现,其目的是证明某一真理的存在、加深对某一知识的理解以及训练某一技能的熟练程度。演示型实验的内容包括对相关作战问题的结论和猜想、在典型场景中对新思想、新战法和新技术的运用等。其关键在于创设问题情境,以引发相关人员对知识本身产生兴趣,形成认知需求,激发学习动机。因此,演示型实验采取的形式经常是综合多样的,但无论采取何种介质,都是通过一定的符号语言建立宏观规律与微观现象的联系,基于微观的现象认识和理解宏观观点,从宏观、微观、符号三个维度,通过观察、想象、类比、研讨、模型化等方法认识和分析作战中的复杂问题,形成一个由浅显到深入、由静态到动态的认识过程。

总的来说,演示型实验本身并不产生新的知识,而是要向不熟悉现有知识的人们展示该知识。但基于演示型实验,往往会带来对"已知事实"更宽泛、更深层次的理解和思考,进而能促进新知识的产生。当然,在演示型实验中,也需要进行观察和测量,以便对演示过程和结果进行复现与讲评。美军就经常组织各种类型的先期概念技术演示实验,主要面向高级司令部和作战部队,目的是促进新的作战概念与新的武器装备相结合,验证这些具有潜力的新技术对满足未来作战需求和实现联合作战的作用。例如,2021年10月18日,美国空军研究实验室与英国国防科学与技术实验室合作演示人工智能作战支持能力,演示模拟了两个军事力量合作的作战场景,涉及了15种先进机器学习算法、12个数据集,以及5种基于任务需求的自动化机器学习工作流程,展示了美国和英国整合人工智能技术的方法以及对作战的支持能力。

1.2.2 依据实验活动方法分类

联合作战实验的组织实施需要针对不同的问题进行具体设计,而一次具体的联合作战实验活动往往是诸多方法的组合,典型的方法主要包括综合研讨、仿真分析、兵棋推演、实兵实装以及 LVC 技术等。

1. 基于综合研讨的联合作战实验

1990年,钱学森提出了"开放的复杂巨系统"的概念和解决问题的方法论——"从定性到定量综合集成方法";1993年初,他又进一步提出了该方法的工程形式:"从定性到定量综合集成研讨厅体系。"两者共同构成了综合集成理论框架,给综合研讨方法提供了强大的理论指导。

综合研讨方法是将专家群体、数据和各种信息与计算机技术有机结合起来,把各种学科的科学理论和人的经验知识结合起来。综合研讨环境包括专家体系、模型体系与信息体系三个主要部分,强调定性与定量相结合、科学理论与专家经验相结合、宏观研究和微观分析相结合、人机结合以人为主,充分体现人的智慧和作用,人始终是研讨的主体。因此,综合集成研讨方法能把人的思维、经验、知识、智慧以及各种情报、资料、信息及模型系统集成起来,将各种定性认识和定量分析结合起来,上升到定量认识领域,从而形成更高层次的定性结论。

综合研讨方法包括协作式研讨方法和对抗式研讨方法两类。

一是协作式研讨方法,即集团式的协同研讨。通常是军事专家群体面向同一研究问题，追求同一个目标，以研讨会议的形式，通过信息交流、相互协作的方式展开面对面的集体研究与分析，共同完成研究任务。例如，美军在开发多域作战概念过程中，通过对瓜达尔卡纳尔岛战役以及马尔维纳斯群岛战争的综合研讨，更加客观地阐述了多域作战概念的逻辑，以便于进一步理解其中的内涵。专家对瓜达尔卡纳尔岛战役进行复盘研讨，通过再现整个战役，分析作战过程中关键节点的可能变化之后认为：该岛屿除了机场，只有微不足道的战术效用，然而该机场是整个作战行动的关键，并且使得美军陆地、海上和空中的多领域作战活动得到整合，在更大范围内对日军形成了压制。同时，也对马尔维纳斯群岛战争进行了复盘研讨，不仅探讨了其中的跨域作战行动，而且分析了英国"征服者"号潜艇发射鱼雷击沉阿根廷"贝尔格拉诺将军"号巡洋舰之后形成的跨域效应。例如，迫使阿根廷水面舰艇在战役期间保持在其领海范围内，进而也压缩了其空军的作战范围，导致了连锁效应，使得英军在空中以及两栖作战中获得了更大的优势。

二是对抗式研讨方法，即多方对抗性研讨。其主要是指参与研讨的成员根据专业特长区分，分别承担现实世界中利益存在对抗关系的角色，即针对所研究的问题将研讨人分成两方或多方，各方均追求己方利益的最大化，从而展开针锋相对的研讨与争论。研讨时各方针对对方的决策方案提出自己对抗性的对策，通过对不同对抗性的对策组合可能结果的研讨与分析，不断提出新的对策。通过这样一个对抗式的研讨过程，不断深化对问题的认识，以探寻解决问题的途径。对抗式研讨方法与对抗推演方法有许多相似之处，其形式与过程基本类似，主要区别在于：对抗式研讨方法以研讨为主，作战过程的推演是辅助的；而对抗推演方法以作战过程推演为主，研讨是辅助性的，其决策后果通常是通过作战过程的模拟而产生的，因此对抗推演通常有作战过程的模拟模型予以支持。

综合研讨方法运用于作战实验有三个特点：一是在程序上体现了三个阶段的综合集成特点，即提出构想阶段的定性综合集成、验证构想阶段的定性与定量相结合的综合集成、综合分析阶段的从定性到定量的综合集成。这显然符合综合集成方法研究问题的基本程序和特点。二是在方法上体现了"人机结合、以人为主"的特点。人在创新性思维及形象思维方面具有明显优势，因此构想方案主要靠人来提出；仿真模拟、定量分析是计算机的特长，主要靠计算机；从定性到定量的综合分析是"人机结合、以人为主"的集中体现。整个过程充分体现了"以人为主"的思想。三是在技术上涉及军事建模与仿真、信息处理与综合研讨等技术。作战构想的标绘与演示、历史资料的存取与查询、大量数据的统计与分析等都需要现代信息处理技术的支持；作战过程的仿真、作战结果的评估、作战要素影响分析等都需要现代军事建模与仿真技术的支持；军事专家的研讨、意见的综合、群体决策分析等都需要综合研讨技术的支持。

2. 基于仿真分析的联合作战实验

仿真分析实验是一种"人不在回路"的实验,是将实验人员对作战问题的认知过程与计算机仿真模拟结合起来,将在各种想定背景条件下设计规划多种方案,以及各种方案的各种可能因素,在虚拟仿真系统中进行多样本的受控实验,从海量实验数据结果中找出与实验分析目标相关的因素和条件,并不断修正先验知识,最终用数据来解释达成分析目标的关键因素和具体办法。

基于仿真分析的联合作战实验,比较适合开展作战分析类或武器装备论证类的联合作战实验,实验组织者能够在相同的条件下回放同一场战斗,同时根据需要改变输入参数(如不同的技术方案),从而实现对实验问题的探索分析。其优点是通过有针对性改变参数,反复实验,易于发现和分离实验结果变化的真正原因;缺点是复杂作战体系和行动模型的建立需要许多假设,实验结果的现实应用价值可能会受到质疑。

基于仿真分析的联合作战实验依据实验目的及考虑问题的不同,采用的方法也不同,从而形成了不同类型的实验方法。其主要包括以下三类:一是随机性仿真方法。该方法主要是使用随机数模拟随机过程中的事件或问题,通过对实验结果的统计,分析随机现象的分布规律和系统的统计特性,因此又称为统计实验分析方法。蒙特卡洛仿真方法就是随机性仿真实验方法。二是确定性仿真方法。该方法可产生作战结果的一个确定性值,即随机性作战结果的"平均值"。其每次仿真产生的结果均是相同的,因此实验具有可重复性。兰彻斯特方程就是一种确定性仿真方法。三是探索性仿真方法。该方法可以对多个军事想定形成的想定空间进行仿真。通过对整个想定空间进行仿真分析,可深化对不确定性问题的认识,探索对问题的解决方法。

基于仿真分析的联合作战实验实践活动非常丰富,典型应用主要有以下几种情况:①计算作战行动的效果。对于给定的作战行动,构设相应的联合作战背景,计算典型场景下的作战行动可能效果,其效果根据作战行动类型的不同,可能是达到某行动效果的概率或行动效果期望值。②计算作战行动达到预期效果的兵力或装备需求。对于典型作战场景下的作战行动,计算作战行动达到预期效果的可能兵力需求、弹药需求或装备建设需求等。这里的需求不仅包括作战需求,即满足作战需要,同时也包括建设需求,即牵引建设发展。③作战行动参数的选择与优化。通过改变相关作战行动的参数,尤其要针对联合作战体系中关键节点、关键行动,计算作战行动的效果,分析作战行动各参数对作战结果的影响,进而对作战行动参数进行选择与优化。④作战方案的评估分析与优化。通过对作战方案的模拟或计算,比较分析不同作战方案的优缺点,不断修改与完善方案,从而达到优化作战方案的目的。⑤武器装备系统体系效能评估。通过构设典型联合作战体系,以及相应的作战行动模型,计算其在典型场景下遂行作战行动的效果,通过探索性分析对该武器装备体系效能进行分析评估。⑥作战体系能力评估。将面向一定使命任务的联合作战体系及其作战运用作为分析问题,通过仿真计算作战单元或部队执行各种可能的作战任务以及获得的可能作战效果,来评估分析其执行特定使命任务的能力。

3. 基于兵棋推演的联合作战实验

兵棋和兵棋推演历史悠久。广义地讲,古代的棋戏、沙盘推演、手工兵棋以及现代的计算机作战模拟等,都属于兵棋推演范畴。当前,基于兵棋推演的作战实验实践活动已经非常丰富,根据推演问题的不同,兵棋推演形式迥异,但模型始终是兵棋的关键内容。根据对模型的依赖程度以及作用,可以将兵棋推演细分为桌面推演、分析型兵棋推演、连续回合制兵棋推演三种类型。

1)桌面推演

桌面推演也可称为桌面演练、研讨式推演,是参演人员利用地图、沙盘、数学公式、计算机等辅助手段,围绕推演问题,针对事先假定的演练情景,讨论和推演应急决策及现场处置的过程。桌面推演通常在室内进行,针对预先构设的作战场景,以口头交流方式对作战任务流程、角色职责、多方协同与决策等内容进行推演,通过模拟作战场景和作战事件的决策过程,促进参演人员深入理解和掌握推演问题,并且在推演过程中不断地发现问题、剖析问题和解决问题。

桌面推演对作战模型的要求不高,更多的是关注问题以及参与的专家知识体系。就组织形式来讲,一般是基于一定规则的分角色研讨。就推演主题而言,一般选定现实问题、热点问题或前瞻性概念为推演主题,组织参演人员,确定推演规则,是一种边推演、边研讨、边分析问题的推演模式。这种模式既可以面向现实问题,对已有作战方案进行快速的推演研讨,发现其中问题,形成迭代式研究模式;也可以面向未来,对未来的某些问题研究还不够深入时,发挥专家优势,集思广益来进行理论创新研究。围绕"多域指挥与控制"这一主题,洛克希德·马丁公司于2016年底至2018年先后组织了4次桌面推演,首次推演仅聚焦太空战;第2次采用白板和电子表格为"多域指挥与控制"进程建模;第3次主要探索构建跨域通用作战语言,并引进了辅助作战规划的软件;第4次首次使用智能和自动化工具,规划空、天、网作战域动能和非动能打击效果。通过层层递进,逐步深化了对这一主题问题的认识和理解,使得"多域指挥与控制"这一曾经抽象的提案逐步成形。相比于实战演练,桌面推演不需要实际调动组织实兵实装,具有投入少、风险小、操作性强、省时省力、形式灵活且不受场地限制等优点,广泛应用于军事演习、日常研讨、教育培训等领域,发挥着重要作用。尤其是大规模联合军演,为了更好地确保演习的顺利进行,更是会首先通过桌面推演确保沟通的有效性。2019 年,中泰海军"蓝色突击—2019"联合训练前就首先进行了桌面推演,双方参训官兵于方寸海图中运筹帷幄、排兵布阵,利用电子海图、舰艇模型、流程图、计算机模拟等辅助手段,对编队离码头、通信操演、编队运动、海上航行补给、编队主炮对海射击等多个课目进行深入沟通交流,并逐一进行了图上推演,为后续顺利组织演习演练打下了基础。

随着信息技术应用的不断深入,桌面推演类软件和信息平台得到陆续开发,地理信息系统、虚拟现实、三维场景建模、仿真系统等技术的应用大大提高了桌面推演的真实感和有效性。结合情景构建、大数据仿真等前沿技术可以显著提高桌面推演的互动性和科学性,为军事人员掌握战场态势演变过程提供更加可靠的手段。

2) 分析型兵棋推演

分析型兵棋推演侧重于通过兵棋推演对预案进行评估验证,主要作用就是研究,因此组织形式往往是面对面的推演,即扮演敌我双方的推演人员在沟通中进行推演的模式。分析型兵棋推演通常是针对某一问题进行反复推演的实验方式。首先根据所研究的问题,构设典型作战场景和基本态势,确定相关约束条件,通过研讨,提出一个基本的解决方案,并构设敌方可能的决策行动;其次,针对这些可能的行动,逐个提出对策措施,并进行推演,分析可能出现的战局和方案的缺陷,修改方案形成新的策略,并重复进行以上推演。如此往复,直到问题得到解决。

联合作战实验强调对抗性,在对问题进行求解时存在很大的不确定性,敌对方可能采取的措施存在不确定性,可能的战局存在不确定性,因此,问题的解也存在不确定性,从而导致人们必须在"风险"的条件下取得问题的解。分析型兵棋推演就是通过对不同对抗情况的反复推演,辅助人们分析这种不确定性或各种可能性,深化对问题的认识,了解各种情况下可采取的有效对策,以提高决策方案的灵活性、有效性和可信性。因此,从一定程度上可以说,分析型兵棋推演主要用于辅助解决风险决策与不确定性决策问题。

3) 连续回合制兵棋推演

连续回合制兵棋推演通常是针对某一方案进行全程性的连续推演的实验方式,即一个回合接一个回合地连续推演,虽然在推演中也可能停下来研讨,但不在一个阶段上反复推演,而是连续推演完一个完整的作战方案。在各阶段推演中通常不可以重新设置本阶段的初始态势,即前一阶段结束时的态势即为下一阶段开始时的态势。连续回合制兵棋推演就像下棋一样,一个回合接着一个回合地进行推演。首先,由主动方提出为达成某一目标的决策方案,并实施之;其次,对方根据所感知的战场情况,提出一个对策,并实施之。这就形成一个回合的对抗。根据上一回合形成的态势,主动方提出下一步的对策,并实施之;对方同样根据所感知的战场新情况,提出对策,并实施之,从而形成新的一个回合的对抗。以此类推,直到完成推演过程。

连续回合制兵棋推演多用于决策方案和作战方案计划的评估问题。通过对抗推演,了解策略和计划实施过程中可能遇到的对抗与困难,可以检验策略和计划的缺陷,也可以预测策略和计划的可能效果,还可以启发新的作战思想,从而达到评估与优化策略和计划的目的。当然,连续式对抗推演同样也可用于作战能力与作战效能的评估及指挥决策训练。

4. 基于实兵实装的联合作战实验

基于实兵实装的联合作战实验是指通过动用真实兵力(人员和装备),在近似实战环境下,围绕具体的军事问题组织实施的实验。这些实验往往是依托军事演习以及一些小规模可控战斗行动展开的。在实验设计完善的情况下,实兵实装实验所得结论的可信度较高。然而,相比其他实验方法,实兵实装作战实验也存在明显的缺点:一是对于尚处于概念阶段的新能力、新技术难以进行实验;二是组织复杂,重复难度大,难以进行多次实验,往往需要依托大型专业训练基地(中心)借助现代化手段来组织实施;三是成本高,代价大,难以常态开展;四是影响因素太多,难以发现结果变化的真正原因。

实兵实装实验通过运用真实装备和作战人员来测试有关作战方案和作战概念,获取的是真实数据,既能检验决策的合理性,也能近似模拟实战过程,从而验证一些假设和预测,发现问题,为下一步仿真分析、推演提出更多更有价值的建议。"舰队战斗实验"(Fleet Battle Experiment,FBE)是美国海军最主要的实兵实装实验,美国海军利用"舰队战斗实验"分别进行了"火力圈"及"武库舰"概念和方案的验证、联合火力支援的"战术－技术－操作程序"(Tactics,Techniques,Procedure,TTP)验证、无人航行器的反水雷作战等系列实验。美国海军每年举行的"三叉戟勇士"(Trident Warrior)实兵实装实验,分别演示了部队网、海域感知与远征作战等能力。海军陆战队作战实验室开展的实兵实装作战实验主要有"猎人勇士"开阔地带作战实验、"城市勇士"城市作战实验、"干练勇士"机动作战与战役欺骗实验、"千年龙"登陆夺港与城市作战实验、"海盗"分布式作战实验、"远征勇士"海上基地概念验证、"联合城市勇士"联合城市作战概念开发实验等。

在2017年举行的第28次"舰队问题"演习中,"罗斯福"号航母率第9航母打击群担任蓝军,数艘驱逐舰组成侦察监视编队,各舰拉开超出以往的间距,前进到敌方能够发现航母战斗群的安全距离之外,引导航母战斗群的飞机和舰船搜索目标,并提出攻击建议。多个编队分散配置兵力可避免因一轮侦察或打击而全军覆没,并有助于减小编队总体目标特征,提高生存力。最新型"标准"导弹的射程已达350km,可在"海军一体化火控-防空系统"(Naval Integrated Fire Control-Counter Air, NIFC-CA)的支援下拦截各类空中目标,为航母战斗群提供有效的保护伞。显然,海上分散部署是在针对远程反舰导弹和高超声速导弹出现后的海战进行作战实验和准备。尽管美海军一直未公布重启后的"舰队问题"系列演习的内情,但高层透露的信息清楚地表明,美海军正在重拾"光荣传统",将"舰队问题"演习作为学习战争的作战实验室和海军战术的开发平台,驱动海上作战体系的优化重构,开启对未来海战模式的新一轮探索。

以实战形式开展实验,耗费较大,尤其在现代高技术条件下的现代战争中,往往很难组织实施。但也可以采用一定的方式,如通过收集战场数据进行分析等形式,开展一定范围内的作战实验。美海军分析中心(Center for Naval Analysis, CNA)就是采用这种方式开展了一系列作战实验。美海军分析中心是一家民间机构,然而却是美海军作战实验的重要参与者,其常年保持数十人在海军及海军陆战队各指挥部和机关担任顾问,通过一些项目派人深入一线部队提供支援。现场分析人员从各个角度观察实际作战、训练和实验过程,收集第一手数据,然后与中心的研究团队共同分析和评估。这种常态化交流使研究部门和部队之间架起了一座桥梁,促进了新的作战概念和战法的开发与创新。

5. 基于 LVC 技术的联合作战实验

LVC 技术利用网络技术,将实况(Live)、虚拟(Virtual)、构造(Constructive)三类实验资源进行整合,形成一个分布的联合作战实验环境,它既可以是虚拟仿真、构造仿真与实兵实装演习三者的有机融合,也可以泛指两两组合的各种灵活运用。平台级分布式交互仿真(Distributed Interactive Simulation, DIS)、聚合级仿真协议(Aggregate Level Simulation Protocol, ALSP)、高层体系架构(High Level Architecture, HLA)、试验与训练使能体系架构(Test and Training Enabling Architecture, TENA)、公共训练设施体系架构(Common Training Instrumentation Architecture, CITA)等分布式仿真技术都可支撑 LVC 实验的互联技术架构。实兵演练中,装备和人员都是真实的,是传统的军事训练行动;而虚拟仿真中引入了模拟装备,人员不再操作真实的装备,而是操作模拟的装备,是一种人在回路的仿真架构,如飞行员模拟训练装备等;在构造仿真中,人员的操作和部队的行动等作战行为都以规则的形式集成到计算机仿真系统中,用以驱动装备模型进行仿真模拟。

LVC 不是简单 L、V、C 三域的结合,而是三域深度融合后形成的体系闭环。在继承各域优点的同时,尽量避免或改进了各域存在的矛盾问题,并在融合后形成了自身独特的优势,其不仅能够提高训练质量、增强科目多样性、降低装备损耗和维护成本,同时建立了一个更高的威胁密度、更广阔的虚拟空间和安全的互操作性环境,这使得军事人员在更高的逼真度环境中使用先进的传感器和武器系统,帮助他们发现各种错误,组织实施各种实验。同时,也可以测试验证已有装备和未来装备在实战环境下的体系贡献率。创建 LVC 更多是增强已有资源的可互用性、可集成性以及可组合性,并进行整合,从而形成一套完整的体系架构,因此其实施难度异常大,将面临数据冗余大、传送时延长、数据易丢失、传输所需带宽大、网络安全风险大、结构异常复杂等诸多问题。

从 20 世纪 70 年代开始,美军率先发展并逐渐形成了一系列的仿真协议和标准,包括 DIS、ALSP、HLA、TENA、CITA 等,如图 1-1 所示。其中,以 DIS 为代表的早期仿真体系结构支持同类功能仿真应用的互联互操作,以 HLA 为代表的仿真体系结构更加注重开放性和通用性,以 TENA 和 CITA 为代表的仿真体系结构面向具体应用领域,通用性更好。虽然这些技术解决方案出现的时间有先后,但由于各类仿真模型系统资源的高价值性,到目前为止,美军仍处于各类技术体制并存的阶段。

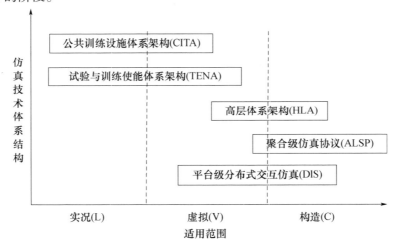

图 1-1 美军 LVC 典型体系结构

基于 LVC 技术开展的联合作战实验一般需要依托作战实验室的内场(仿真模拟设施)和演练场地的外场(模拟靶标与实装开设场)的共同支撑,按照"战场移位""人在回路""装备在回路"的思想,战斗层次以实装为主、战役层次以计算机生成兵力为主,利用实兵实装、信号模拟器、计算机作战模拟系统、指挥信息系统、信息对抗侦察情报处理系统、数据采集和检测设备等构设实验环境,采用全实物、半实物、计算机模拟等类型的综合实验手段,再现近似真实的战场空间和对抗条件,从而为联合作战问题研究提供实验支持。近年来,美军大力发展 LVC 仿真技术,频繁开展演示验证,初步形成了支撑复杂对抗场景下联合跨域作战实验的能力。美军开展的"联合任务环境试验能力"(Joint Mission Environment Test Capability,JMETC)、联合仿真环境(Joint Simulation Environment,JSE)等项目,其目的都是通过分布式 LVC 技术构建联合环境实验基础设施。目前,美军各军种利用 LVC 技术支撑开展联合任务环境下的作战实验已成为一种常态。2021 年 8 月 2 日至 27 日,美海军开展的"大规模全球演习-2021",是美军 LVC 体系架构连接用户最多、经受考验最大的一次体系性检验,充分体现了基于 LVC 的联合作战实验技术架构的重要性。此次演习,总体集成 36 个"实兵"单元、50 多个"虚拟"单元以及大量的"构造"单元,融合了实时指挥、综合培训功能,创建了激烈对抗、虚实闭环的训练环境,不仅支撑了战略、战役、战术多层级一体化训练,还有效支撑了复杂的联合作战实验。

1.2.3 依据实验活动参与主体分类

联合作战实验要解决联合作战问题,而联合作战问题的复杂性决定了它往往涉及诸多方面,需要众多部门的支撑,具体的参与主体可能是军种,也可能是成立的一个联合作战实验机构。

1. 单军种参与的联合作战实验

现代战争是无战不联。根据联合作战的定义,任何层次的联合作战行动至少有两个军种参加。因此,尽管单军种组织的作战实验研究的重点是单一军种内的问题,但也必须在联合作战背景下开展,必须考虑联合作战大体系的支撑。

在信息化战争日趋联合一体的背景下,要特别强调作战实验背景条件设置的联合化,在同一联合作战想定下检验各军种的作战能力,并将联合作战实验渗透到军种的实验当中。一方面,军种组织的作战实验更要突出强调联合作战背景的构设;另一方面,军种单独组织的作战实验通常也要邀请其他军种参加。例如,在美空军举办的"联合远征部队"实验中,就运用了联合作战想定对旅及旅以下规模地面机动部队进行实验,2006 年和 2008 年,还邀请美海军和陆军参加该系列实验。这启示我们,在进行作战实验时要注重设置联合作战背景,特别要成立统一的作战实验管理机构,负责协调各军种之间的联合作战实验事宜,并对相关的实验活动进行协调管理,管理的范围要包括概念研究、模拟演习、建模与仿真、小型作战实验和大型联合作战实验等。

2. 多军种参与的联合作战实验

多军种参与的联合作战实验往往由联合指挥机构组织实施,主要研究诸军兵种联合作战问题,包括战略行动、战役行动和战斗行动。美军在 1999 年 9 月,将大西洋司令部正式改编为联合部队司令部,下设"联合作战实验中心""联合作战实验室"和"联合 C^4ISR 作战中心"三个联合作战实验机构,负责联合作战实验。之后,联合作战实验即成为美军每年进行的一项战略性活动。根据出台的"联合实验实施计划""联合实验战役计划"以及"五年作战试验计划",详细规划了今后几年要进行的作战概念开发和联合实验及演习等活动。这些活动都是军种参与的联合作战实验。比较典型的有"联合设想 2001"演习以及"千年挑战 2002"(Millennium Challenge 2002,MC02)演习。另外,联合部队司令部于 2006 年提出"统一行动"综合实验计划,与军事和政府部门、智囊和学术机构合作,包括各作战司令部、军种、国防部长办公厅、财政部、司法部、欧洲安全与合作组织、联合国、北约等部门和机构,重点研究军事力量在政府建立和维持中的地位与职责,将实验参与者进一步地扩大了。

随着美军对联合作战实验认识和实践的深化,各联合作战司令部、职能司令部、联合特遣部队,以及各军兵种的联合作战能力大幅跃升,美军已不再需要一个专司于此的高级作战部门,美军各军兵种作战实验室和新领域作战实验室已经不仅具备组织实施本军兵种和本领域内作战实验的能力,也已经完全具备了组织实施跨军兵种、跨领域联合实验的能力。2012 年,美军取消了联合作战实验机构。但这从另一个方面更加说明多军种参与的联合作战实验应该是一种行动上的"实验自觉"。

3. 多国参与的联合作战实验

多国参与的联合作战实验往往伴随着军事演习组织实施,在增强多国军队协同能力训练的同时,其中的实验成分会因为"多国"这一因素而出现不同。美空军每年都会邀请来自世界各地的空军参加在内华达州内利斯空军基地的"红旗演习"。在一支强大、训练有素的"侵略者"部队的打击下,蓝军学会了如何利用太空、网络空间和隐身能力来击败敌方的综合防空系统。虽然"红旗演习"是以训练为主,但也伴随演习进行新型作战概念的开发与验证,将作战实验融入训练中一并进行。

一方面,依托多国参与的联合作战实验可以通过对共同关注的问题展开有效沟通,增强不同国家军队之间的深层次理解。"联合决心"是美第 7 集团军进行的经常性多国演习,训练司令部的联合多国战备中心通过演习测试和认证旅战斗队,以及与盟国和合作伙伴建立互操作性。2022 年 5 月 20 日至 6 月 18 日,在德国格拉芬沃尔组织的"联合决心 17"演习,有来自十多个国家的 5600 名军人、盟国和合作伙伴参加,其中对机器人战车进行了演示实验,推动了围绕机器人战车开发的盟军之间的战场学习,并组织了模拟对抗,通过不同场景以及负载包的更换,考察其在战场上的远程侦察、隐蔽、电子战和自主补给行动中的表现,通过实时反馈评估其作战能力以及战场实用性。另一方面,依托多国参与的联合作战实验可以进一步扩展军队对自身军事理论的认知,而且通过多国实验,能够在更大范围内对一些可能存在的问题有更深层次的理解。美陆军每年都会组织"联合作战评估"(Joint Warfare Assessment,JWA)的实验性演习,每年都会邀请其盟国参加。近年来,JWA 重点关注的是多域作战概念,每年都会在演习中测试一系列先进技术装备以及一些新提出的战术流程,但始终围绕其多域作战主题。同时,通过与盟军的共同探讨,也进一步加深了其对多域作战概念的认识,这种认识是从众多穿插在演习中间的实验中得到的。

另外,以美国为首组织的系列多国实验(Multinational Experimentation,MNE)也是联合作战实验的一种具体实践形式,其实验问题主要是针对联盟问题展开,目的是增强盟国之间针对具体军事问题的共同理解,部分实验内容已超出军事领域。2012 年组织的第七次多国实验(MNE7)是一个庞大的实验战役,其主题是"进入全球公域(Access to the Global Commons)",其中网络空间作战问题是关注点之一,第 3.4 号实验就是由芬兰具体组织,澳大利亚、丹麦、德国、意大利等多个国家参与,目的是为制定多国认可的网络空间作战流程而找到解决方案并发现其中可能存在的问题;当然,还有其他系列相关实验,多国共同完成所设计的实验目标。

1.3 发展演变

科学技术的发展、战争形态的演变,以及作战理论的创新,推动联合作战实验的理论方法、技术手段、实践活动、组织方式等诸多方面发生深刻变化,以不断适应未来战场的具体实践要求。

1.3.1 联合作战实验发展历程

现代战争模拟是建立在现代信息技术基础之上的。计算机的产生为人们建立现代"战争实验室"提供了可行的条件。20 世纪 60 年代之后,许多模拟作战的系统都开始建立在计算机平台之上。20 世纪 80 年代之后,计算机、计算机网络、图形图像技术、虚拟现实技术等各种现代信息技术的广泛应用,更是使各类作战模拟系统的研究和开发得到迅速的发展。20 世纪 90 年代,随着世界新军事革命的蓬勃兴起,作战实验崭露头角并不断成体系发展。海湾战争后,美国陆军率先提出作战实验计划,并于 1992 年组建了美军第一批作战实验室。接着,美国空军、海军和陆战队也相继组建了各自的作战实验室。以此为开端,作战实验在美军迅速扎根,并陆续展开了一系列旨在推进信息化转型的作战实验活动。

我军最先提出作战实验思想的是著名科学家钱学森院士。早在信息技术革命初见端倪的1979年，他就敏锐地看到了作战实验的发展趋势，提出了作战实验的概念，精辟地阐释了作战实验的原理、手段、作用及其在军事科学发展中的变革意义，为我军作战实验事业的发展提供了科学指导。伴随着新军事革命的到来，我军也加大了作战实验探索实践，尤其在相关理论和系统建设方面有很大进步，为我军联合作战实验的发展奠定了基础。

1. 联合作战实验的起步探索阶段

20世纪90年代至21世纪初是联合作战实验的起步与探索阶段。一方面，这期间爆发的海湾战争展示了现代高技术条件下作战的新情况和新特点，对军事战略、战役战术和军队建设等问题带来了诸多启示，这些启示迫切需要通过作战实验进行检验验证。另一方面，这期间传感器、材料、通信等科学技术方面取得了巨大进步，所有这些领域都毋庸置疑具有巨大的军事潜力，尤其是计算机领域，其对战争的潜在适用性始终是一个激烈讨论的话题。

伴随着新军事革命的步伐，联合作战理论也在不断发展。1991年11月，美国国防部首次颁发了联合出版物第1号文件《美国武装部队的联合作战》，从而从理论上正式确认"联合作战将是美军未来作战的主要样式"。联合作战问题逐渐成为作战实验的实验对象。1996年，美参谋长联席会议主席办公室发布《联合构想2010》，开始提出了现代意义上的联合作战概念，尤其是提出了"运用社会的创新活力与技术优势促进联合作战效能"的理念。在这个背景下，随着作战理论的不断发展，联合作战问题逐渐成为军事革命的迭代式推进以及信息技术的军事潜力挖掘的主要研究方向。作战实验的具体实践也逐渐扩展到联合作战问题领域，并开展了一系列联合作战实验活动。

海湾战争结束后，美军确定了"提出构想—作战实验—部队演习—实战检验"的新型建军与备战路子，为军队转型发展提供了科学方法。在各军种成立作战实验室的基础上，1998年，美国国防部颁布《美国大西洋司令部职责规定》，在大西洋司令部（后改为联合部队司令部）成立了联合实验部，并于1999年在联合实验部的基础上组建了联合作战实验室，在国防部和参谋长联席会议指导下负责统一计划、组织和协调联合作战实验活动。这是美军第一个也是唯一的联合作战实验室。自此，美军形成了从兵种、军种到联合的完整作战实验室体系，拉开了美军实施联合作战实验的序幕。

这期间，一方面，美军各军种继续进行各自的作战实验，研究和探索各自的"核心能力"。陆军在陆军军事学院举行了一系列名为"下一代陆军"的战争对策模拟，着重演练了2020年左右的战争作战概念；海军2000年在海军军事学院实施的年度"全球对抗模拟2000"战争对策模拟,假定在2010年世界两个地区发生潜在冲突的背景下,海军在联合作战中使用"网络中心"的方法;空军在空军军事学院进行的一系列名为"全球作战"的战争对策模拟则旨在验证未来10~15年联合航空与航天力量的潜在能力;海军陆战队在陆战队军事学院实施的一系列名为"艾丽斯计划"的城市作战方面的战争对策模拟,其时间设定为2020年,重点检验为未来海军陆战队高级作战实验做准备的城市作战概念。另一方面,美军联合部队司令部通过"统一构想"和"千年挑战"等联合作战实验,试图"消除军种间的冲突"。虽然"统一构想2000"的规模和创新都有限,是所谓的"有限目标实验",但它是第一次联合作战实验,解决了C^4I系统与仿真系统的互通问题,构造了基本的通用信息环境,使推演人员可以进行分布式协作。"统一构想2000"为后来的"千年挑战2002"和其他联合作战实验奠定了技术基础。"千年挑战2002"是美国历史上规模最大、参与范围最广的一次联合作战实验,除美军各地区司令部和特种作战司令部所属的军职和文职人员外,还有来自美国国防部、能源部、国务院和国际开发署等政府机构的人员。联合部队司令部利用网络技术连接了陆军、海军、海军陆战队、空军、航天司令部、国防威胁削减局的实验室和系统,构造了分布式实验环境,实现了分布在美国13个州的9个军事训练基地和17个模拟中心中的1.35万多真实兵力和7万多模拟兵力的融合,探索了11个概念、27项联合倡议、46项军种倡议,还评估了战区司令员担心的22项作战挑战。虽然这次实验是技术上的一次飞跃和成功,但在后来的评估中,认为这种"一次性"的实施方式不利于分析和积累知识,因而后来的联合作战实验都不再采用这种方式。

这一时期,我军对数十个实验室进行了重点建设,掀起了作战实验室建设的高潮。其中,军事科学院"联合作战研究实验中心"的成立,具有一定的里程碑意义。以国防大学为代表的指挥院校围绕指挥训练等内容展开了一系列的具体实践,重点是指挥训练系统建设,并展开了系列化指挥对抗演习等。该阶段我军的作战实验活动有三个主要特点:一是重视作战实验硬件建设,使硬件条件实现从小到大、从弱到强的飞跃;二是软件建设重心落在作战指挥、训练模拟软件上,指挥和训练模拟软件得到长足发展;三是军事效益主要体现在指挥演练和人才培养上。存在不足是:还没有完全走到真正意义的作战实验轨道上来。

2. 联合作战实验的协调发展阶段

从21世纪初到2012年是联合作战实验的协调发展阶段。这期间,发生了"9·11事件",美国国家安全战略和军事战略均出现调整变化,给联合作战实验提出了新的要求,那就是关注以反恐作战为主的多样化军事行动,这必然会带来作战实验理论和实践方面的变化。我军对作战实验的认识也在不断深化,在理论发展和实验系统建设方面都取得了一定的成果,为我军的联合作战实验发展奠定了坚实的基础。

2001年9月,拉姆斯菲尔德在《国防评估报告》中明确指出作战实验可为军事转型提供现实的思路和可靠的技术,确定了作战实验在军事战略调整中的地位作用。美国国防部2003年颁布的《转型规划指南》中强调了联合概念开发与实验在转型中的重要作用,要求各作战司令部和联合部队司令部共同开发联合作战需求,进行联合概念开发和实验。这一阶段的主导作战概念是基于效果作战,即基于对作战环境的整体理解来计划、执行、评估和调整作战行动,强调按照"体系"思想来综合运用外交、信息、军事和经济手段,以达成作战目的。实验方法方面,国防部大力推广"螺旋式递进"方法,即边开发、边试验的渐进性实验过程,把实验纳入从概念到能力的全过程,并开始注重基于实验的系统工程方法。从2003年开始,联合部队司令部开始与各军种联合举办原属各军种的兵棋推演活动(陆军的"统一追求",海军的"统一路线",空军的"统一交战",海军陆战队的"联合城市作战"等),为它们设置联合作战背景和想定,并广泛参与其他司令部举办的兵棋推演(如战略司令部和特种作战司令部举办的"雷神之锤")。而各军种和作战司令部原有的作战实验也开始越来越多地邀请其他军种、盟国部队参加,向联合作战实验的方向发展,如空军的"联合远征部队实验"系列从2004年起加入了联军作战的内容,海军的"三叉戟勇士"实验系列也于2005年开始加入联军作战内容。联合部队司令部于2003年提出"城市决心"综合实验活动计划,研究未来城市作战问题。这一实验计划与美军以前的联合作战实验有所不同,由三个阶段的实验组成,分别重点研究联合城市作战的三个关键问题:态势理解(第一阶段,2003—2004年)、作战空间塑造(第二阶段,2005—2006年)和有效交战(第三阶段,2007—2008年)。这种多阶段、多活动的递进式实验模式证明有助于扩大实验取得的理性分析结果,因此得到了认可和推广。总的来说,这一时期美军各军种的作战实验都扩大了联合作战的范围和内容,实际上成为突出军种需求的联合作战实验。另外,也反映了美军对联合作战实验认识和实践的深化,体现了美军各联合作战司令部、职能司令部、联合特遣部队,以及各军兵种的联合作战能力大幅跃升,美军已不再需要一个专司于此的高级作战部门,美军各军兵种作战实验室和新领域作战实验室已经不仅具备组织实施本军兵种和本领域内作战实验的能力,也已经完全具备了组织实施跨军兵种、跨领域联合实验的能力。

这一时期,我军在作战实验理论发展以及相关作战模拟系统建设与运用方面有长足发展。2005年我军提出了作战实验室建设要"管用、先进、可靠"的总要求,军事科学院组织召开了以作战实验为主题的理论研讨会,掀起了作战实验理论研究和作战实验系统研发新高潮。《作战实验》《作战实验教程》《外军作战实验与运筹分析前沿理论丛书》等专(译)著和大量学术论文出版。军事科学院研发了作战实验信息系统,国防大学开始研制我军第一款大型计算机兵棋系统,并逐步在诸军(兵)种战备、训练中推广运用,产生了良好的军事效益;全军院校对兵棋系统有了一定的认识,并在教学科研中得到了很好的应用。该阶段主要有如下特点:一是作战实验理论研究成果丰富;二是多个作战实验系统研发成功;三是作战实验在方案评估优化方面初显身手。但也存在一定的不足,主要是作战实验在作战研究领域还没有真正发挥应有的作用,对联合作战实验潜在价值的认识和理解还不够。

3. 联合作战实验的全面发展阶段

2012年至今是联合作战实验的全面发展阶段。这一时期,美军作战概念如雨后春笋,不停地从军地各种渠道涌现出来,一方面带动了美军对联合作战更深层次的认知,另一方面也推动着联合作战实验的蓬勃发展。

美军一直秉持"提出理论-作战实验-实兵演习-实战检验"的作战能力生成路径。联合作战实验是为作战概念创新和联合作战能力生成服务的,而此阶段美军提出的各种作战概念,主要是为了应对大国日益提升的军事能力。2012年6月,美国国防部长帕内特在香格里拉对话会上提出"亚太再平衡"战略,美军从反恐战争转向应对大国高端战争,联合作战实验也进入了新的调整转型阶段。2012年9月,在《联合作战顶层概念:联合部队2020》中首次提出了"全球一体化作战"的新概念,牵引联合作战实验向全域联合方向不断拓展。美军概念开发作战实验快速迭代,如"分布式杀伤""马赛克战""多域战""联合全域作战"等系列实验。此外,联合作战实验领域不断拓展,智能化、无人化特征的联合作战实验不断涌现。围绕一系列作战概念创新开展的作战实验活动,主要特征是实现了从深度联合到全域融合。无论是军种组织的演示验证实验,还是其他司令部组织的研究性演习,都已经自觉地将"联合"问题纳入实验问题范畴。较为典型的是"会聚工程",它是美陆军运用工程化方式,会聚人工智能、自主系统等先进技术,会聚陆海空天网电等多域能力,会聚行业精英、科学家、工程师、指挥官、士兵等各方力量,面向未来高端战争、军事智能化变革,对新概念、新体系、新部队、新方式等进行的系列作战实验。"会聚工程"作战实验旨在服务于"联合多域指挥与控制"作战概念的验证与评估,自2020年首次开展,"会聚工程2020"引入海军陆战队的F-35B,形成作战网络,并经由卫星将目标数据传到地面总部以及炮兵阵地,实验也测试了新的人工智能、自主系统和软件工具,核心问题是传感器和火力网络。"会聚工程2021"通过模拟在印太地区执行任务的七大场景,研究和探索如何抑制对手拒止能力,实施联合全域作战需要发展的新型技术等问题;"会聚工程2022"聚焦印太地区和欧洲地区的作战场景,验证了100多项技术,使美陆军、联合部队与多国合作伙伴能够评估未来的作战概念和能力。

这一时期,我军对联合作战实验的认识得到了极大的提升,理论和实践的探索都取得了丰硕的成果。党的十八大以后,伴随着军队改革的不断深化,全军各类作战实验系统如雨后春笋一样蓬勃发展,不仅军队院校建设了各种类型的作战实验室,而且全军上下开展了形式各样、内容丰富的作战实验实践活动,极大地促进了作战实验理论和方法的进一步发展。国防大学研制的大型计算机兵棋系统在全军范围内得到了广泛应用,产生了很好的军事效益;伴随着全军各类作战实验实践活动,全军上下对战争复杂性、体系作战等问题的认知不断深化,也带来了对联合作战实验更深层次的理解。总的来说,在这一阶段,一方面在联合作战实验理论和实践活动方面向前迈了一大步,在教学、科研以及训练等领域,有大量军事人员积极参与作战实验,取得很好的效果,在理论和实践方面都有极大的完善和丰富,我军的联合作战实验迎来了快速发展的新阶段。但也应该清醒地看到,与支撑备战打仗的需求相比、与建设一流军队的目标相比,我军联合作战实验无论从理论还是从实践,都有很大差距,联合作战实验体制机制还不够完善,实验系统建设还存在烟囱林立的现象等,需要进一步加快发展。

1.3.2 联合作战实验发展趋势

联合作战实验是一门实践性学科,服务于研究战争、准备战争,又受一切与战争相关因素的影响,它随着社会变革和军事实践的发展而发展。当前,科学技术迅猛发展,战争形态加速演变,战争环境、作战力量、作战样式、制胜机理等方面都在发生广泛而深刻的变化,传统的战争研究方法已经很难适应信息化战争时代的要求,联合作战实验也只有在实验问题、实验手段、实验组织等各个方面有相应的发展,才能适应时代的要求。

1. 实验问题关注的空间和领域不断扩大

为了从军事实践中发现规律、学习规律、应用规律,联合作战实验必须密切关注军事实践的发展及走势。军事斗争的空间和领域发展到哪里,联合作战实验的触角就需要延伸到哪里。当前,军事斗争的空间和领域不断拓展,因而联合作战实验问题所要关注的空间和领域也在不断扩大。一是关注社会域问题。未来战争是"全体系"对抗,不仅要关注军事行动,还要关注与之相关的经济、外交、政治、舆论等社会域诸多影响因素,要研究多层次、多视角、多粒度的战争行为及影响。联合作战实验中的"联合"要逐步从"作战"的联合向"战争"的联合拓展。二是关注认知域问题。与舰船、飞机、坦克、大炮等传统武器装备相比,自主作战平台、"无人军团""无人集群"等新型作战力量在作战机理、存在形式等方面存在巨大差异,传统物理域的机动、火力等作战重点问题逐渐向认知攻防、认知博弈等认知域问题倾斜,未来智能化战争的发展趋势又必然会加速这一进程。三是关注信息域问题。信息域问题已经成为作战实验必须重点关注的问题和难题。以 C^4ISR 为核心的网络信息体系将是未来联合作战的关键,未来联合作战体系的大规模、分布式、网络化等特征更加明显,尤其是智能化特征的加入,使得其中蕴含的诸多"联合"问题更加复杂,沿用或简单拓展已有的作战实验思路已不能满足探索其本质规律的要求,需要不断创新。四是关注新机理赋能。太空、网络、生物等新兴领域逐渐成为战争的新宠儿,智能化、自主化和无人化逐渐成为战场的新标志,然而,必须搞清楚其中的制胜机理,才能真正从这些新质新域中获取战争优势,否则只能是作秀吉祥物,始终成不了战争杀手锏。

2. 实验方法和手段不断创新

以往的战争研究方法,通常采用理论与实践相结合、历史与现实相结合以及系统分析、比较分析等方法,紧密联系军事实践的诸因素、诸条件和全过程,全面、系统地分析研究其中的内在联系,揭示其基本规律。当前,这些方法仍然必须坚持。同时,随着高新技术特别是计算机技术、网络技术、模拟技术以及智能技术的发展及其在军事领域的广泛应用,作战实验的方法和手段发生了深刻变化,主要有两个突出体现。一是基于 LVC 技术开展"虚实结合"的联合作战实验,通过 LVC 技术,能够实现实际兵力与虚拟兵力在多维空间的运用,支撑研究和解决关系联合作战与部队建设等复杂的重大问题;二是基于人工智能、云计算、大数据、元宇宙等先进技术实现对海量实验数据的收集、存储和分析,将人工智能和云计算等先进技术应用于作战实验,可以通过智能算法管理实验活动,甚至融入实验过程,优化作战实验的参数,更加精准地进行作战实验评估;可以通过云计算技术构建云存储、实现云管理等,能够大幅度提高作战实验效率以及军事效益。面向具体的作战问题研究,更多的是采用多种方法手段的综合集成,以钱学森的综合集成研讨厅思想为指导,根据问题本身进行有针对性的设计,按需开展各种形式的联合作战实验。

3. 实验组织不断向专业化、联合化发展

随着科学技术的进步,武器装备不断更新换代,新型力量作战空间不断拓展,联合作战实验的任务必定会越来越重,实验内容也会更加丰富,单个作战实验室已经无法独立承担联合作战实验任务,要求作战实验将逐步由松散协作实验向多种类型作战实验室联合开展作战实验发展。因此,必须建立和完善联合作战实验组织体系,在战略层指定领导作战实验的职能机构,建立和完善联合作战实验制度,强化各作战实验室之间的联合,把现有资源整合成一股强大的实验力量,实现优势互补,整体提升联合作战实验能力,为承担更大的作战实验任务做好组织准备。另外,要有专业的蓝军队伍来支撑联合作战实验的组织与实施。未来战争更加复杂,战场迷雾使得我军看不清,甚至看不懂对手。然而,关于对手的设置是联合作战实验中的关键内容,如果不能模仿出对手军队的作战特征,作战实验结果的可信性就会大打折扣。研究潜在对手的军队建设理论、作战力量运用方式、作战特点等都会是组织实施联合作战实验的必修内容,而专业的蓝军队伍(美军称其红军)则成为支撑联合作战实验必不可少的力量。其中,智能蓝军是蓝军队伍的另一种形态,利用人工智能技术,基于模型、数据与规则知识,构建能够模拟对手作战指挥决策行为、与红军进行对抗博弈的虚拟假想敌系统智能体,实验人机对抗、机机对抗,为指挥训练、作战筹划、作战研究提供逼真对手与对抗检验条件。

1.4　本章小结

作战实验作为一种科学的研究方法已经得到广泛认可,作为作战实验的高级阶段,联合作战实验是当前军事实践活动的新领域,也是军事理论研究的新课题。联合作战实验并不是一个新概念,其产生和发展有着深厚的历史底蕴、时代背景以及实践牵引,本章沿着历史脉络梳理科学实验、社会实验、作战实验以及联合作战实验的演变历程,探寻其概念内涵并围绕相关概念进行了辨析;联合作战实验有诸多类型,每一次联合作战实验往往都会涉及多种实验形式的组合运用,本章依据联合作战实验活动的目的、主要方法以及组织主体进行了主要类型的梳理,并对联合作战实验的发展历程以及趋势进行了探讨。联合作战实验的理念已经在我军生根发芽,并将长期指导我军作战问题研究,研透联合作战实验的内涵外延是用好这一作战研究利器的前提,也是体系化发展联合作战实验理论和方法的基础,要进一步夯实对联合作战实验的科学认识,不断提升联合作战实验能力。

第 2 章　联合作战实验原理

本章主要介绍联合作战实验的逻辑框架、基本模式、基本流程等基本原理。了解和掌握这些基本原理，可以帮助读者更好地理解联合作战实验，更好地掌握联合作战实验理论、方法和技术。

2.1　逻辑框架

理解联合作战实验原理的关键是在相对规范的联合作战实验框架下理解其基本逻辑。

在理查德·卡斯（Richard Kass）等的著作《作战试验及其逻辑》（*The Logic of Warfighting Experiments*）中，作战实验的逻辑框架被形象地描述成"2、3、4、5、21"的数字式序列，如图2-1所示，分别概括作战实验的实验假设、分解假设的逻辑步骤、实验的必要条件、实验的组成部分以及面临的不利因素。本节将结合"2、3、4、5、21"的实验框架结构，从实验假设、假设分解、实验构成、有效实验等方面对联合作战实验的基本逻辑进行介绍。

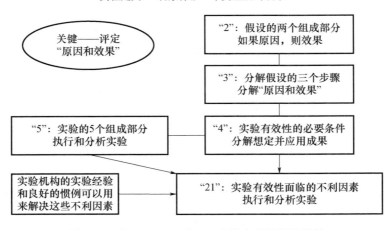

图 2-1　"2、3、4、5、21"——有效实验的框架结构

"2、3、4、5、21"——有效实验的框架结构,是一个全局性的逻辑和科学原则,为设计一个有效的实验提供了理性的"工作路线图",为将实验经验教训和良好的做法结合起来提供了内在的依据,有助于规避实验有效性的不利因素,增加实验的科学性和严谨性。

2.1.1 实验假设

实验假设是联合作战实验问题描述的核心内容,是对联合作战实验课题的知识性提炼。实验假设包含"如果"和"那么"两个组成部分。通常,确定实验假设有两种方法:第一种方法是从"那么"到"如果",即先确定军事问题,假设的"那么"问题首先被明确,则需要寻找可能的解决方法应对军事问题需求。当寻找到解决方案时,意味着假设的"如果"出现,形式上表达为:如果使用新的解决方案,那么就能解决实际军事问题。第二种方法是从"如果"到"那么",即先有新技术,假设的"如果"条件首先被明确,则需要寻找可能被解决的军事问题或可以被更好执行的军事任务。当新技术的军事用途被找到后,意味着假设的"那么"被明确,形式上表达为:如果有了新技术,那么军事行动的效果就会改善(作战能力得到提高)。

以某典型场景下导弹突防问题为例,如果先有军事需求:提升导弹突防成功率,然后通过讨论分析认为打击敌方预警卫星、雷达等预警探测系统可帮助提升导弹突防成功率,那么实验假设确定为:如果打击敌方预警探测系统平台,那么导弹突防成功率将有所提高。相反,如果是新研发出某种型号的导弹,通过讨论分析认为将其应用到该典型场景,可提升导弹突防成功率,此时实验假设确定为:如果使用新型导弹,那么该典型场景下导弹突防成功率将有所提高。

1. 实验假设的层次问题

联合作战实验的实验假设具有三个层次,三个层次之间需要转换。第一个层次是抽象的能力层次,实验假设是根据能力和实验效果来描述的。但是,这些能力假设没有考虑实验人员强调的可操作性要求。第二个层次是表达清晰的实验执行层次,高度抽象的能力假设需要转换成一个或多个具有可操作性的实验假设或实验假设集。这是一个将抽象描述转换成能够在联合作战实验中便于组织实施的实验问题的复杂过程。第三个层次是统计学意义上的量化分析层次,高层次抽象的实验假设都需要转换成具体的战略、战役、战术,甚至装备技术层次的实验假设,最好是每个实验假设都应与可测量的实验指标相关联。转换完成的标准,应该使最终形成的实验假设可测量、可统计、可量化分析,以确定实验结果具有统计学意义上的可信度。

2. 实验假设中的零假设

零假设是统计实验中的概念,是指进行统计检验时预先建立的假设,是用来量化假设的分布概率的特定数据样本。在联合作战实验假设提出与转换的过程中,有时会出现关于零假设的问题。以某作战部队换装新式武器的作战效能为例,在实验开始前,该作战部队视为使用同类型现装备武器的代表性对比实验样本。根据历史实验情况统计,该作战部队使用现装备武器的作战效能量化评分为 X 分。随后,该作战部队换装新式武器进行作战效能实验,作战效能的量化评分为 $X+5$ 分。实验表明,换装新式武器后的部队作战效能相比于历史作战效能提高了 5 分。

这个实验的问题在于:实验结果是否为初始人群(作战部队)的其他变量发生的作用,或是部队整体的武器操作技能提高的结果?为了探究这个问题,专家们提出了零假设概念,以表示原来的实验假设要素(新式武器)没有起作用,即新式武器不能提升作战效能。换言之,换装新式武器虽然得到的实验结果可能高于历史对比实验,但仍是原来的实验变量在起作用,即是由作战部队的相关要素带来作战效能的提升。用当前体系性战斗力验证的思路看,零假设问题在于联合作战实验应注重从战建备统筹推进角度设计实验假设,既要考虑新型武器装备体系,也要考虑部队、编制、战法运用以及体系性战斗力其他配套因素。

3. 联合作战实验与演训结合时的实验假设

当联合作战实验与演训活动结合时,使用作战任务来设计实验假设,尤其是设计实验假设中的"那么",将非常有意义。在演训活动中,有很多运用新型武器装备系统的时机。演训中需要考虑各种因素,而与联合作战实验有关的实验假设就是新型武器装备系统体系性战斗力验证实验问题的归纳。演训活动建立在一系列任务、条件和标准的基础之上。在联合作战训练领域,统一的联合作战训练规定或训练方案已对这些任务、条件和标准进行了正式说明。任务相当于需要完成的事件,条件是训练演习的内容,而标准则是以训练演习效果为载体。适合在演训活动中开展的联合作战实验,其抽象能力层面的实验假设设计大体形式是:如果某部队装备了某新型武器装备,那么其完成某任务的成功率就会提高。相对的实验执行层次的实验假设是:如果某部队装备了某新型武器装备,那么其完成某任务的时间将更短或作战效果更好。

4. 关于实验假设的担忧

对于在作战实验中使用假设的方法,相关人员存在以下担忧:一是实验早期难以获得足够的信息;二是在早期实验中,假设过于受限,不利于偶然发现;三是假设来源于理论,不涉及军事实际,难以被证明是正确的,有效性有待商榷;四是假设要求进行严谨的分析和数据收集,但作战数据不足;五是假设必须在可控条件下进行,难以适应联合作战实验的复杂性。

总之,一个实验假设不应该仅从理论中而来,也应该从实践中来,包含丰富的、有针对性的作战数据。假设仅是实验循环的开始,它必须是宽松的、有启发性的,要认识到没有假设就没有预料,没有预料就没有发现,假设的关键是善于发现。

2.1.2 假设分解

分解实验假设包括三个步骤(图2-2),在解决假设的三个逻辑步骤中,关注的重点分别为:①被提议的解决方案是否被充分地贯彻?②问题是否被确切地解决?③问题的解决是否完全归结于解决方案的功劳?简单地说,就是实验假设的两个组成部分"如果"和"那么"是否在实验中充分表现以及二者的因果关系是否清晰明确。

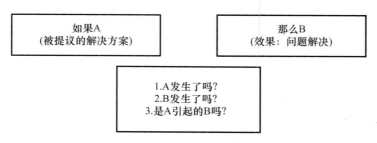

图2-2 分解实验假设的三个逻辑步骤

第一步是提出解决方案(如果),其在实验中可充分表现。因为提出的新解决方案通常涉及替代软件、硬件以及为实验设计的新过程,所以这并不总是容易做到的。

第二步是观察实验结果,判断是否解决问题(那么),即实验是否提供了充分的客观证据证明军事问题需求得以解决。

第三步是判断问题"那么"的解决是否源于提出的解决方案"如果",因为可能存在其他的替代解释。这是联合作战实验中最艰难的挑战,因为有很多正面结果的替代解释存在。例如,提出解决方案的参与人员可能受过更好的训练,也更有积极性。

以某新型单兵武器性能测试为例,为保证实验人员的一贯性,实验将采用同一批实验人员分别对新、旧两个型号的同种单兵武器进行测试。如果先测试旧型武器,后测试新型武器,倘若实验结果表明在该武器性能评价标准下,新型武器的性能测试结果优于旧型武器。此时,从分解实验假设的角度来讲,第一步和第二步已经贯彻实现,但在第三步分析中,现有实验的证据难以充分证明是因为新型武器的性能提高使得测试结果更优,其他解释如参与实验人员测试旧型武器后操作更熟练或测试新型武器时参与实验人员更兴奋、积极性更强等都可解释说明现有实验结果。因此,在分解实验假设过程中,第三步的因果关系分析判断至关重要,而这既需要实验假设设置科学合理,同时也需要在实验过程中尽可能排除干扰因素影响。

2.1.3 实验构成

所有实验,不管是大型实验还是小型实验,不管是外场实验还是实验室实验,不管是军事实验还是非军事实验,不管是应用型实验还是抽象型实验,都由5个部分构成,如图2-3所示。

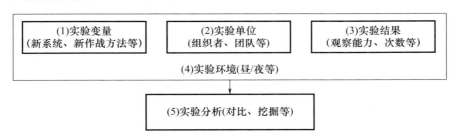

图2-3 实验的5个组成部分

(1)实验变量:假设的"如果"部分,即提出的新方法或解决方案,并希望其可带来作战效能的提升。

(2)实验单位:负责执行实验对象(可能的原因)并产生效果。

(3)实验结果:通过观察判断某些方面作战效能的变化情况。

(4)实验环境:判定是实验人员把实验单位置于实验对象或替代实验对象之下进行研究,以观察是否新能力可以产生影响,包括实验执行过程中的所有内容。

(5)实验分析:对不同的判定进行比较。

以某新型步枪射击精度实验为例,实验假设设定为:如果使用新型步枪,那么士兵的射击精度将提高。在本实验中,5个组成部分分别为:实验变量为新型步枪,实验单位为新型步枪射击测试人员(步枪手),实验结果为新型步枪以及旧型号步枪射击精度情况,实验环境为测试步枪手射击精度的场地、时间等外部因素,实验分析为对新旧两种型号步枪射击精度的对比分析,判断新型步枪的使用是否对提升射击精度有效果。

从逻辑角度讲,实验变量和实验结果对应着实验假设的"如果"和"那么"两个组成部分,实验分析与分解实验假设的逻辑步骤关系密切。整体上,整个实验逻辑框架是严谨的,层层递进的。

2.1.4 有效实验

关于联合作战实验好与坏的评价标准,从科学的角度来讲,好的联合作战实验应当是有效的实验。

1. 有效实验的必要条件

为了实现有效的实验就必须满足4个必要条件(表2-1),其中前三个必要条件正好反映了分解实验假设的三个逻辑步骤,这说明实验假设相对于实验的中心性,即假设在实验中的中心地位。它们主要用于判断因果关系是否存在,代表实验的内在有效性。第四个必要条件反映了实验结果应用于军事行动的能力,是客观的有效性,代表了实验的外在有效性。

表2-1 有效的实验应满足的4个必要条件

	必要条件	有效性的证据	有效性的不利因素
1	使用新能力的能力	A发生	A没工作或没被使用
2	观察变化的能力	当A变化时B变化	噪声太多,不能观察到任何变化
3	辨别变化原因的能力	A单独地导致B	引起变化的还有其他原因(非A)
4	实验结果应用于军事行动的能力	由A引发B产生的变化在实际行动中同样出现	观测到的变化不能被应用

用一个事例来说明实验有效性和4个必要条件的内在联系。

事例:计划采用一种新型传感器来探测重要目标。实验安排:第一天,使用旧型传感器组探测目标;第二天,用新型传感器探测目标。实验测量标准:目标的平均发现率。

假设:如果应用新传感器,则目标侦察能力将提高,即新型传感器(A)促进侦察能力(B)提高。

1)使用新能力的能力

在大多数作战实验中,绝大部分的资源和精力都花在为实验带来新的能力上。新能力(上例中的新型传感器A)由实验参与者发挥其最佳潜能,并根据其自身的优点决定是否成功。但是这种理想情况很少能在实验中实现,大多数实验中,尽管为新能力付出了所有努力,但并不足以有效应用于实验中。

有许多事物都与实验替代能力不一致,如实验硬件或软件可能并没有设计和宣传得那么好,实验团队可能没有进行足够的训练或尚未熟悉新能力的作用。因为要实验的技术是新东西,所以它可能还不成熟,也很有可能因实验团队的误判而被错误地抛弃。如果实验团队不能正常操纵A或A的软硬件水平与许诺的不同,则侦察能力就不可能提高。那么,新型传感器 A 的作用不能在实验中发挥出来,就毫无理由希望它能比现在的传感器更有利于侦察能力 B 的提高。

2) 发现变化的能力

如果第一个条件得到满足,且新型传感器发挥了应有的作用,那么应逐渐使旧型传感器向新型传感器过渡,并观察探测目标数量改变的情况。如果探测目标数量没有发生改变,那么现在最主要的问题就是可能有很多外界因素干扰发现这些变化,同时探测系统能否正常使用以及探测标准设置是否合理也可能影响探测数量的确定(发现变化的能力)。

在联合作战实验开展中,有很多实验方法可用于减少实验误差:标准化使用仪器能减少数据收集的误差;把动因(目标)的误差控制在允许的范围内以减少结果误差(探测);防止实验外部环境的干扰(如时间、清晰度等)。抽样范围的划定是减少信噪比的另一个层面的考虑,随着观察目标的增多,因计算统计数据错误带来的误差将减少。

3) 辨别变化原因的能力

辨别变化原因的能力是分析判断实验问题(那么)的解决是否源于新的方案或技术(如果)。在本节示例中,就是提取影响侦察能力变化因素的本领。如果前两个必要条件得到满足,则问题就成了侦察能力的提高是否只因采用了新型传感器?侦察能力的提高可能还有其他原因,如新型传感器的实验是在第二天进行,这时操纵人员可能对目标更为熟悉了,操纵技能提高了。措施可以是:多人共同组成操纵团队,随机使用操纵人员以及控制外部条件(如改变目标的位置)。

医学实验人员已开发出实验技术来消除医药实验变化原因的其他解释,同样可以用于联合作战实验。这些方法包括:平衡对实验单位的刺激,在药物研究中使用安慰剂,使用对比组,在参与组之间随机分配参与者,消除或控制外部影响因素。

4) 实验结果应用于军事行动的能力

如果前三个条件都具备了,即使用新能力、发现变化和辨别变化原因都没有问题。那么,现在的问题就是,实验结果是否能顺利地运用到作战部队的实际军事行动中去,或者直接进入决策?实验设计将围绕替代系统情况、作战部队像实验团队一样使用新技术和在面临现实威胁时,将实验技术应用于实战环境之中等问题。

实验的 4 个必要条件对于所有实验都是有效的。一般实验有三种结果:证明是有效的能力,证明是无效的能力以及不清楚,有效的实验应当为前两种结论之一提供充分、可靠的证据。第三种结果包含两种情况,即不知道新能力是否有效或没有完成实验,无论哪种情形,都说明实验是一个设计不好的实验。因此,在实验设计时要尽可能满足有效实验的4个必要条件,以保证实验结果的有效性。

2. 有效实验可能面临的不利因素

在联合作战实验中,有效性常常被看作艺术。在实验中,通常可通过一个应该做或不应该做事情的列表,来学习以往的经验教训。这个列表涉及采样的多少、参与实验的人员、存在的不利因素等内容,可帮助实验人员科学设计有效的实验。

为了达到有效实验的要求,就必须消除、控制或改善实验有效性面对的不利因素。实验的有效性面临很多的不利因素,表2-2依据实验的5个组成部分分别满足4个必要条件的关系,将实验有效性面临的不利因素进行了有规律的组织排列,实验人员对该框架的全面理解对于设计有效实验是至关重要的。

表2-2 设计有效的实验可能面对的21种不利因素

实验的5个组成部分	实验的4个必要条件				
	使用新能力的能力	观察变化的能力	辨别变化原因的能力		实验结果应用于军事行动的能力
			单组实验	多组实验	
实验变量	不利因素1:能力不能正常工作	不利因素5:新能力不稳定	不利因素11:能力机能随时间改变		不利因素18:非代表性的能力
实验单位	不利因素2:参演单元不能有效地使用或操纵新能力	不利因素6:参演单元不具一贯性	不利因素12:角色单元随时间改变	不利因素15:组与组之间角色的不同	不利因素19:非代表性的参演单元
实验结果	不利因素3:实验度量标准对于新能力的作用不敏感	不利因素7:数据采集不具一贯性	不利因素13:数据采集的正确性随时间改变	不利因素16:组与组之间数据采集的正确性不同	不利因素20:非代表性的测量标准
实验环境	不利因素4:新能力没有得到发挥的机会	不利因素8:实验环境有波动	不利因素14:实验条件(环境)随时间改变	不利因素17:组与组之间实验条件(环境)不同	不利因素21:非代表性的想定
实验分析		不利因素9:样式尺寸和总体统计不足;不利因素10:统计假设被干扰并出现错误率问题			

仍以前文传感器实验为例,不利因素 1 是新型传感器无法正常工作,即新型传感器的软硬件水平与许诺的不同;不利因素 2 是实验的参与人员无法正常操纵新型传感器,导致新型传感器的作用不能在实验中发挥出来(不利因素 4);不利因素 3 是选取的衡量指标对新能力不敏感,即新型传感器的侦察能力提升并非体现在发现目标方面;不利因素 5 是新型传感器发现目标的能力不稳定,即相比于旧型传感器,新型传感器的平均目标发现率时高时低,无法判断其侦察能力是否提升;不利因素 6 是实验参与人员前后不一致,不能一以贯之实验全程;不利因素 8 是实验环境在实验过程中发生变化,如实验过程中气温变化、湿度变化、空气变化、光线变化等都有可能影响传感器发现目标的能力;不利因素 9 是实验样本小,即每组实验使用传感器数量过少,实验结论不具有普适性;不利因素 11 是随着时间变化,传感器的部件因磨损等性能发生变化,导致传感器的能力随之改变;不利因素 12 是参与实验的人员操作传感器的熟练程度等水平随着时间改变而变化;不利因素 14 是随着时间变化,实验的光线、噪声、温度、湿度等条件发生改变,导致传感器的能力发生变化,使得实验者难以明确传感器能力变化原因;不利因素 15 是在多组实验的情况下,各组实验人员的操作水平不一致,导致实验变化原因难以清晰明确;不利因素 17 是在多组实验的情况下,各组实验环境、实验条件不一致,导致实验效果变化原因无法明确;不利因素 18 是实验测试能力在战争实践中发挥作用不突出,即实验的新能力难以提升作战效能,应用于作战实践的效果与成本不匹配;不利因素 19 是实验参与人员的操作水平以及专业程度难以代表实战应用中使用人员的实际水平,如果实验人员专业程度过高,则难以快速应用于作战实践;不利因素 20 是作战实践中传感器的作用不是通过是否发现目标或者发现目标的数量来判断;不利因素 21 是实验想定测试环境和条件与作战实践不一致,使得传感器能力作用在作战实践中难以表现得和实验一致,无法达到预期的实践效果。不利因素 7、10、13、16 均与实验数据采集相关联,实验中对于传感器是否发现目标是明确的,对于传感器发现目标数量的收集处理是准确的,即实验数据采集的一贯性和正确性是有保证的。

对于任何一项联合作战实验,都可以根据有效实验的 4 个必要条件以及实验的 5 个组成部分从理论角度分析实验中可能面临的不利因素,从而在实验设计、实验实施、实验分析过程中尽可能避免不利因素对实验有效性的影响。

2.2 基本模式

当联合作战实验基本逻辑框架确立后,可根据实验效用的解释对联合作战实验基本模式进行划分。一般地,对实验效用有三个方面的解释:一是确定以前没有尝试过的一些事情的效果;二是证实假说的有效性;三是演示一个已知的知识。按照这个解释,可以将联合作战实验划分为以下三类模式。

2.2.1 发现型实验模式

发现型实验模式,简单说,就是开始并不知道或不清楚实验结果,只有通过实验方法激发探索出可能的结果,也就是所谓的"知识发现"。其目的是确定事物潜在的军事效益,产生新的作战思想,创新更好的战法打法等。这种实验模式一般用于形成作战概念阶段,通过实验创新理论,并不断迭代完善。

一般情况下,由于可借鉴的知识较少,为了获得相应的知识,洞察所要的创新性成果,这种联合作战实验模式往往需要观察得很仔细。但即使这样,也很难获得足够的证据来理解变量与指标间的因果关系或者时序关系。因此,就需要打破常规,不断创新,通过专家研讨、"头脑风暴"等定性与定量相结合的方法研究各种可能,并通过概要的实验形成新的概念。一般来讲,发现型实验模式实验应该是一种可以观测的实验,但由于缺乏对联合作战内部因果关系的控制和掌握,经常会因为缺乏案例和测试数据而无法支持有效的归纳推理,因此实验是一个比较艰难、比较费时的复杂过程。

但是,这些限制并不能成为阻碍发现型实验模式发展的障碍。绝大多数新的作战概念、方法以及技术都得益于这种实验模式。例如,美军的联合 2010、联合 2020 的概念就是从发现型实验模式实验开始的,网络中心战更是发现型实验模式的典型代表。特别是在信息化、智能化战争的今天,可供借鉴的关于未来战争的经验很少,这就需要勇敢地进行理论创新,并将创新的理论通过发现型实验模式形成可行的战争或作战概念。

对未知的设计与推导着眼于探索新的认识,以发现新现象、揭示新特点、创立新概念为重点。联合作战实验问题具有前瞻性,主要是关乎军兵种以及军队未来发展、建设和作战等方面的新概念、新作战思想、全新战法训法等,特别是信息化、智能化条件下,战争样式不断革新,对战争的规律性认知也必须更新。联合作战实验前瞻设计未来战争,预设未来战场环境和联合作战条件,依托科学设置的实验环境,通过对战争领域新事物、新现象的模拟观察和分析论证,探索和发现新的规律性认识,进而形成新的作战概念、作战原理和作战方法。

2.2.2 验证型实验模式

验证型实验模式是最经典的实验模式,其中假设也称假说、假言,指的是尚未得到证实的一种理论或者方法,主要通过先给出一个未经证实的结论,然后通过改变各变量的取值,测试观察指标变化情况,找到结论成立(或者结论不成立)的实验结果,从而得到两者之间的关系。很显然,如果变量个数很多或者取值很多,则变量空间将是巨大的,通过假设实验,可以更深入地构建知识体系,加深相关知识领域的理解。

为了组织开展验证型实验,实验组织机构或人员一般都会假设典型场景或者想定,以特定实验背景约束为基础,对一个或者多个变量进行观察和测量。同时,通过变量变化组合来观测指标的变化,建立原因与效果之间的变化关系。此外,不管是通过经验还是统计处理,其他潜在的相关因素需要保持不变。人们往往希望通过验证型实验模式来发现因果关系,并找到那些对结果产生重大影响的关键变量。但因为变量、变量取值、变量取值组合空间巨大,要从中找出合适的变量空间是比较困难的问题。因此,就需要采取合适的方法来寻找合适的变量空间。例如,采用探索性策略来设计验证型实验,通过对组合空间的探索,一方面可以采取一些方法来减少不确定的变量;另一方面可以借助实验设计方法优化压缩实验空间,提升实验效率。

此外,对于假设的分析与验证是基于一定规律性认识的假设,具有相对较高的认知起点和相对较低的认知难度,在联合作战实验中具有更为普遍的应用。对假设的分析与验证着眼于对已有经验、设想或预测形成科学的评估结论,以分析、检验、证实为重点。例如,对无人作战战法的研究分析,无人作战平台作为信息化、智能化战争演绎下的新事物,如何在实际作战中发挥其战斗效能需要经过联合作战实验验证分析,通过仿真实验模拟假设的无人作战战法,对其表现出的作战效能进行分析评估,验证假设的无人作战战法。在武器装备的设计研发以及装备运用等阶段,为确定其是否具备预想的作战效能,往往存在大量的假设性问题需要通过联合作战实验分析与验证。

2.2.3 演示型实验模式

演示型实验模式也称为实证模式,是在具备一定先验知识后采用的实验模式。其目的是证实所需演示知识的合理性或可行性。简单说,演示型实验模式是为了实验已知的知识,但这些知识只是不为他人所知,从而达到证实概念或能力的实验目的。

演示型实验通过各类实验和实验分析方法,在给定的实验条件下评估战争规律和作战行动的适用范围,并采用恰当的手段对这些验证的知识进行演示和展示,使得人们可以更加深入地了解这些先验知识。演示型实验是为了证实理论的正确性,所以一般来讲不会产生新的知识。因此,可以提前定义和设置好想定、实验条件等初始参数。这种模式的联合作战实验一般也不会采用多次重复的方法,只要少数实验可以展示这种知识的正确性即可,如通过展示来证实已经明确的作战概念和作战行动等。美军的先期技术演示、先期概念演示以及已然形成的作战能力概念演示等都属于这种实验模式。

2.2.4 联合作战实验的全生命周期

通常,联合作战实验是"发现—假设—演示"不断循环的实验过程。在这个复杂过程中,逐渐从抽象的概念产生出成熟的知识。概念是人的主观看法,对于联合作战问题本身的设计和规划,需要在模型和其他辅助工具的支持下进行设计,设计出来的方案要通过实验环节进行反复实验,然后分析大量实验变量和指标结果,从中得到规律性的认识,这样一个认识可能是下一轮实验活动的开始。在这样一个全生命周期中,不同类型的数据、模型和系统支撑了相关实验活动,贯穿联合作战实验的三个阶段,且不同类型的实验模式需要不同类型的模型、系统、数据的支持。

对联合作战的认识难点主要在于复杂系统固有的病态定义和病态结构,以及无充分的先验知识,很难以一种严格的数据形式来进行定义及单纯的定量分析,很难从空间和时间上加以分割,很难确定实验对象的边界。因此,就需要对研究分析的过程不断地反馈、修正和迭代,以逐步逼近对联合作战规律和问题本质的认知。

联合作战实验特别强调实验设计、实验实施和实验分析,它是一个不断循环、迭代和反馈的复杂过程,通过不断反馈重复实验活动,最终形成较为成熟、可接受的分析结论。因此,联合作战实验各种实验模式和实验阶段都是可以重叠的。如图2-4所示,前一种实验模式的实验分析阶段紧接着下一种模式的实验设计阶段,而且设计的基础一般是上一模式实验得出的实验结果。

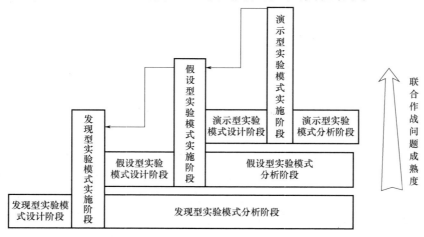

图 2-4 联合作战实验的全生命周期

与科学实验所采用的方法原理极为相似,联合作战实验初始的实验问题是以假设的形式来概述联合作战实验活动的背景,确定即将出现的联合作战问题,并且提出可以解决的初步实验方案。当然,这个假设的解决方案可以简单地通过专家经验、历史数据、推演以及简单的模型计算得到,这个概念性的解决方案是联合作战实验的前提和依据。如果实验得出的数据结果对所提的假设不成立,则说明最初提出的假设不符合实际,就需要通过不断反复调整提出一个更好的假设。同样,如果实验数据不能确定对所提联合作战问题的影响,也需要返回重新考虑相关问题,通过这个过程,可以不断改进实验方案,直到满意为止。最后,如果通过多次实验能够清楚地得出实验结果,则说明实验最初的假设可以成立,对解决问题有所帮助,就可以形成(或发布)实验报告,为提炼和优化实验提出的概念提供了基于实验的科学依据。

2.3 基本流程

联合作战实验组织实施是实验人员根据实验需求,对一系列作战实验活动按科学的逻辑步骤逐项展开,最终实现作战实验目的的过程。由于作战实验的类型多样,且能够相对独立实施,各国军队对作战实验活动的认识也不够统一,尤其是作战实验在我军尚处于探索发展时期,因此,军内和地方相关研究部门,对作战实验的组织实施并未形成统一的认识,且不同类型的联合作战实验,在具体组织和实施过程中存在一定差别。因此,结合我军联合作战实验的实践活动,借鉴美军较成熟的经验,本书将联合作战实验的基本流程概括为"3阶段、7步骤",具体划分为实验设计、实验实施、实验分析3个阶段,每个阶段包括不同的实验活动,总共划分为制定实验任务、规划实验方案、优选计划、准备实验、实施实验、实验数据分析、实验结果转化7个步骤。联合作战实验的基本流程步骤如图2-5所示。

联合作战实验是一项综合性非常强的实践活动,需要大量来自不同工作单位、研究领域的人员协作完成。根据在实验活动中担任的任务性质,可以将实验人员分为组织人员、军事人员、技术人员、分析人员、保障人员5类。参加联合作战实验的每类人员在各环节中分别担负不同的任务,共同完成一次联合作战实验活动。

实验设计是对作战实验过程的整体设计与规划,主要包括制定实验任务、规划实验方案两个步骤。实验设计阶段是发起一项作战实验的初始阶段,也是十分重要的阶段。该阶段主要由作战实验组织人员主导完成,其他各类人员辅助参与,并以形成作战实验方案为该阶段工作目标,指导下一步作战实验的顺利进行。

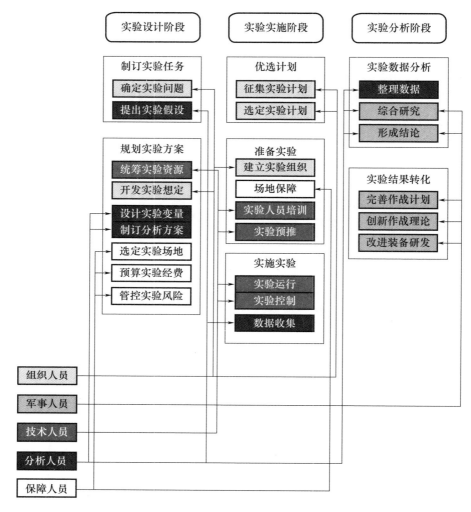

图 2-5 联合作战实验的基本流程步骤

实验实施阶段是依据作战实验方案对实验活动的具体展开与操作,主要包括优选计划、准备实验、实施实验 3 个步骤。实验实施由执行实验单位的技术人员主导完成,以制订并落实实验计划、形成实验初步结论为阶段性工作目标,为下一步深入分析并形成实验成果提供准确有效的数据支撑。

实验分析阶段是对作战实验的总结分析,得出有益结论并将实验结果进一步转化运用的过程,主要包括实验数据解析、实验结果转化两个步骤。实验分析一般由实验管理单位指导具体执行单位的军事人员进行,必要时可引入第三方各领域专家团队协作实施,最终形成准确、科学、可靠的实验成果。

2.3.1 实验设计阶段

1. 步骤1：制定实验任务

联合作战实验任务，是由军事人员和实验人员根据实验需求，明确要研究的实验问题，针对实验问题提出实验假设。

1）确定实验问题

将一个军事问题转化为实验问题是一项非常重要也是极具挑战的任务，目前没有成熟的理论方法可以借鉴。军事问题涉及各类作战任务、复杂作战体系、多种影响因素，具有较强的层次性、系统性、对抗性，这就需要军事人员和实验人员紧密协作，共同完成。

实验问题明确的是实验要解决什么问题，或者说要通过实验帮助回答什么军事问题。实验问题要对实验的内容进行初步设计，将作战问题分解转化为具有可操作性的实验问题。合理、有效的问题描述是实验取得成功的基础。

2）提出实验假设

实验假设是在深入理解和分析需要验证的作战问题的基础上，对作战实验问题的预期解答，是对实验问题拟议的解决方案。实验假设不仅为实验提供了初步的起始条件，同时为得出能够形成实验结果或可支撑实验分析的数据提供实验进程牵引和规范。

实验假设是将实验问题转化为具体实验的内在条件。科学的实验假设决定了作战实验的具体实施方式。实验假设的核心有选择实验指标、确定实验因素、构设因果关系三点。

作战实验的基本命题一般可描述为"如果这样做，将发生什么"。其目的是发现事物内在规律和产生这些规律的因果关系。一个作战实验可以支撑多个实验问题的分析，只有针对问题提出了实验假设，才能针对该问题进行实验，并得出预期的实验结论。

2. 步骤2：规划实验方案

规划实验方案是实验成功的有效保证，它是围绕实验问题开展实验实施的设计和规划。

实验规划由实验组织单位具体实施，军事专家提出目标、背景，由技术专家负责共同提出具体定量分析指标、条件等的设置，后续再由技术开发人员对数据、模型进行更新研发。

1）统筹实验资源

开展作战实验，应建立在前期成熟而丰富的成果积累基础上，进行集约高效的实验活动。因此，在开始规划实验方案时，应充分考察现有作战实验成果与资源,作为当前实验的有利条件和物质基础,快速形成可迭代优化的实验方案。通过资源统筹,还可以了解当前作战实验的发展情况,为优化实验设计提供有效借鉴。

2) 开发实验想定

联合作战实验想定是对参与实验的作战各方的初始态势及其演变进行的数据抽象和形式化描述,实验想定主要由作战实验军事人员制定完成,应满足问题研究的需要,覆盖实验内容,突出实验重点,规定研究问题的边界和范围,给出研究的条件和约束。

(1) 想定类型。实验想定可按军事问题层级分为战略想定、联合战役(战争)想定、战役方向想定、联合战斗想定、军兵种战术想定。

① 战略想定:主要面向战略态势研判、战略博弈决策、战略路径选择等问题编设。通常包括国际形势、各方立场、危机爆发、战略决策等部分。支撑以专家研讨方式进行的战略推演活动。

② 联合战役(战争)想定:战役全局流程的构想与描述,通常包括战略背景、作战编成、作战企图、初始态势、行动构想等部分。

③ 战役方向想定:对战役局部方向作战的构想与描述,通常包括推演背景、力量体系、局部企图、当前态势、行动构想等部分,此外也可以加入推演问题部分。

④ 联合战斗想定:聚焦问题分析实验而设计制定的军事想定部分,通常包括场景设计、力量体系、作战目的、初始态势、行动计划等部分。联合战斗想定可依据联合战役(战争)想定或战役背景中的局部场景态势进行详细设计,编设个性化的作战力量、行动时序。

⑤ 军兵种战术想定:主要为兵种装备作战运用和效能评估提供场景描述,通常包括场景设计、作战目标、兵力兵器、初始态势、作战行动等部分。

(2) 想定内容。想定内容一般包括背景想定、作战企图、作战编成、初始态势、行动构想 5 个基本要素。

① 背景想定:实验想定的基本场景态势。

② 作战企图:指挥员对整个作战行动的设想,包括作战目的和作战行动的基本方法等。可参考各作战条令、训练大纲等文件规范的要素编写,主要包括作战目的、作战方针(指导)、主要作战方向和作战目标、作战阶段、作战方法、作战部署、作战时间和地域等要素。其他推演方可参照我方企图内容设定。

③ 兵力编成:为达成一定的作战目的,将建制内和配属的参战力量组合而形成的有机整体。想定中的作战编成是根据作战实际及相关数据确定敌我兵力规模,根据敌我现行编制装备并适当考虑可能发展确定参战武器装备,根据交战

各方作战指挥体系确定指挥关系。

④ 初始态势：双方展开主要作战行动前的兵力部署与交战态势，一般在文字描述后附带态势标绘图的形式提供。

⑤ 行动构想：各方作战计划中的力量行动方案部分。想定中的行动构想，主要是区分作战阶段或时节，构想交战各方的作战行动等。

3）设计实验变量

实验变量是设计实验方案的核心环节，主要由实验分析人员围绕确定的实验目的及要求，应用实验设计方法和手段，对相关实验内容进行统筹考虑和预先设计，设计形成的成果是一种以实验为方法途径的问题解决策略。实验变量的重要性仅次于实验问题的确定，错误的实验变量设计不仅无法得出结论，甚至可能造成实验进程终止。好的实验变量设计不仅能快速得出正确有用的结论，还能为这个结论提供充分有效的证明。

实验变量设计的基本过程是：首先针对给定的实验问题，分析问题产生的原因，影响问题解决的因素，其中包括不确定因素和确定性因素，可控因素和不可控因素，确定主要因素作为实验因素；其次是确定实验因素的各种取值，即因素的水平，也称为实验点；再次是选择实验指标；最后是应用实验设计技术进行实验优化，完成设计。实验变量设计必须确保在实验结束时，能够对假设中的因果关系做出判断，最终为决策者提供充足的依据。

实验变量设计最主要的是实验指标设计、实验因素设计和实验点设计，因为它们直接决定了实验规模、次数、实验结果分析等过程。

（1）确定实验因素。实验因素也称为实验因子或自变量，是指在实验中由实验者掌握控制的、在性质或数量上可以变化、可以操作的并且对实验指标有影响的条件、现象或特征，也是进行实验时要重点考察的内容。实验因素与水平的选取是实验变量的重点，也是能否正确获取实验结果的关键。实验因素与水平的选取好坏，反映了实验人员对实验问题的理解。

对于实验因素的确定，总体上分为定性和定量两类，具体实验因素还要通过专家研讨和影响程度来分析归类。根据实验因素的重要程度，可将实验因素分为高、中、低三类；根据其作用，可将实验因素划分为控制因素、不变因素、干扰因素三类。其中，控制因素是指可以控制和调节的因素，优先级最高，可通过改变实验点加以控制，如武器的数量、飞机的机型、雷达的探测距离等；不变因素属于常量，优先级较低，在实验中可将它们设置为固定值，如某型导弹的 CEP 等。

实验因子的选择满足以下几个方面的要求：

一是客观性：选取对实验指标有影响的因素必须是客观存在的、能够测量的，而不是主观臆想的。

二是全面性:在分析对实验指标有影响的因素时,要尽可能考虑所有可能影响的因素,不能有所遗漏。

三是重点与关键性:在对影响因素全面分析的基础上,有重点地选出一个或几个对实验指标有关键影响的主要因素,次要的、偶然的因素可设为常量甚至不予考虑,要突出抓住主要矛盾、主要关系来安排实验。

四是独立性:各实验因子之间尽可能是相互独立的以减少因素间的相互作用对实验结果产生的影响,但是对于存在明显交互作用的实验因子,在设计实验点时也要重点考虑。

五是灵敏性:实验因子对实验指标变化的影响是灵敏的,这样才会使实验指标容易发生波动或变化。

(2)设计实验点。实验点是在确定实验因素的基础上,由每个实验因素取值所构成的确定数输入集。

实验因素的实验点数量往往导致实验次数的激增,甚至产生组合爆炸等问题。为此,需要在实验因素和实验点设计的基础上,尽量减少实验点的数量,对实验的样本空间进一步优化,降低样本的规模,在确保实现实验目的的条件下,减少实验所需要的资源。

实验点设计是作战实验的重点,只有设计合理才能确保实验效果,提高实验质量。实验点设计应依据实验因素及水平确定,应符合军事专业领域知识和统计学原理,分布尽可能均匀,能够反映实验的随机特性,符合统计学原理。

(3)选择实验指标。在实验设计中,根据实验目的而选定的用来考察或衡量实验效果的特性值称为实验指标,也称为因变量。

实验指标的选择具有十分重要的地位。实验结论都是由实验指标数据分析推导出来的,实验指标选择是否得当,直接关系到实验的成败。实验指标设计取决于不同的研究目的,如,在"红方导弹部队对蓝方空军基地跑道的毁伤效果"实验中,跑道的毁伤效果可以通过跑道是否能给作战飞机提供起飞降落的场地来描述的,因此其实验指标可以设置为跑道封锁概率,即失去作战飞机应急起飞降落所需的最小起降带的概率;而在"夺取某区域制空权"实验中,能否夺取制空权由空空作战效果和空地作战效果共同决定,因此需要从这两个方面分析衡量制空权的实验指标。

4)制订分析方案

分析方案由实验分析人员制订,是为解决实验问题而重点关注的实验数据及其分析过程,用于支持实验分析并得出有效、可靠的分析结论。

(1)数据采集方案。数据采集方案是实验过程和结果数据采集的依据。数据采集方案应预先准备,便于在实验预推环节进行有重点的测试,并向其他实验人员发布数据采集方案。

数据采集方案一般包括采集的数据内容、采集的时机、采集的方式方法及负责采集的人员等。绝大多数情况下,数据采集人员是实验观察人员,有时分析人员、军事人员和技术人员也可作为数据采集人员。采集的数据内容主要有:任务组织和参演部队开始命令;部队的位置;交战系统射击、命中、脱靶及弹药消耗量;交战次数;各种日志,尤其是交战活动日志;以及决策数量和内容等。数据采集通常使用仿真试验系统自动收集和实验现场观察人工收集的方法进行。

(2)分析评估方案。分析评估方案是对实验所得数据、实验指标进行分析,进而得到方案评估结论等工作的设计和安排。分析评估方案一般包括分析评估工作的内容、分析评估的方式方法、要求及时间安排。

在作战方案仿真实验中,分析评估工作包括:对红蓝双方作战方案及作战行动计划的实验条件下,进行多次模拟对抗推演后,实验指标的统计分析;对红蓝双方作战方案及作战行动计划的实验条件下,实验指标统计值的对比分析;作战方案及作战行动计划要素与实验指标之间的关联与因果关系分析;作战方案及作战行动计划要素灵敏度分析;作战方案及作战行动计划定量与定性相结合的综合评估等。

5)选定实验场地

实验场地是影响作战实验顺利实施的重要因素,主要为实验活动提供成熟的基础设施、实验环境与系统,同时还能为实验人员提供相关活动的生活类保障。实验场地主要包括联合或合同演训基地、具备仿真推演系统软硬件环境的联合作战实验室等。

(1)演训基地。演训基地是部队开展作战实验的大型专业化场所。作为检验部队战斗力的"准战场",演训基地开展作战实验的条件具备、优势明显,训练基地组织作战实验,是以基地使命任务和职能拓展为牵引,构建近似实战的战场仿真环境、要素齐全的仿真推演手段、完善配套的信息基础设施和科研环境,以及有序运行的标准规范,与部队相比,有较高起点的信息化建设基础和运用优势;与科研院所相比,有现实作战任务牵引和实践优势。训练基地和作战实验部队以实兵对抗演习作战实验为主要形式,演训基地组织作战实验主要发挥以下两项职能:

一是作战方案评估验证,依托训练基地为主可开展作战方案评估,对作战行动方案和部队上报决心方案开展推演仿真,而后对其作战方案效果进行精确评估,分析方案可能存在的风险,检验方案的可行性;任务部队为主运用时,主要是进行多案评估,重点是比较多个作战方案的作战效能、代价和风险,选出优势的作战方案计划。

二是支撑对抗演练和演习演训,主要运用兵棋推演、实兵实装、虚实结合等多种实验手段辅助开展对抗演练和演习演训。可开展指挥对抗推演,根据构想的作战背景展开双方或多方的对抗推演,采用兵棋推演实验,构建由决策者与虚拟战场所组成的指挥对抗环境,突出指挥对抗过程及效果,分析评估战场态势和作战行动效果。实兵实装演习,通过实兵数据驱动作战实验模型,以作战实验系统规则、数据和评估模块为支撑,对部队指挥决策、情报侦察、火力打击、信息作战、特种作战、联合保障等行动进行实时评估和辅助裁决。

(2)作战实验室。作战实验室是通过运用以计算机仿真以及推演为核心的建模仿真技术,对作战环境、作战行动、作战过程以及武器装备性能进行推演仿真和分析评估。作战实验室可以在军地各类科研院所和演习基地等场所构建,主要开展专家研讨类实验和仿真分析类实验为主要形式的作战实验。作战实验室主要具备以下几项职能。

一是支撑作战概念创新实验,借助作战实验室,可以综合运用多种联合作战实验手段,开展作战概念创新。可以运用兵棋推演实验,探索形成作战概念,多域协同融合实验,实现作战概念迭代,构建联合推演仿真环境,支撑作战概念演示。

二是支撑作战问题研究,通过研讨与仿真推演实验的综合运用,依托作战实验室,通过军事专家、指挥官开展研讨类实验,明晰面向联合作战的重难点问题,提出战法创新运用的方法,在此基础上进一步开展仿真分析和兵棋推演实验,支撑重难点问题解决方案的推演验证,战法创新运用方法的分析评估。

三是支撑作战方案评估验证,依托实验室可以构建战训一致的作战实验环境,通过将指挥训练系统和各类模拟训练系统的融合,构建跨方向、跨军兵种、跨作战层级的一体化作战实验平台体系,在此基础上在贴近实战的模拟环境下,检验作战方案计划的科学性和可行性、评估其优劣,对作战方案和计划的优化和完善。

6)管控实验风险。作战实验风险管理是用科学的方法,对作战实验中的各种风险因素进行预测、评估、控制和规避,同时提出应对潜在风险的处置预案,以便顺利完成作战实验目标的一种活动。

实验风险如同训练风险一样,都是客观存在的,不以人的意志力为转移。实验活动环节多、涉及人员杂,特别是以实兵实装实验的方式高度复杂而不确定,大大增加了风险的多样性、偶然性和突发性,有的风险难以预料,甚至在瞬间完成,稍有疏忽和闪失就会酿成灾难。但同时,各类实验风险是可以识别、可以控制在一定范围内的,需要实验组织人员高度重视,加强教育和管理。作战实验风险管理的一般方法有:

(1) 基于任务。坚持必要风险可接受、无谓风险不承担的理念,立足完成任务,权衡风险与效益,最大限度减少损失;对完成任务毫无益处、造成无谓的人员伤亡或财产损失的风险必须避免。

(2) 系统管理。坚持以系统安全为目标,将风险管理纳入实验计划决策,贯穿各个领域,融入各个环节,综合运用制度管理与技术手段,对军事人员、军事装备、军事活动实施全要素全过程控制,使系统处于安全状态。

(3) 全员参与。坚持把面临风险的一线人员作为主体,强化风险意识,明确各级应承担的风险责任,发挥各类人员的主动性,依靠官兵识别风险、抵御风险。

(4) 不断改进。遵循风险识别、评估、控制、反馈等基本程序和方法,坚持从实际出发,因地制宜、突出重点、追踪问效,不断识别新风险、采取新措施。

(5) 依法进行。风险管理必须依据安全法规制度和标准体系实施,贯彻行之有效的运行机制和安全措施,不得以风险为由违抗命令、违反规定、降低标准。

2.3.2 实验实施阶段

1. 步骤3:优选计划

1) 征集实验计划

实验组织完成实验方案设计后,要向具有实验资质的单位下发具体《实验方案》,指导实验实施主体单位完成实验计划优选征集。实验计划是对作战实验准备、实施及分析总结活动的组织安排,主要包括实验总体计划、环境配置计划、运行控制计划、数据采集计划、数据分析计划等类型。实验总体计划主要包括实验任务目标、实验内容、组织方式、实施步骤、场地保障等部分;环境配置计划一般包括硬件环境配置和软件环境配置两方面内容;运行控制计划通常包括实验运行参数设置、实验状态监测监控、实验测试与问题处理等内容;数据采集计划一般包括数据采集的内容、时机、采集方法、采集标准和注意事项等内容;数据分析计划一般包括数据预处理与数据分析的方法和程序,分析标准和要求等内容。

实验计划主要以委托(外包、招标)的方式由实验实施主体单位完成,当实验问题涉及的专业性较强、完成时限较紧张,或者没有相关实验资质单位,也可以由实验组织制订完成。作战实验主体单位是以作战实验为主责的独立常态运行机构,一般设立在各可供实验选址的单位场所。例如,美军联合参谋部在征集实验计划时,将国家实验室、国防实验室、卓越中心和其他国防部组织都列入主要考虑的实验主体中,其他还包括联邦资助的研究与发展中心、开发技术解决计划的大学附属研究中心,以及国际合作伙伴、工业和其他学术机构。我军作战实验主体主要由军内单位组成,此外也包括具有一定保密资质的军工集团及科研院所。

2）选定实验计划

选定实验计划主要是从征询的多个实验计划中,选择最符合预先拟制的实验方案的一种计划。若未进行实验征集环节,则直接选定实验团队制订的实验计划。

实验计划作为实验实施的路线图,指导并规范着实验人员与流程的全部内容,直接影响着实验的真实性、结果的可信度,同时也是实验正式展开前的主要规划成果。为了确保每个实验计划的科学性、严谨性、规范性,实验团队需组织实验计划的专家集中评审工作,邀请权威、专业的资深领域专家,就计划中的内容设计进行审查、质询,形成进一步修改意见,使作战实验计划在具体实施过程中更加准确无误。经过修改完善的实验计划,应呈报实验领导机构或上级单位审批,以正式获准作战实验进入实践,同时赋予实验方案一定的法规效应。

2. 步骤4:准备实验

确定实验场地后,就可以同步展开实验准备工作,并在实验方案与计划执行过程中以迭代的方式进行。作战实验范围和复杂性越大,所要求的有效性、可靠性、精密度和可信度水平越高,实验所需的准备时间就越长。

1）建立实验组织

实验组织是统一筹划和组织实施联合作战实验活动的领导机构,负责作战实验的设计、活动指导等工作。实验组织主要由实验活动的核心成员构成,主要对其他实验人员进行任务分配,明确分工协作,把实验相关人员组织成为一个高效的整体,必要时还会进行相应的实验培训。

实验组织的主要任务包括确定实验目标,受领、部署实验任务,审核批准实验总体方案和具体实施计划,对整个实验过程中的主要活动进行决策、组织、协调和监督。实验组织通常由具有联合作战实验经验的军事与技术人员共同组成,可以由作战实验领导机构的主官担任组长,由具体实施单位的技术总师担任副组长。通常可设立实验总体组、需求对接组、数据资源组、仿真模拟组、作战推演组、场地保障组和分析评估组等。

（1）实验总体组。实验总体组由实验主体单位的领导组织机构构成,负责核准实验目标,部署实验具体实施计划,对整个实验过程中的主要活动进行决策、组织、协调和监督。实验总体组由具有丰富作战仿真实验经验的军事与技术人员共同组成,由作战实验主体单位的军事主官担任组长,由技术总师组织实施。

（2）需求对接组。需求对接组是作战实验中承担军事对接和行动设计工作的人员组织。其主要负责优化设计联合作战实验想定、拟制红蓝双方作战方案及具体行动计划、制定裁决规则等工作,并参与实验数据资源保障、实验结果采集分析等工作,军事设计组主要由军事人员组成。

(3)数据资源组。数据资源组是作战实验中负责仿真模型数据保障,或者联络筹备作战装备、力量等实体资源的人员组织。其主要负责将作战推演想定转化为模型数据,生成仿真模拟兵力资源池,响应支撑实验输入命令参数,按红蓝双方作战方案及具体行动计划实施仿真模拟后,形成实验结果。

(4)仿真模拟组。仿真模拟组是提供虚拟兵力仿真环境的成员组,负责仿真实验系统准备(选择、调整、完善)、实验数据加载、作战方案及具体行动计划录入、仿真实验系统的运行控制与技术保障等工作,主要由熟悉实验系统及实验保障工作的技术人员组成。

(5)作战推演组。作战推演组是作战实验中承担与虚拟兵力实施作战行动相关的人员组织,负责制定虚拟兵力行动命令并输入系统,即时观察战场态势,并临时控制调整作战实验参数,确保得出预想的结果数据。作战推演组主要由熟悉军事作战行动的人员组成。

(6)场地保障组。场地保障组是作战实验中用于提供和保障实验活动具体实施场地的人员组织,负责实验场地、相关设备的调试准备与保障,以及实验活动的安全保密工作(由实验场地单位的机关人员组成)。

(7)分析评估组。分析评估组是作战实验中承担作战方案实验结果分析评估的人员组织。其主要负责提出作战实验评估指标、数据采集计划拟制、实验过程及结果数据采集与分析、实验结果综合分析、作战实验分析报告拟制等工作,实验报告的主要内容包括实验目标、实验背景、实验指标、实验系统、实验方法步骤和实验结果初步分析等部分。分析评估组由作战军事人员和熟悉作战仿真实验分析的技术人员共同组成。

2)场地保障

实验场地是实验人员展开实验的各类场所及设施。为保证作战实验活动能够顺利实施,实验场地必须做好各种服务保障工作,重点是系统保障、技术保障和配套设施保障。

(1)系统保障。系统保障是作战实验场地的硬件设备和软件环境的构设。硬件设备准备一般包括实验场地布设、终端计算机、服务器、投影与音视频设备、网络通信及实验辅助设备的安装调试;软件环境准备主要包括实验运行管控软件和实验支撑软件的安装测试,常用的实验支撑软件有仿真实验系统或模型、数据采集软件、数据分析软件及操作系统软件等。

(2)技术保障。技术保障是组织一定的系统运维力量做好应急保障准备,储备各种设施设备的备品备件,随时准备投入应急维修工作,确保当设备、器材、系统发生故障时能及时恢复。

（3）配套设施保障。配套设施保障是实施作战实验所需要的必备设施,如实验成员培训和召开会议的地点、观察员的会议室、留给参观者观看并且不打扰实验的地点,以及所有参与人员食宿的设施。根据实验各阶段的需求与特定的日期,确定实验所需的人力、设备、基础结构和相关的设施与资源。

3）实验人员培训

实验人员培训是一项重要的准备工作,通常要在实验开始前进行一周或数周培训。要制定实验人员培训计划和标准,主要培训对象是参演人员、数据采集人员、实验控制人员和支撑技术团队,以确保相关人员熟悉作战概念、实验基础平台、仿真推演系统、实验信息交换流程及其他相关人员的职能定位。

（1）参演人员。参演人员着重训练内容包括:实验目的、背景和场景,实验过程中使用的程序,操作评估系统所需的技术技能以及实验所需的基础设施设备。如果实验包括多个系统的结论比较,参演人员需要熟练掌握各类分析评估系统,包括在各种条件下进行实操训练。

（2）数据采集人员。在对实验的基础知识（如目的、背景、问题陈述、假设、想定和主要事件）进行全面概述的同时,对数据采集人员的训练应侧重于观察和数据收集的技术,以及要收集数据的具体时间和内容。此外,数据采集人员和实验控制人员必须清楚地了解分析人员期望收到的数据,并准备好识别和记录异常情况,以便分析人员知道如何处理这些数据。实验组织者应考虑通过书面考试以及数据收集任务的模拟运行来评估数据收集者对收集方法、工具和流程的熟练程度。

（3）实验控制人员。实验控制人员需要接受实验基础知识的训练,重点是想定和主要行动事件列表。为了成功分析推演问题,控制人员必须彻底了解想定主要行动实施的时间和地域,并同时熟练掌握其他控制人员的操作过程。

（4）支撑技术团队。支撑技术团队必须熟练掌握实验基础知识以及仿真系统研发技能。一般情况下,支撑技术团队将主要负责其他参与者的角色训练或技术系统的使用训练。

4）实验预推

实验预推是确保实验顺利执行的重要环节,是开始正式实验之前,对整个实验过程进行的预演。通过预先实验,可以让实验人员熟悉内容、程序、方法和规则,检查各种场地、保障、系统、网络等设施的运行情况,同时旨在发现实验计划中存在的漏洞,以便修改和完善实验计划,为进行正式实验提供科学依据和参考。实验预推主要包括独立模式下对各分系统和实验组件（如服务器、通信网络、数据库等）进行测试。此外,还需对实验系统的综合联调测试。

实验组件独立测试是作战实验的软硬件环境测试，须保证所有实验设备得到校验、测试与确认，以便由各种实验设备组成的实验系统能够满足实验的需要；实验系统综合联调测试，是在对模型和规则、数据自动采集功能、分析评估功能等调整完善结束后，就要对仿真实验系统进行整体调试运行，以保证仿真实验系统能够满足实验总体计划的要求。实验系统调试及试运行，需要有相应的联合作战想定、红蓝双方信息作战基本想定、红蓝双方信息作战方案及信息作战行动计划配合，这些想定、方案和计划，可以是即将正式实验的部分想定、方案和计划，也可以是专门拟制的较为简化的调试用想定、方案和计划。

实验预推由实验主体单位组织实施，包括实验总体组、需求对接组、数据资源组、仿真模拟组、作战推演组、场地保障组和分析评估组等人员，开展实验系统测试、推演问题分析、实验计划完善等工作，为正式执行实验提供良好基础。同时也可邀请实验领导机构、管理团队、军事专家等人员参与。

3. 步骤5：实验实施

1）实验运行

实验运行是作战实验最关键的活动，通常将持续进行数天甚至数月，持续时间取决于实验的范围和复杂性或实验地点。通常每天开始时应预估当天的计划活动，结束时应回顾当天进行的实验活动，并讨论下一步工作重点及改进方法。

作战实验运行过程主要是由仿真系统根据实验方案输入有关数据运行相应模型，共同完成规定仿真脚本运行并产生实验数据的过程。按照输入的想定条件和仿真目标，在相应模型驱动下按照一定的时序完成对方案执行过程的仿真，从而得到仿真的结果。

2）实验控制

作战实验在运行过程中，有可能会发生偏移，超出实验设计确定的范围，此时，实验技术人员就要对实验进行控制，以确保实验按照计划向前推进。控制的内容主要有：指导并核准操作人员输入的信息、监视实验的进展；向实验其他人员提供反馈信息，对实验做出必要的改变，确保实验达成目标；与军事人员及分析人员协作，对实验中发生的变化做出军事判断和客观分析，确定变化的因果关系等。实验运行中维护主要是对实验系统的维护，排除内部故障，防止外部各种干扰。

这个过程可以反复进行，直至得到实验结果或者实验过程终止时为止。实验主体单位各小组在实验期间履行控制职能，并负责在实验期间及时发现实验过程中的各种问题，能分析各种情况出现的原因和灵活巧妙地处理各种复杂情况。

3）数据收集

数据收集是作战实验数据分析的基础，是实验设计和实验计划的根本要求，它是根据数据收集计划对仿真运行过程中的数据进行收集和存储的过程,数据收集的成功与否,决定了数据分析的质量,进而决定了作战实验的成败。因此,在实验过程中以及实验结束时都需要随时进行数据收集,并确保数据收集满足实验设计的要求。实验期间的大多数活动都用于收集实验设计和实验计划要求的准确数据和完整数据。实验团队、总体组、数据组等人员应每天评估数据收集活动,确保以分析所需的格式收集正确的数据,并根据计划处理和储存这些数据。

数据收集计划是作战实验计划中的重要内容之一。数据收集和数据记录必须符合实验设计的要求。数据收集人员应当进行数据收集预演,以确保数据收集方法的有效性。数据收集必须综合运用各种机制和资源,包括观察员、分析员、自动化的收集系统、原型和平台、会议等,特别是在大型分布式实验中,数据收集还需要采取分布式数据收集工具。实验中收集的各种关键数据,要通过适当的转换与关联才能转化为有用的信息。只有对数据进行统计分析才能形成完整可用的实验数据,特别需要对数据的一致性和完备性进行检验。

(1)收集方法。作战实验数据收集通常由观察员、分析员或者通过模拟系统、数据收集工具等综合完成。数据收集方法主要包括自动数据收集系统、实验现场观察记录、会议记录以及向有关人员发布调查问卷等。

(2)收集内容。数据收集的内容包括:任务组织和参演部队开始命令,部队的位置,交战系统射击、命中、脱靶及弹药消耗量、对抗次数、交战日志、决策次数与内容等。按照收集时间,收集内容可分为实验过程数据收集和结果数据收集。

实验过程数据用于反映作战实验的动态过程,是指实验过程产生的状态数据,是时间相关的,反映的是某时刻各实验对象的状态,而且该状态随时间而变。主要的作战实验过程数据可按实验单元(作战单元)划分,数据包括实验单元位置、状态、性能的变化。实验过程数据与作战行动方案相关,也受到环境变化、对抗方作战行动的影响。

实验结果数据是实验完成后的数据记录,用于评价不同初始作战条件下的作战结果。实验结果数据可分为两类:一是单次实验结果数据,是通过实验数据收集获取;二是多次实验结果数据,是多次实验结果数据对单次实验结果数据的初步统计。

(3)收集形式。作战实验系统的层次和目的不同,实验结果的复杂性就不同。对于复杂的作战实验系统,实验结果数据往往是多层次、多种类型的,由几十个甚至上百个数据表格组成。作战实验的输出数据主要包括作战单位减员与实力统计数据、战斗损耗统计数据、各类武器杀伤数据、机动情况数据、战斗态势数据、文字报告数据、其他战斗行动动态数据(如后勤保障、工程保障数据)等。

2.3.3　实验分析阶段

1. 步骤6：实验数据分析

实验数据分析是对实验数据进行处理与分析，形成实验结果并对实验结果进行评价估算，形成实验结论的一个活动过程。数据分析应使用数据分析计划中详述的工具和技术进行。分析作战过程中的敏感因素，形成对作战实验的因果判断和价值判断，以达到对所关心的作战思想、作战法规、作战方法、作战方案等问题有更准确、更深入的认识。作战实验会生成大量的数据和信息，只有对这些数据和信息进行分析挖掘，才能揭示其背后所隐藏的军事含义。否则，实验得出的也仅是一堆无价值的数字而已，因此，从某种意义上说，实验结果分析是整个实验过程中最重要的阶段。

1）整理数据

整理数据是实验的重要组成部分，是实验取得成功的一项必要条件。整理数据的目的，是针对实验的问题，即实验的因果假设是否一致做出合理的解释，并为形成可信、可靠的实验结论提供直接佐证材料。

联合作战实验数据规模宏大、处理复杂、价值极高，只有进行相应的甄别、筛选、分类、入库、整理和分析，才能最终形成切实可用的数据产品。因此，在实验数据正式分析处理前，由分析人员和保障人员共同实施完成，主要针对数据在完整性、一致性、精确性等方面存在的问题进行清洗、过滤、补缺等处理，为后续的分析处理奠定基础。

上面所列内容只是整理数据的一般性要求，其中，根据实验计划中指定的实验目标进行整理数据，是整理数据人员必须注意的问题，这是因为对于一个组织形式、使用人员和装备完全相同的实验，如果实验的目标不同，分析的结论就会走向完全不同的方向。

2）综合研究

综合研究是借助各类实验分析手段，通过对实验结果的分析，最终目的是回答实验问题。因为联合作战实验要回答的问题存在关联关系复杂，层次关系错综复杂，所以更要强调采用定性与定量相结合的综合研究，通过综合分析方法得到实验问题的分析结果。

（1）对比分析法。对比分析法是指将同一个指标要素在不同时期或不同情况的执行结果进行对比，从而分析差异的一种方法。例如，将仿真实验数据与装备效能数据进行比对，分析查找武器装备体系作战效能在实际作战运用中的差距；将推演实验数据与实际作战方案数据进行比对，分析评估部队作战方案执行的效果。

（2）统计分析法。统计分析法是指利用统计学原理,在不同的时间段内,从作战编组、装备类型和体系要素等不同角度,对部队作战行动的位置状态、作战消耗、打击效果和自身战损等各类数据进行累加计算,并以直观的图表等形式展现,从而实现对部队某项作战能力或战斗效果的定量描述,或形象反映部队的配置、机动、攻击、防御等态势情况。

（3）溯源分析法。溯源分析法是指根据作战行动的逻辑关系,利用数据的关联性,通过对数据进行深度挖掘和泛在联系溯源分析,寻求作战能力短板弱项的问题根源。例如,联合作战实验系统中的炮兵群火力打击行动分析评估,就是按照"情报侦察-指挥控制-火力打击-行动保障"的火力打击行动流程,通过炮兵行动数据采集装置和实兵交战系统采集相结合的方式,全过程采集炮兵群火力打击行动数据,并按照评估指标评估火力打击行动,在评估数据的支撑下进行泛在溯源分析,实现对炮兵群火力打击行动效果的分析评价,并形成实验评估报告。

3）形成结论

实验结论是对作战实验所获得的各种数据和资料进行定性与定量分析后,做出的作战实验拟解决问题的最后答案。它具有验证性和相对性等特征,通常在完成实验数据分析评估后,由军事研究人员开始着手研究实验结论,主要是将实验产生的结果,结合自己的知识、经验和认知,通过综合研讨,提出建议和意见,并最终形成实验结论。美军的作战实验结束后,通常也要撰写两份实验报告,一份实验初步报告和一份详细的实验报告。我军通常要撰写《实验报告》《实验研究报告》两份结论性报告。

（1）实验报告。实验分析组需要在实验结束时展开实验报告撰写工作,与美军的实验初步报告相似,目的是向实验高级领导者报告实验的初步结论,并作为详细分析实验结果的框架。撰写实验报告需要注意的是,切勿急于宣布一些令人震惊的重大发现。因为当详细分析完成时,这些重大发现很可能需要调整,甚至有可能要作全部的修改。因此,实验报告中的结论一定要保守慎重,这一点非常重要。

（2）实验研究报告。实验研究报告应将作战实验的实验内容、实验目的、实验对象、人员分工、理论依据、国内外情况、实验原理、方案设计等诸要素全部描述清楚,与美军的详细研究报告相似。作战实验不是演习,它的价值不在于使参与者得到训练,也不在于使实验人员进行学习,它的全部价值都体现在最终的实验研究报告中。这份报告不仅要阐明实验的结论,而且要描述大量的实验细节,主要内容有:一是作战实验要回答哪些问题,这些问题为什么重要;二是作战实验为什么能回答这些问题,以及如何回答这些问题;三是参加作战实验的人员、时间和地点,实验是如何管理的;四是实验中发生了什么情况,详细描述每个事件的细节;五是实验结论,用于回答实验设计提出的诸多问题;六是观察结果,用于阐述从实验得出的重要发现;七是对未来实验的建议,这部分可根据实际情况视情撰写。撰写详细的实验报告需要注意的问题是:一方面,虽然只有极少数人关心实验的所有细节,但报告必须详细描述这些细节。这是因为:描述细节不仅是为了完成实验分析,更重要的是为未来进行相似的实验提供借鉴,也为进行更深入研究的类似实验提供基础;描述细节可以消除读者对实验结果的怀疑,以增加实验结论的可信性。另一方面,如果实验产生的数据并没有支持实验假设,或根本就没有产生数据,这种情况也要如实报告结果。撰写实验报告尤其忌讳的是,为得出希望的结论而篡改数据,或者是武断地得出结论。

数据分析与撰写实验报告是作战实验不可分割的一部分,也是体现作战实验价值的一种方式,通常也可以将成熟的实验报告上报、出版或发行。

2. 步骤7:实验结果转化

实验结果转化是对实验数据的进一步利用,形成实验数据分析结论后,要对产生的结果做进一步转化应用。根据不同实验目的,实验结果主要通过以下方式进行转化。

1)完善作战计划

各类作战实验使用的军事想定,很多都来源于具体的作战计划,甚至是直接将作战计划、作战实验对象、作战实验分析推演过程,也是对想定中作战计划的虚拟实施过程。实验过程中,通过有目的的测试、采集主要作战行动的效能指标,在各种典型场景下分析各作战行动的组合运用方式,通过对比不同作战行动在作战计划完成中的贡献度,来调整优化作战行动顺序及其组合方式,最终调整形成优化后的作战计划。

2)创新作战理论

作战实验是军事理论的孵化器。军事人员在参加作战实验的推演过程中,首先可将新的作战概念转化为作战场景,运用新的作战样式和战法行动,通过观察实验过程并结合实验数据进行深入分析,评估新的作战思想、作战机理发挥出的作战效能,进而验证新作战理论对作战指挥、力量编组、装备运用的影响,进而形成军事理论研究与联合作战实验的良性互动和迭代发展。

3)改进装备研发

可信度较高的联合作战实验结果,通常可以作为装备发展论证的重要参考。在这类作战实验中,武器装备的性能对实验结果影响非常大,通过调整武器装备性能参数,或者采取加入新的武器装备等方式,分析各类新型装备对作战体系的贡献率,并形成装备研发或改进的重要参考建议,进而反演推导武器装备规划的优化调整。

"3阶段、7步骤"联合作战实验基本流程,是组织实施的一般性常规过程,不同单位组织各种实验活动,可以参考典型步骤,并结合实际情况视情突出主要环节,以便更好地完成联合作战实验任务。例如,国防大学利用兵棋系统组织校内学员想定作业的方案论证时,作战实验组织实施的重点主要为想定设计环节和实验运行环节;军委机关单位,依托国防大学兵棋系统组织作战实验时,组织实施的重点主要在规划实验方案和实验数据解析环节。

2.4 本章小结

联合作战实验原理是联合作战实验理论体系的重要基础,是实证性研究开展的重要遵循,是联合作战实验展开的原则依据。本章首先从科学实验原理出发,结合"2、3、4、5、21"的逻辑思路对联合作战实验的逻辑框架进行介绍说明。其次,根据实验效用将联合作战实验基本模式划分为发现型实验模式、验证型实验模式、演示型实验模式三种,并分别介绍其内涵特点。最后,按照"3阶段、7步骤"构建了联合作战实验基本流程规范,进而建构了联合作战实验原理框架,为后续联合作战实验展开与实践提供了科学依据和理论支撑。后续第3~5章还要分别针对实验设计、实验实施、实验分析三个阶段开展详细讨论。

第 3 章　联合作战实验设计

联合作战实验设计是开展联合作战实验的首要环节,在整个实验活动中占有极其重要的地位,是做好联合作战实验的前提。第 2 章从实验活动流程的视角概要提及实验设计的相关内容,本章则是从具体方法的视角详细阐述实验设计的内容。首先从整体上介绍联合作战实验设计的基本概念、要求和总体框架,其次详细阐述实验问题、实验想定、实验策略的具体设计内容、流程和方法,最后通过典型案例阐述联合作战实验设计的基本过程。

3.1　概　　述

设计是开展重要活动前落实蓝图设想、制订方案计划的重要步骤。联合作战实验设计是在开展联合作战实验前,统筹实验的目的和要求,运用有关的数学原理和表达技术,将相关计划、规划和设想表达出来的过程。本章在界定联合作战实验设计基本概念的基础上,归纳总结联合作战实验设计的基本要求,提出联合作战实验设计的总体框架,用于指导后续实验活动的开展。

3.1.1　基本概念

联合作战实验设计强调对整个实验活动的准备与规划,某种程度上实验设计的好坏直接决定了实验的成败。合理、周密、科学的实验设计可节省人力、物力和财力,在预期的时间里获得丰富而可靠的数据、信息等,并能取得较好的实验效果。相反,如果实验设计得不合理,不仅浪费人力、物力和财力,还难以达成预期目的,有的甚至会得出错误的实验结论。例如,第二次世界大战期间,日军在中途岛战役前,曾以"美军航母编队会从珍珠港出发支援遇袭的中途岛"为前提假设进行过研讨实验,得出的结论是日军会取得中途岛战役的胜利,但实际情况是美军在侧翼运用全部力量攻击日军,导致了日军在中途岛战役的惨败,这便是作战实验设计不当导致的战略误判。

联合作战实验设计应针对作战军事需求,围绕提高部队军事训练实战化水平,基于作战理论和科学实验设计相关原理,将实验设计原理与实兵实装演训实际相结合,对作战实验活动进行的一体化整体设计,以及对作战实验实施阶段工作的详细设计。作战实验的一体化设计将能更有效地在演训中检验作战实验设计的科学性,验证新的作战思想和战术战法的合理性,提高作战实验设计的"作战功效"。与传统实验设计相比,联合作战实验的研究对象是联合作战体系,其实验设计内容更多,设计过程更复杂,设计方法更具特殊性。

联合作战实验设计主要包含三方面内容:一是实验问题设计,目的是将笼统抽象的想法、观点或待验证的作战问题转化为形象、具体、可指导执行的联合作战实验整体构想,如验证某武器装备能否支撑作战以及其在作战整体当中发挥的作用,则需设计以该武器装备为主体,以特定作战背景为参考系的联合作战实验构想,具体涉及的工作有结构化描述实验问题和构建实验指标体系;二是实验想定设计,目的是为实验问题勾勒一个背景参考系,以武器装备体系效能实验为例,如果没有实验背景参考系,武器装备的效能仅体现为其性能参数,显然不足以指导其实战运用,为该武器装备设计指挥协同保障体系、假想作战目标和复杂战场环境,才能验证出其在实战中的效能,设计背景参考系的过程便是实验想定设计,具体工作包括面向联合作战的背景想定设计、作战环境设计、兵力、事件设计等;三是实验策略设计,目的是在有限的人力、物力和时间条件下,最大限度地解决待研究的实验问题,以评估作战方案可行性风险性的实验为例,影响作战方案可行性风险性的指标体量异常庞大,如作战阶段作战步骤的执行情况会影响作战方案的最终评估结果,显然针对作战方案的全要素进行充分的"控制变量"实验是一件无法完成的工作,因此需要挖掘影响作战方案的关键因素,围绕关键因素设计实验便会大大降低实验成本,提高实验可行性,挖掘关键因素的过程就是实验策略设计。实验策略设计的具体工作包括实验因子的设计与优化、实验环境的运行策略以及数据采集与分析计划等。以上三方面设计内容将在后续章节详述。

3.1.2　实验设计要求

联合作战实验设计最基本的要求是通过实验能够达到实验目的,取得实验效果,得到相应的实验结论,从而能够回答实验问题;重点要求在满足达成实验效果的前提下,尽可能地节省人力、物力和时间成本,实验次数尽可能少,所包含的有用信息尽可能多;能够严格控制实验误差,提高实验结果的可靠性;便于对实验结果统计分析。其主要体现在以下三个方面:

1. 聚焦因果关系分析

因果关系是作战实验的核心关系,也是开展作战实验的前提。一是能够设计因果假设,实验设计首先要关心因果关系,特别是要建立假定条件。二是能够建立因果联系,因果联系是建立实验假设的核心,任何作战问题都可以理解为因果关系问题。三是能够验证因果关系,就是看能否找到替代的原因解释结果,若能找到,则表明实验结果产生的原因不唯一,即一果多因。检验结果产生的原因是否唯一是作战实验的重要问题,涉及得出的实验结论是否成立。

2. 理清实验内在逻辑

一是需要正确理解实验假设。实验假设通常是为开展实验而进行的"合理的猜测"。在作战实验前难以准确预测实验结果,因此假设也可能出错。但是,如果实验结果表明,在证据明确合理的情况下,无法达到实验假设,实验仍然是成功的。正确理解实验假设需关注三个问题:①所提出的方案是否充分体现了假设;②实验是否产生了预期的实验结果;③实验的假设和结果之间是否确实存在因果关系。二是需要理清内部和外部两类需求。内部需求是指判断两个变量之间是否存在因果关系;外部需求是指把实验环境中发现的因果关系推广到实际作战环境中。

3. 重视实验可操作性

联合作战实验设计必须高度重视实验的可操作性,实验问题设计要将宏观抽象的问题分解细化为具体可通过实验直接回答的子问题,实验指标设计要确保指标可测,满足实验指标选择的要求,实验策略设计要能够最终落实到具体的实验方法、系统支撑上,具有可操作性。此外,作战实验从本质上是一种受控活动,在实验设计之初就要强化实验控制,确保实验高效有序地进行,增加实验结果解释的可信度。

3.1.3 实验设计框架

联合作战实验设计具体包括三个基本要素,即实验问题设计、实验想定设计和实验策略设计,如图 3-1 所示。

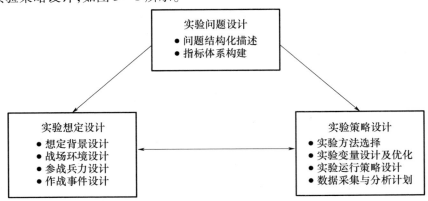

图 3-1 联合作战实验设计框架

联合作战实验设计首先需要明确实验要解决的问题是什么。爱因斯坦曾说过:"如果给我一个小时拯救地球,那我会用59分钟定义问题1分钟解决问题。"可见无论是解决何种问题,起点都是理解、定义和明确问题。联合作战实验设计的核心都是围绕问题的定义和设计开展,并完成军事问题向实验问题的转化和映射,再针对实验问题进行实验想定设计和策略设计,以指导后续的实验实施。首先定义军事问题,按照应用可以将军事问题划分为作战概念开发、体系效能分析、作战方案评估和优化等,采用军事人员与实验设计人员共同研讨交互的方式,针对每一类问题的特点,按照定性的问题定义模板深入探究和明确问题的本质。然后根据军事问题确定实验的核心目的,明确分阶段的实验目标,拆分实验问题得出细化的问题解决方案,根据解决方案和实验目标设计可度量的评估分析指标体系。

在明确实验问题的前提下进行实验想定设计,具体包括构设与实验问题相关的想定背景、战场环境、敌我参战兵力和作战事件。在实验问题框架的指导下,确定实验的层级、规模、地域、时间等约束条件,根据约束条件设计联合作战初始态势、兵力运用规划等内容,明确实验的初始作战条件。

实验策略设计主要是解决实验具体怎么做的问题,确定实验方法和运行策略,设计实验变量和实验点,制订数据采集和分析计划。在实验问题框架的指导下,需要首先确定实验的基本方法,不同的实验方法需要不同的实验环境和运行设计,推演和仿真实验方法的实验环境和运行设计需要选择合适类型、合适粒度的模型,以及确定实验运行方式、运行参数,研讨法需要选择研讨支持工具、专家,明确研讨流程,实兵实验法则需要确定实验的场地和实验组织流程。在这个前提下,进一步对实验变量进行选择和规划,优化实验参量。实验策略设计的最后一项重要内容是制订综合的数据处理计划,包括数据采集计划和数据分析计划。不论是采用哪种实验方法,最终都是通过对实验数据的处理、分析,得出实验结论,达成实验目的。因此,科学合理的数据采集和分析计划是确保实验问题得到有效解决的关键。

3.2 实验问题设计

实验问题设计即根据实验目的明确实验问题,确定问题边界,形成因果假设。本节重点讨论实验问题设计的两个核心内容,即问题结构化描述和指标体系构建。

3.2.1 问题结构化描述

问题结构化描述是作战实验活动的起点,主要解决问题对象是什么,并将作战问题分解转化为具有可操作性的实验问题。最重要的是搞清楚真正的问题是什么,可以提供解决方案的实验对象是谁,回答"实验要做什么",对实验的内容进行初步的框定,将作战问题分解转化为具有可操作性的实验问题。合理、有效的问题描述是实验取得成功的基础。而对于联合作战实验来说,问题描述就显得更加重要,因为联合作战实验所要解决的作战问题、联合作战体系问题通常没有准确的定义,作战体系本身具有体系对抗性、复杂性等特点,因此,问题结构化描述就需要把作战问题分解到合适的军事认知和技术分析的维度。

通过问题描述,首先,理解和定义要解决的军事问题;其次,确定实验的目的和目标,根据目标进一步拆分和定位实验问题;再次,基于命题假设提出实验问题的解决方案;最后,指导实验设计的一系列后续工作。在整个实验活动过程中,需要采用多种手段和技术以反复迭代的方式对实验问题进行细化和完善,以修正实验活动的方向,确保实验始终能够围绕所要解决的作战问题展开。

1. 军事问题定义

联合作战实验首要的任务就是明确要解决什么军事问题,即理解军事问题的本质到底是什么?这是一个需要跟军事人员采用交流、研讨等多种方式共同完成的问题。从方法论上,可以采用问题五问模式,通过多轮次的交互给出军事问题的定义。

1)问题类型

军事问题的类型可以从多个角度来划分,从军事问题的层级规模可以分为战术级、战役级、战略级;从研究军事问题达成的目标可以分为发现型、检验型、演示型;从军事问题的应用角度可以分为体系建设发展问题、作战体系运用问题、新型作战概念开发问题等。从多个角度来界定军事问题的类型,可便于进一步与联合作战实验设计和应用模式相对应,为最终通过联合作战实验达成分析和解决军事问题的目的服务。例如,新型空基、天基侦察体系对联合侦察体系的能力提升问题,可以定位为战役战术级发现型问题,要研究的是新型体系建设发展的问题;美军海上"分布式杀伤"作战概念演示,可定义为一个新型作战概念创新问题,要针对作战概念开展作战概念演示实验。

2)问题定义模式

军事问题定义本身是一项艰难且极具挑战性的任务,从需求方和设计方的不同视角对一个问题的描述会存在极大差别,所以问题定义也可以称为问题识别,最根本的目的是识别"不良症候"出现的最本质的原因。

作战问题定义是实验设计人员与实验需求方军事人员共同研讨、迭代完善的过程。从认识上来说,军事人员一般会给出一个概略性的问题,但是最开始并不一定能很清晰地表达真正的问题,主要原因是对问题理解还很初步,或者是还没仔细探究问题本质之前就考虑了很多可能的解决方案。由于有些作战问题的复杂性和模糊性,有时候问题定义只能列举现象和原因,如"在强对抗海上联合作战中应用某新型作战概念,可降低敌方指挥控制能力,但是这个问题没有被全面地探究"。这样一个定义并没有对一个军事问题进行全面的识别和定义。要全面地对一个军事问题进行定义,需要面对面、与军事人员多次交互研讨交流才能确定,在这个过程中可以采用"五问"模式:

一问,问题是什么,描述问题的构成要素;

二问,问题为什么重要,描述问题有何意义,问题会影响谁,影响什么;

三问,原来是如何解决问题的,描述如果问题还存在会影响什么;

四问,目前正在如何解决,描述可解决问题的方案;

五问,如何判断问题得到成功解决,描述通过问题的解决方案获得的效益是什么。

例如,按照"五问"模式,将某次实验的作战问题定义为岛礁防空体系对敌高威胁空中目标的识别和拦截问题,其意义在于岛礁防空体系能力是海上防卫作战行动的关键,原有岛礁防空体系对敌低空、隐身目标有效拦截能力不足,提出的可能解决方案是增加海上机动防空识别力量,根据敌人可能来袭方向调整防空识别体系部署,通过对敌人主要来袭方向低空、高隐身飞机的识别、拦截能力的提升来判断问题是否得到成功解决。

2. 确定实验目的和目标

实验目的描述是要通过联合作战实验解决的核心问题,对于核心问题中需要关注并细化研究的问题就是实验目标。

1)实验目的

联合作战实验目的来源于作战问题的清晰表达,一般应说明为什么要开展实验活动,它是整个联合作战实验进程的根本性指导。例如,针对某新型作战概念联合作战实验,实验目的是强对抗条件下,某新型作战概念的应用对于海上联合作战的影响和意义,也就是说开展该实验最主要的原因就是要探究由于新型作战概念应用到海上联合作战可能带来的影响。明确的实验目的可以帮助指导实验实施、实验系统选择,以及确定实验的类型、明确实验分析的重点。

2)实验目标

实验目标通常是描述达成最终实验目的过程中的子目标,将实验目标结构化是一项非常困难的工作,也是一项贯穿实验过程中不断迭代的活动,实验目标相较于实验目的从结构化上要更细化、更量化、更具可达性、更体现相关性、更反映时间约束性,如实验目标可以描述为在反介入/区域拒止作战环境下识别和分析某新型指控体系结构的强弱点。

3. 拆分和定位实验问题

联合作战实验问题,衍生于联合作战实验的目标,对于联合作战体系、作战问题等复杂对象,需要根据已获取的相关知识和目前所掌握的分析技术来找出问题中的关键元素和行为关系,建立相应的概念模型,以促进实验人员对实验中所涉及的军事问题的深刻理解。对作战问题的拆分和定位中,有两个需要把握的关键要素。

1)实验问题类型

实验问题类型会影响实验模式设计、数据采集,从科学实验的角度可将实验问题类型划分为定量实验和定性实验问题,定量实验问题是回答"是什么"类型的问题,如从某一能力属性上研究何种指挥控制体系架构更合理,更利于指挥?定性实验问题的核心是回答"为什么"和"怎么做"的问题,如为什么 A 类型的指挥控制体系结构要优于 B 类型的指挥控制体系结构。

2)实验边界

拆解和处理复杂的、不明确的、开放的实验问题边界,这需要实验设计者研究、分析并理解与问题相关的各个可能的边界情况,要从多个视角对实验问题进行分析,并要求实验设计者必须对这些不同的分析视角所处的背景环境进行充分的理解并加以描述,这样才能对实验问题中的重要元素进行选择和判断。实验边界主要需要考虑联合作战实验问题所涉及的实验规模,如一次陆军实兵演习规模的界定可以划分为营级以下的小规模、旅级以下的中等规模和旅级以上的大规模;实验的层级可以是战略级、战役级或战术级,也可以按照规模和强度来划分,时间约束可以是研究当前作战体系运用、未来作战体系发展等限制和约束。

通过问题拆解和分析,每个视角都具有不同的问题边界,势必会造成问题边界的重叠,也会造成实验问题的复杂性。所以在对问题边界的界定中,实验设计者可以从现实情况和实验条件两个维度来处理实验边界和问题描述,其一是理解现实作战问题中存在的边界,如基本态势与任务、对抗方背景条件等;其二是实验设计者可以按照实验问题的结构和研究分析的内容范围采用人工实验条件约束来界定问题边界,如兵力的规模、体系构成和作战能力,作战样式和方案等。两种界定方法都可以随着实验设计人员对复杂问题研究的深入,应允许实验所界定的复杂问题与外部环境的交互。

4. 基于命题假设提出实验问题解决方案

实验问题解决方案是正确反映问题中的关联关系,是实验可实施的基本条件。在对实验问题进行描述时,需要做出一定的命题和假设。选择命题和做出假设是合理、准确阐述实验问题的有用方法。通过命题和假设,可以确定联合作战实验的范围和未知领域,做出明确的假设对于理解和评估实验得出的结果数据及其解释非常重要。英国哲学家穆勒归纳了探求因果关系的基本方法,它的原则可以简单归纳为:相同结果必然有相同原因;不同结果必然有不同原因;变化的结果必然有变化的原因;剩余的结果应当有剩余的原因。由此,容易看出,"穆勒四法"是试图在现象的比较中发现因果关系。在联合作战实验问题中,可以借鉴穆勒提出的经典分析方法来确定其中所蕴含的因果关系,即通过操纵实验问题中假设的原因,来观察所得到的实验结果;通过改变实验的原因要素,来观测是否会导致实验结果中出现预期的变化;在实验过程中使用一系列科学方法,来尽量减少对实验结果造成的其他合理解释。同时,需要特别注意的是,实验问题中所提出的假设或命题应当进行必要的分解、细化和完善,使其能够更加具体地表达实验因素和指标之间的关系。例如,针对某新型作战样式和行动研究,可假设某一阶段出现有某种新的作战样式,标记为作战能力 A,通过判断 A 最终导致作战效果 B 发生变化的程度,由此可对新的作战能力 A 进行评估分析。因果关系同时也是构造实验假设的核心。例如,假设某部队具备了新的作战能力 A,则它应当使作战效果 B 得以提高,这一假设指出了实验过程中所要观测的因果关系。由此便自然引出了联合作战实验的最终目标就是:观测作战能力 A 存在的情况下是否会出现预期的作战效果 B,而 A 不存在的情况下是否就不会出现相应作战效果 B 。

由于联合作战体系具有的涌现性、不确定性、非线性等一系列复杂特征,在对体系特征的把握非常不明确的情况下,要采用不同的实验模式建立实验的命题集和假设集也会各有特点,根据 2.2 节中讲到的三种实验模式可以构设命题假设的一些范例。

1)发现型实验

发现型实验是在作战机理尚不甚明确的前提下进行广泛的探索实验,主要工作是明确对作战体系进行分析的内容,是评估作战体系使命任务完成能力还是评估作战体系的脆弱性,还是分析作战体系的网络结构,寻找网络结构与使命任务完成之间的关系等,以便为下一步构建指标体系等工作做准备。例如,"A 国如果使用新型空天飞机,会对 B 国武器装备体系产生什么影响?"这样的命题过于模糊,需要对其进行进一步的细化描述,将该命题进一步修正为:"A 国如果使用新型空天飞机,会对 B 国防空反导体系整体抗击能力产生重大影响。"这样的命题才是较为正确的命题描述内容,因为它包含了应该对什么体系哪些内容进行分析和研究。下面给出两个示例:①如果使用赛博武器,则会对某联合火力打击体系网络结构和体系鲁棒性产生影响,这些影响会在多大程度上影响联合火力打击体系的整体效能?②如果使用某新型卫星,会从整体探测能力、体系鲁棒性、体系抗毁性三个方面影响本国预警探测体系。

2) 验证型实验

验证型实验是已经形成了对某种规律或某种机理的初步认识，通过检验实验来验证这种机理存在的实验。假设可能是一个，但在多数情况下，联合作战实验待检验的规律和机理是复杂的，因此对假设集的分解和细化，需要充分反映出待验证的机理，最终形成检验实验的命题集或假设集。仿真实验应用于战区辅助作战筹划的模式属于该类型。例如，在经过一系列的发现实验后，实验者发现某新型雷达对某防空反导体系的生存能力有重大影响。经分析认为，是新型雷达的使用提高了探测能力，探测能力的提高导致拦截能力的提高，拦截能力的提高使得整个作战体系生存能力的提高。根据上述装备对体系的使用机理，可得到下面一系列假设集：

假设1：如果增加使用该型雷达可以提高某作战体系对目标的探测能力。

假设2：如果增加使用该型雷达（由于提高了体系对目标的探测能力），可以提高某作战体系对目标的拦截能力。

假设3：如果增加使用该型雷达（提高了探测能力、提高了拦截能力），可以提高作战体系的生存能力。

以上的实验假设集只是示例，真正完整的假设集需要实验团队反复研究确定，并确认这种假设集可以支持对作战体系能力形成机理的验证。

3) 演示型实验

演示型实验是对已知的事实进行再现，假设集更为明确。提出假设的过程与检验实验类似，在这里不再赘述。仿真实验应用于战区常态演习训练的模式属于该类型。

3.2.2 指标体系构建

实验问题设计环节最主要的作用就是描述实验对象，在这一环节中，不但要将实验问题进行结构化描述，还要设计面向联合作战实验问题的评估指标体系，进而从整体上指导作战实验的各个环节。

建立联合作战实验指标体系，直接作用是定量描述实验内容，根本目的是确定实验输入（自变量）和输出（因变量）之间的关系，即建立起原因和期望效果之间的关系。

1. 指标体系概念、内涵及基本结构

指标是指说明某一现象特定属性的量化描述。具体来讲，指标是通过对复杂事件或系统在一段时间内观察、取样、测量、解析所获得的特征信息，能够将复杂问题简化、量化。

指标体系是指由若干个反映某一事物总体数量特征的一些相对独立又互相联系的统计指标所构成的有机整体。在开展联合作战实验时,若要说明作战实验的总体全貌特征,仅凭单一指标是不够的,因为单一指标往往只能够反映作战实验某一方面的局部数量特征,因此需要多个相关联的指标同时对作战实验的总体特征进行描述,这些既相互关联又相互独立的指标所构成的统一整体,即为指标体系。

构建指标体系通常是用于量化评价具有体系特征研究对象的量化特征,在构建指标体系时应当根据研究目的和研究对象的特征,遵循目的性、有限性、系统性、代表性、可操作性等原则,将客观上相关联的指标按照一定的结构进行结构化组合而成。基本的指标体系结构有以下三种:

1)树状结构

树状结构是指标体系的基本结构,由根节点、树枝节点和叶节点构成。根节点反映研究对象的综合情况,将根节点逐层分解得到树枝节点和叶节点。通常建立树状结构的指标体系时,将根节点作为研究对象的综合评价结果,其下一级树枝节点,也称一级指标,是对研究对象综合评价结果的多方面分类。依据每个一级指标,向下分解延伸出具体的指标体系子树。最底层的叶节点是研究对象的原子指标,表示可以直接获取和量化的指标,树状指标体系结构如图3-2所示。

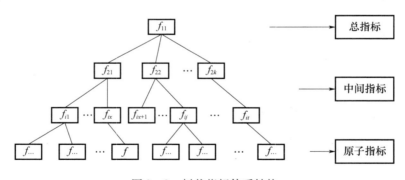

图 3-2 树状指标体系结构

2)网状结构

网状结构是指标体系的一种典型结构,通常用于描述复杂体系性问题。相比于树状结构指标体系强调父子节点指标间的关系,网状结构的指标体系强调指标间无序的关系。建立网状结构的指标体系时,将指标集分布于同一维平面,将具有相互影响作用的指标子集进行分类处理,网状指标体系层次结构如图3-3所示。

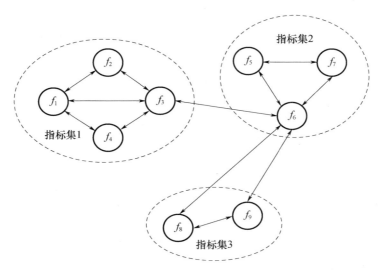

图 3-3 网状指标体系层次结构

3）层次网状结构

层次网状结构的指标体系是对以上两种指标体系结构的结合。指标体系分为目标层、属性层和指标层。目标层表示的是待评价的目标，属性层是对指标层的分类划分，指标层是可以获得的具体指标，层次网指标体系结构如图 3-4 所示。

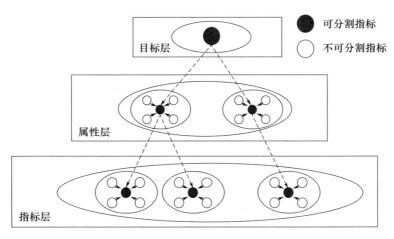

图 3-4 层次网指标体系结构

构建某一研究对象的指标体系是为了确定研究对象的综合评价标准和具体量化细节，如同评价学生学习好坏的标准和参考内容就是各科成绩一样。但是计算研究对象的综合评价结果时并不是将各个指标的分值进行求和或者求平均,而是应当按照不同指标的重要程度对指标进行赋权。常用的赋权方法有直接赋权法、层次分析法、网络分析法和熵权法等。

2. 面向联合作战的实验指标体系

面向联合作战的实验指标体系是综合评价联合作战实验数量特征的指标体系,既用以科学定量计算联合作战实验的实验结果,又可以用来定性定量反映联合作战实验输入输出间的关系。联合作战实验指标体系中包含评估指标和度量指标。

1) 评估指标

联合作战实验是复杂体系问题,对联合作战实验的评估也要以体系性特点为前提展开,因此确定联合作战实验的评估指标通常从多方面着手:一是要包含描述联合作战任务部队完成作战任务的效果类指标,即面向联合作战体系使命任务效能指标;二是要包含描述联合作战参战力量整体效能的指标,即面向联合作战体系整体效能的指标;三是要能够描述联合作战参战力量作战体系网络结构特征的指标,即面向联合作战体系网络结构效能的指标。

(1) 联合作战体系使命任务效能指标主要用于评估联合作战体系在规定条件下完成其使命任务的程度,也就是体系达成最终目标的总体程度。联合作战体系使命任务效能指标为其他指标的合理性和正确性树立了准则,从任何层面、任何角度评估联合作战体系能力所获得的结论都应该与联合作战体系使命任务效能挂钩。该类代表性指标包括战果、任务完成度、任务完成概率等,以联合登陆作战任务完成度为例,采取树状结构构建指标体系如图3-5所示。

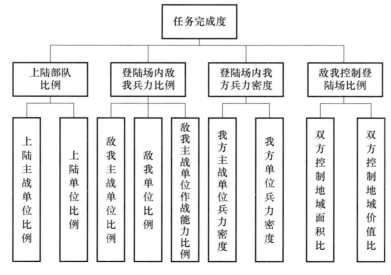

图3-5 联合登陆作战任务完成度指标体系

（2）联合作战体系整体性效能指标评估的是联合作战体系在对抗演化过程中产生整体性效果的程度，也就是联合作战体系演化过程中在功能和行为等方面所涌现出的整体特性，如体系结构的鲁棒性和脆弱性、组分系统功能耦合所产生的新能力、体系的自适应和同步行为等。整体效能指标是从机理层面对于联合作战体系能力的深度分析，反映的是联合作战体系对抗机理和能力生成机制。该类代表性指标包括作战体系的抗毁性程度、自适应程度、同步程度等。

（3）联合作战体系网络结构效能指标评估的是联合作战体系对抗演化过程中联合作战体系组分系统间存在的网络关系对联合作战体系能力的影响程度。体系涌现性效能来源于体系内部以及体系之间的网络关系和交互。网络结构类指标的引入就是要突出对于体系网络拓扑结构的分析，度量体系组分系统间网络结构和交互对体系产生的影响程度。该类评估指标代表性指标包括体系节点的重要性，体系各类网络的连通性、稀疏性、鲁棒性和脆弱性等。

2）度量指标

在联合作战实验指标中，有些指标层次较高，抽象性较强，无法直接通过对联合作战体系的测量得到指标值。而且，用什么数值来度量这种指标，还需要根据分析人员对问题的研究才能得到。例如，战果这样的指标，反映了分析人员想对体系在作战中获得的成果进行度量的意愿，但用什么具体数值来度量战果，还需要根据实验问题具体情况具体分析。以防空反导作战体系为研究对象的实验可将拦截目标数量作为度量战果的数值，以预警探测体系为研究对象的实验可将成功探测到的目标总数量作为度量预警探测体系战果的数值。从上述例子可以看出，对于战果这个指标，以不同作战体系为研究对象的实验，对其度量是不一样的。即使是同一个研究对象，对同一个指标也可能是不同的度量。仍以预警探测体系的战果为例，有的实验将探测到的目标总数量作为度量预警探测体系战果的数值，但有的实验则将探测覆盖区域面积作为度量预警探测体系战果的数值。可见，用什么来对指标进行度量都需要实验分析人员根据其分析目的来选择制定。

为了满足联合作战体系实验既要从体系层面高度来认识事物，又要能够对这些高层抽象的认识有行之有效的度量手段和方法。本书将抽象层次高，需要分析人员根据实验需要，通过进一步建立其与其他指标之间的度量关系，才得获得度量数值的指标称为体系评估指标。而将能够通过对联合作战体系的测量或对仿真数据的处理与计算等方法，获取到数值的指标称为体系度量指标。

3. 指标设计框架

面向联合作战的实验指标设计框架，需要紧贴实验研究内容。首先，联合作战体系任务完成能力是评估联合作战体系在特定条件下完成使命任务的情况，联合作战体系是否能够完成使命任务是决策者最为关心的内容，也是联合作战体系优化的根本准则，任何关于联合作战体系能力的评估最终都要归结到联合作战体系完成使命任务的效果上来。其次，联合作战体系整体性效能评估反映联合作战体系整体性特征，体系具有整体不可分性，体系的任何局部都无法代表体系本身，联合作战体系整体性效能的评估最能体现联合作战体系的根本特征，这就需要从整体角度对联合作战体系能力进行考察，而不再是对单支部队作战行动或单个武器装备平台性能的考察。最后，联合作战体系组分系统间存在复杂的网络关系，相互之间进行复杂的信息交互，最终涌现出联合作战体系效能，因此，网络化信息交互是联合作战体系能力生成的关键。对联合作战体系效能的考察，必然要引入复杂的网络理论，充分研究联合作战体系的网络结构，引入能够度量联合作战体系的网络结构指标，分析出网络结构与整体作战能力和使命任务完成能力之间的关系，才能全面度量联合作战体系。为此，面向联合作战体系实验的指标体系框架，不再将装备系统参数、系统效能等传统的系统级指标纳入指标体系框架范畴当中，而是重点关注联合作战体系的整体性能力和网络结构性能力。下面以本书作者团队提出的面向联合作战实验的"两类四层"网络化指标体系框架为例，如图3-6所示，对该问题进行进一步说明，以便于读者更好地理解。

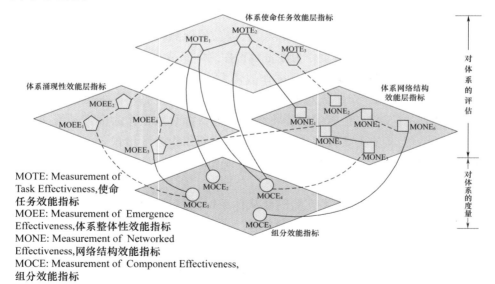

MOTE: Measurement of Task Effectiveness, 使命任务效能指标
MOEE: Measurement of Emergence Effectiveness, 体系整体性效能指标
MONE: Measurement of Networked Effectiveness, 网络结构效能指标
MOCE: Measurement of Component Effectiveness, 组分效能指标

图3-6 "两类四层"体系实验指标框架

联合作战实验指标体系框架由体系评估指标和体系度量指标共同组成。其中,体系评估指标由三层指标组成,分别是体系使命任务效能层指标、体系涌现性效能层指标和体系网络结构效能层指标。体系度量指标用于对体系评估指标进行实际的取值度量。图3-6中采用不同形状表示不同类别的多个评估指标。且评估指标之间存在关联关系,用直线描述,度量指标与评估指标之间存在度量关系,用曲线描述。线条的虚实,则分别表示这种关系是假设存在的还是在实验中被认为是实际存在的。指标间关联关系的存在代表了指标间不具有独立性,体现了"指标网"的特点;度量指标与评估指标之间的度量关系,体现了不对指标进行聚合,而是通过对体系的测量来评估体系的思想。"两类四层"的指标建立,很好地解决了对体系机理评估和量化的问题。

体系评估指标中的体系使命任务效能层指标、体系整体性效能层指标和体系网络结构效能层指标是根据对体系研究的需要,从不同侧面、不同角度反映体系的特性,而并不存在层次高低的问题,反映了实验分析人员要从哪个角度去研究体系,体系度量指标则反映了体系能力效能的具体量化。

4. 指标设计流程

建立网络化指标体系,核心是为了满足对联合作战体系能力进行度量和对联合作战体系机理进行验证两个方面的需求。因此,指标体系不仅要能反映出联合作战体系的整体能力与效能,还要反映出联合作战体系的结构特征。在进行面向具体实验问题的指标体系设计时,需要以网络化指标体系框架为参考,选取反映实验目标和实验问题的评估指标和度量指标,进一步建立起两类指标之间的关系,最终形成有针对性的网络化实验指标体系。设计指标体系主要包括两个内容:一是评估指标和度量指标的选取;二是度量关系和其他指标间关联关系的建立。

1)指标的选取

评估指标的选取是基于实验人员对实验问题的认识,从反映联合作战体系的常规指标中,优选定量反映实验问题的指标。通常联合作战体系常规指标包括三类:一是联合作战体系使命完成度指标,如战果、任务完成度等;二是联合作战体系整体性效果指标,如OODA环效能;三是联合作战体系网络结构指标,如指挥通信网络联通度。

度量指标的获取原理与评估指标的获取原理类似,如度量联合作战指控系统,典型的度量指标有指控网络中的信息流通率,该指标可以度量联合作战体系网络的自组织演化能力。

以上常规指标和度量指标是在现有联合作战实验的经验总结基础上给定的,随着实验数据的不断积累和对体系研究的不断深入,会发现更多的能够反映联合作战体系能力的常规指标,指导进行联合作战实验。

2) 关系的建立

通过在常规度量指标集合中筛选实验相关的度量指标来反映评估指标的过程就是建立度量关系的过程。指标的获取和关系的确立通常依赖实验人员的先验知识,结合专家研讨、机器学习等技术可以实现该过程,本书不再赘述。

在得到评估指标和度量指标之后,建立起指标间的度量关系和关联关系,就得到了面向具体问题的实验指标体系。由于度量关系和关联关系的寻找和制定较为困难,特别是指标间的关联关系还处于研究起步阶段,需要大量的实验验证这种关系的存在,有时很多实验的目的就是验证一种关联关系。

指标体系的建立也是一个根据实验进度不断迭代的过程。从某个初始指标体系出发,结合体系实验的不断推进,根据对体系动态测量和分析,总结和提炼指标之间的关联关系,再对指标进行调整,从而指导下一轮的实验。下面给出单次实验指标体系形成流程,如图 3-7 所示。

第 1 步:选择用于开展实验的使命任务类评估指标。

第 2 步:获得能够度量对上一步选定指标的度量指标。

第 3 步:建立起评估指标与度量指标之间的度量关系。

第 4 步:如果得到的使命任务类评估指标还不能满足实验需求,回到第 1 步,继续下一个使命任务类评估指标的选取;如果已经满足实验需求,则进入下一步。

第 5 步:选择用于开展实验的体系整体性效能指标。

第 6 步:获得能够度量对上一步选定指标的度量指标。

第 7 步:建立起评估指标与度量指标之间的度量关系。

第 8 步:如果得到的体系整体性效能评估指标还不能满足实验需求,回到第 5 步,继续下一个整体性效能评估指标的选取;如果已经满足实验需求,则进入下一步。

第 9 步:选择用于开展实验的体系网络结构类效能指标。

第 10 步:获得能够度量对上一步选定指标的度量指标。

第 11 步:建立起评估指标与度量指标之间的度量关系。

第 12 步:如果得到的体系网络结构类评估指标还不能满足实验需求,回到第 9 步,继续下一个网络结构类评估指标的选取;如果已经满足实验需求,则进入下一步。

第 13 步:建立起指标间的各类关联关系。

第 14 步:形成的指标体系没有满足实验需求,则回到第 1 步,重新开始指标设计,如果满足实验需求,则结束。

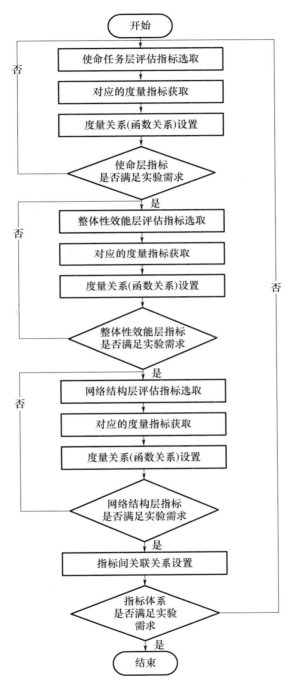

图 3-7 单次实验指标体系形成流程

3.3　实验想定设计

在完成实验问题设计后,就需要构设具体的联合作战场景,将实验问题进行实例化,具体描述"仗怎么打",包括作战时间、作战地域、参战兵力、作战行动等,也就是进行实验想定的设计。作战实验想定是作战实验设计的重要部分,它在通用军事想定的基础上,规定了作战实验所研究问题的范围、约束条件以及与实验对象相关的数据、变量、活动和交互关系等信息,为开展联合作战实验提供依据,也为实验人员理解和解释实验结果奠定基础。

3.3.1　联合作战实验想定

任何一个联合作战实验任务都需要给定初始条件并提供一系列的初始化数据,这些数据构成了一个包括实验的时空域、实验的对象实体、实体的计划任务以及其他实验规则约束的集合,这个初始的数据集就构成了实验想定。实验想定设计是实验设计的重要内容,是实验问题的实例化,确定联合作战实验运行的初始态势部署和边界约束(如地理环境、电磁环境等),以及作战行动规划。实验想定是为综合考察各种作战变量以及它们之间的关系提供合适的条件,确保分析的全面性。因此,需要精心设计、选择和调整,以保证实验想定能与实验目标相符合。

1. 概念内涵

2011版《中国人民解放军军语》指出,想定是按照训练课题对作战双方的企图、态势以及作战发展情况的设想和假定。传统的军事想定包括企图立案、基本情况以及补充想定,其描述方法是以文本、图表等文书形式对演习训练活动进行描述和规定。军事想定主要包括时间、地点、兵力、事件等基本要素,一方面需要全面描述战场环境和作战态势,包括交战双方的初始态势、作战企图和作战发展情况的设想;另一方面还需要详细说明各作战单元的编组情况,并制定各作战编组的任务目标和采取的作战行动、勾画作战行动发生的地域、说明冲突发生的原因、拟定可能投入的军事力量和后勤保障、描述初始战斗态势以及说明局势大致发展等。

作战实验想定是在军事想定的基础上,结合具体的实验问题、实验环境和实验目的,经过军事人员和实验人员共同参与进行二次开发,最终提供作战过程模拟所需要的数据参数和行动序列的脚本。对于研讨类、实兵类实验,实验想定通常以文书、图表的形式存在,而对于推演仿真类实验,实验想定通常以系统可识别运行的模拟脚本形式存在。

联合作战实验是作战实验的高级形式,其要解决的实验问题是联合作战的问题,想定的描述与传统的作战实验想定在内容上基本一致,但又有其新的特点,主要体现在参战兵力设计需要涉及两个以上军兵种作战力量。同时,由于联合作战实验的研究对象是联合作战体系或者是以联合作战体系为研究背景的,研究联合作战体系的组分与组分之间的关系,或者体系组分与整体的关系,关注的是实验变量对整个体系、对联合作战甚至是对整个战争的影响,为体现体系整体性特点,从全局角度分析体系的规律,联合作战实验想定设计通常需要构设大尺度的联合作战背景。对于聚焦某一实验问题研究的局部作战微场景、切片场景构设,一般也需要在大的联合作战背景下进行。因此,对于推演和仿真类实验,需要通过想定数据准备与录入,描述出一个与现实环境基本相符的、较为稳定的背景体系,反映出大尺度的对抗背景。对于实兵类实验,需要根据实验可动用的资源,构设相对完整的战场环境,体现联合作战的整体性效果。对于研讨类实验,其想定设计也需要人为综合考虑大尺度的联合作战背景。

联合作战实验想定设计在既设的联合作战背景下,对参与实验的作战各方的初始态势及其演变进行的数据抽象和形式化描述,主要包括想定背景、战场环境、参战兵力、作战事件序列 4 个基本要素。其中,想定背景主要描述地缘政治局势、联合作战企图、起止时间,以及与实验问题有关的其他背景信息。战场环境主要描述人为和非人为的外界因素,包括地形、气候、电磁环境等。参战兵力主要描述红方、蓝方及其他参战方的兵力类型、数量、作战意图和作战能力。作战事件序列主要描述作战发展过程。这里需要说明的是,联合作战实验想定的 4 个基本要素与前面提及的军事想定五要素(想定背景、作战编成、作战企图、初始态势、行动构想)并不矛盾,实验想定是从作战实验的视角将军事想定进行的数据抽象和形式化描述。

2. 设计原则和要求

想定决定实验的约束条件,合理的想定是确保实验结果可信性的关键之一。在设计联合作战实验想定时应把握以下原则:

一是合理把握想定粒度。想定所需的详细程度取决于实验的目标,应合理把握想定的粒度,围绕实验选定的指标以及实验变量与水平拟定。想定过细,可能会掩盖问题的本质,难以对数据进行有效的归纳;想定太粗,实验将无法获得足够的数据来支持结论。

二是构建想定空间而非单一想定。联合作战实验必须以一定的想定环境及其约束条件、行动方案为前提,由于作战条件、作战环境、作战规模等作战要素存在大量不确定性,所以必须构建想定空间而不是单一的想定。只使用单一的想定会导致次优化,并缩小研究结果的应用范围。

三是聚焦实验问题设计针对性的想定。应提炼出实验的关键点和难点,给予重点关注,并进行有针对性的想定设计。一般不应脱离实验目的套用"通用"想定,应设计能突显问题的想定,使实验能聚焦问题,得到预期成果。

四是实验想定要具有典型的代表性,便于从一般性的结果推出广泛意义上的结论。

通常为了减少与想定开发相关的实验成本,在不影响实验的情况下,可以酌情重复使用或修改现有想定。

3.3.2 想定背景设计

联合作战实验想定设计首先要在实验问题的指导下,构设联合作战背景,包括地缘政治局势、时间框架、其他背景信息等。地缘政治局势主要在实验问题框架的指导下描述相关国家或地区的政治局势,描述在政治、经济、军事、外交等领域的初始态势。

时间框架是指联合作战发起的时间,是基本的作战要素之一。时间框架设计,主要从两个方面考虑:一是实验的目的。不同的实验目的,需要确定不同的作战发起时间。二是客观时局的发展趋势。确定作战发起时间,需要结合具体的实验问题,综合考虑客观时局的发展趋势,以及主要潜在对手的相关情况等。例如,根据双方根本利益的冲突发展趋势,预测20~30年将会爆发军事冲突,则可以将作战发起时间设为当前时间后推20~30年。

时间框架设计完毕后,还可以根据实验需要进行调整。调整作战时间的方法主要有两种:一是改变作战发起时间。例如,原实验是研究5年后红蓝双方网络战能力对比情况,现在需要研究15年后的对比情况,则作战发起时间应当相应往后推迟10年,此时双方的攻防武器和作战方法等各个方面都需要进行适当改变。二是改变不同天候条件下的作战发起时间,如为了重点评估飞机在夜间对目标的打击能力,作战发起时间应当改为夜间。

3.3.3 战场环境设计

联合作战的战场环境对参战各军兵种(或作战集团)的作战行动具有重要影响,有时甚至决定着作战的胜负。特别是在未来新型联合作战中,各种电子设备和信息网络大量使用,信息、网络和电磁等环境对高新技术武器装备的影响越来越明显,战场环境对作战行动的影响将愈加复杂。

设计和选择战场环境应主要从以下4个方面进行考虑:一是地理环境的选择和设计主要考虑与实验问题相关的作战样式。联合作战的作战样式除了传统的陆地作战、海上作战和岛屿作战等,还包括太空作战、深海作战等新型作战样式,应根据实验研究目的,设置与之相匹配的陆地、海洋、岛屿、太空或深海环境,特别是对于推演仿真类实验,需要构建相应的环境模型。二是作战区域大小的设计主要考虑双方参战兵力的类型。不同类型参战兵力的侦察能力、机动能力、火力打击能力、作战保障能力等有所不同,因而对作战空间范围的利用和实际控制能力就有所区别,设计的作战区域大小应与双方参战兵力的实际能力相一致。三是设计人文条件和战场建设情况需要充分考虑作战环境的可能变化,特别是人类对自然环境的改造,如人工障碍、人造工事等,作战环境设计应考虑这些因素,尽量与实际相适应。四是电磁环境的设计,要突出作战双方典型电子战设备的运用,如空中各种电子干扰飞机、空中干扰吊舱、地面各种干扰站,以及海上各种舰载电子干扰设备等,同时要根据电子战装备的发展形势,适当增加设计新型武器装备。

同样,作战环境也可根据实验目的进行调整,也就是将环境参量作为实验变量。环境参量调整的方法通常有两种:一是改变作战地域(或空域、海域)。例如,为了研究未来我大型水面舰艇编队在不同海域的作战行动,将作战环境由我周边海域改为西太平洋海域;为了研究无人机在不同地形条件下的作战能力,将作战环境由平原改为山地、丘陵等。二是改变地形、气象、天候等自然条件以及道路、桥梁、人工障碍物、电磁环境等人为条件。通常情况下,地形气候等自然条件和电磁环境等人工环境,在一定的范围内可能发生改变,如气温、水温、风速、光照、酸碱度等随着季节和昼夜的变化而变化,这些条件对武器装备的使用有重要影响;电磁环境的强弱程度、桥梁的承受力、人工障碍物的配置强度等人工条件,对兵力的机动、侦察探测、导航定位、制导等作战行动也会产生重要影响。

3.3.4 参战兵力设计

参战兵力设计主要是明确联合作战实验各类力量的编成和部署情况,内容包括联合作战力量的编成序列、武器装备数量及型号、各部队部署地域(含指挥所)、部署方式、主要作战方向及地域、任务区分、作战分界线等。

参战兵力的种类和数量设计,应重点考虑以下两个方面:一方面,设计参战兵力种类和数量的依据是实验目的,设计参战兵力必须以满足实验目的为前提。同时,联合作战实验有其自身特点,参战兵力设计通常需要考虑两个以上军兵种作战力量。选取联合作战力量的原则就是在实验问题的总体指导下,保证各种作战力量能够相互协调、密切配合,实现整体功能或作战效果的耦合,以获取最大的作战效能。例如,为了研究打击大型水上目标的能力,参战兵力通常设置如下:主要突击兵器为陆基弹道导弹,同时为了确保作战效果,佯动、掩护兵力可考虑陆基航空器、舰载航空器、水面舰艇、潜艇以及相应的电子对抗系统。另一方面,设计参战兵力的种类和数量,除了考虑作战双方的典型兵力,还应重点突出新型力量。为了完成作战任务,可以选择水面舰艇、潜艇、轰炸航空兵、强击航空兵和巡航导弹等典型兵力,但应重点考虑战略预警手段、空间力量、网络战装备以及激光、微波、粒子束等新概念武器,突出新型力量的作战使用并使之成为新型联合作战行动的主体力量,从中研究新型力量的战术性能特点和使用方法。

作战对象设计是实验想定参战兵力设计的主要内容之一,通常根据实验目的进行设计和确定。调整作战对象可以探索研究不同对手作战指挥、装备运用、作战方法等的特点和规律,便于有重点地提出武器装备发展的对策和创新有针对性的作战理论。

推演仿真类实验的参战兵力一般为计算机生成的虚拟兵力,可根据实验需要通过调整模型参数达到调整兵力的目的。实兵实验的参战兵力设计一般包括真实兵力和模拟兵力,真实兵力即真实的部队,配备真实的装备,模拟兵力主要分为计算机虚拟兵力和替代兵力两种。在美军"千年挑战 2002"联合军演中,非野战参演人员超过 2000 人,野战演习有 13500 名官兵参加,虚拟兵力达到 7 万人。演习中 80% 的战斗都是模拟的,分布在 17 个计算机网络和模拟器上进行。该演习是美军史上规模最大、最复杂的实兵与模拟相结合的演习,检验了美军许多新的作战思想和作战原则。在不具备条件的情况下,可用替代装备和原型装备进行作战实验。例如,美国在当年的"舰队问题"演习中,由于航母数量不够,曾用其他舰只代替航母,用一架飞机代表一个机群。再如,受《凡尔赛条约》的制约,德国第二次世界大战前很长时期没有潜艇,邓尼茨便使用驱逐舰和鱼雷艇替代潜艇进行"狼群"战术的作战实验。德军在"闪电战"作战实验中,则用运输车代替坦克。

3.3.5 作战事件设计

作战事件设计是对于作战发展过程的描述,是实验想定设计最重要的内容。在联合作战实验想定中,作战事件和行动设计主要围绕具体的实验问题确定作战行动的基本过程。

行动设计就是在作战计划每个阶段的目标指导下,将合适的兵力在合适的时间派到合适的地点,执行合适的行动,也就是通过制订一个作战行动方案(Combat of Action,COA),调整对比 COA,选择 COA,最终确定一个作战行动序列。COA 设计是实验想定设计的核心内容,需要以实验指标为中心来进行。在设计 COA 时,要解决为什么这样设计和怎样设计的问题。美军在生成作战方案时,以兵力、时间、地点和相关行动为设计要素辅助进行作战行动设计,就是在进行作战构想时回答 4 个问题,分别是动用哪些兵力,何时、何地完成哪些行动。

以美军生成作战方案的设计要素为借鉴,来进行实验想定的 COA 要素设计。基于实验指标的 COA 设计流程如图 3-8 所示。对所有的指标进行原因和方法遍历分析,制定出的所有行动构成了整个实验想定的行动序列。

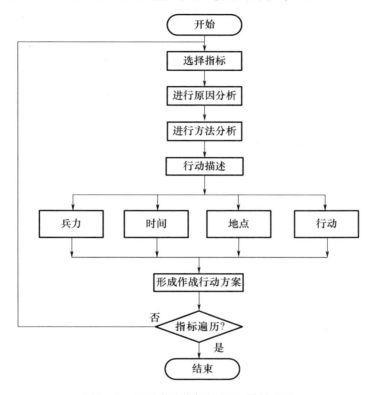

图 3-8　基于实验指标的 COA 设计流程

下面以体系脆弱性实验分析为例,说明以实验指标为中心的行动规划分析过程。对于选定了体系脆弱性为评估指标的实验,首先分析会导致体系脆弱性变化的原因。根据复杂网络理论和相关军事知识分析得出,导致体系脆弱性发生变化的主要原因是体系中的关键节点失效,这就是对指标变化进行原因分析。其次,对指标变化进行方法分析,要使得关键节点失效,必须对关键节点采取攻击,使其摧毁或瘫痪。在此基础上,进行 4W 分析,也就是分析哪些实体(Who),在什么时间(When),在什么地方(Where),采取哪些行动(What)来对重要节点实施攻击。以网络理论和军事知识为基础,进一步进行关键节点的判定和武器装备的使用。最终形成会对体系脆弱性指标产生影响的行动序列。

需要特别说明的是,对于推演仿真类实验而言,作战行动设计是为满足实验系统的数据需求而进行的作战行动数据准备和作战行动规则设置,行动方案规划的原子对象是系统可以模拟的行动。它包含三个方面的特征：一是对模拟想定中的作战行动进行的规划；二是满足实验系统的需求，规划内容和数据粒度必须与系统相适应；三是进行作战行动数据准备（动作序列）和作战行动规则设置（作战行动的条件、动作和控制参数）。

3.4 实验策略设计

问题设计明确了实验量化的指标体系和期望的输出变量，想定设计确定了实验运行的初始态势、边界约束以及初步运行规划，实验策略设计需要确定如何组织和安排这些数据与变量，如何进行实验，才能完成实验目标，具体选择实验方法、确定实验变量、确定实验运行策略、确定数据采集与分析计划等内容。

3.4.1 实验方法选择原则

科学合理地选择作战实验方法，能够以较低的实验消耗和较快的实验进度，得出可信度较高的实验结果。在联合作战实验的具体实践过程中，实验问题的复杂性，仅依靠一种实验方法来解决所有的问题并不现实。因此，需要实验者综合考虑多种因素，有针对性地选择实验方法。选择实验方法时，应注意把握下列两个问题：

（1）服务于实验目的，立足现有条件，根据实验目的选择实验方法。实验方法的选择是为实现作战实验目的服务的，应注意把握两个方面的问题：一是必须充分考虑选择的实验方法能否达成预期目的；二是必须充分考虑现有的实验条件能否支持所选择的作战实验方法。必须立足现有实验条件，选择切实可行的实验方法。

（2）注重综合选择，实现优势互补。针对较复杂的作战实验问题，试图使用一种实验方法来解决全部问题并不现实，通常会选择多种实验方法，使它们之间优势互补，各尽所长，确保对复杂问题进行更全面、更深入的多样式、多轮次的迭代实验，进而提高实验结果可信度。此外，为了提高实验结果的可信度，在条件允许的情况下，也可对同一作战问题采取多种实验方法进行实验，以使实验结果能够相互印证。

3.4.2 实验变量设计及优化策略

实验变量是影响实验结果的可能条件、原因或前提，是联合作战实验的自变量，也是联合作战实验的影响因素，包括可控因素和不可控因素。联合作战实验的核心功能是探索作战结果和影响因素之间的因果关系，而探索这种因果关系的一个重要前提就是明确影响作战的变量,特别是各种关键性的作战要素、影响因素。

考虑联合作战体系的复杂性使得因果关系的探寻更加困难,需要探寻的实验变量范围也更广,因此,联合作战实验变量设计时,一是要贯彻问题设计阶段的指导性成果;二是特别关注网络结构和体系特征在实验中的作用;三是考虑与作战实验指标体系之间存在的相互约束的关系。

1. 联合作战实验变量设计

在传统实验中,实验变量由传统的环境变量、能力变量和策略变量组成,变量的设计在问题设计成果的指导下,需要反映出问题的本质。参考传统实验,联合作战试验变量也分为三类:

(1)联合作战背景环境变量,即影响联合作战体系运行的各种外部要素集合,通常包括作战背景要素和作战环境要素等,这些要素通常存在各种不确定性,是联合作战实验的重要参考系。联合作战实验的背景环境变量的内容结构化程度较低,可以用枚举集合的形式表示。

(2)联合作战体系能力变量,即能力参变量常取自体系的某个属性项或相关关键能力指标,如"武器发射距离""武器发射数量"等。其具有一定的值域,通过参量值的变化来探索该能力与分析指标之间的关系。能力变量可以设置一个值域,也可以设置多个离散值,同时,能力变量可以设置一个,也可以设置多个,根据变量值的变化形成能力变量集。

(3)联合作战行动策略变量,即联合作战体系运用方案计划的集合,策略变量集中的每个变量子集代表体系运用方案计划中可以调整有多个选择的决策方案,可以将策略方案结构化描述后所形成的作战计划视为唯一策略变量,以便探索某项策略对输出指标的影响。

2. 联合作战实验变量的优化

联合作战实验所涉及的变量数量众多,它们构成了维数巨大的变量空间。在进行实验变量设计时,必须挖掘最关键的背景环境、体系能力和策略选择,以缩减变量空间的维度;同时,还需要有效减少变量空间的组合数,尽可能以小的变量空间组合获取更多有价值的实验结果。

经典的联合作战实验变量选择技术包括解释结构模型法、相关性分析法;变量优化技术包括正交设计、均匀设计、拉丁方设计等。

1)正交设计

(1)基本思想。正交设计是采用正交表从全部方案中选择若干个少量方案,通过对所选少量方案的实验分析,得出全部方案中的最优方案的设计方法。它是实验领域安排多因素实验的一种通用方法。模糊综合评判和层次分析方法具有从有限个方案中选优的能力,但这两种方法不能生成和淘汰方案,且事先需给各方案明确的规定。

据此,利用正交设计优化方法的基本思想是:首先在全部组合方案中采用正交表选择少量方案,其次利用模糊综合评判法或层次分析法(本书中采用模糊综合评判方法)求得这些方案的综合考评分,并以此进行正交分析,求出全部方案中的最优方案。在正交表选择和构造过程中,采用层次分析法对某些因素及水平进行处理,使正交表选择构造方便,且正交实验方案少。

(2)实施步骤。一是根据决策的目的,组织有关人员结合层次分析方法,确定计划决策问题的因素集 A 及各因素的水平个数 B。

设因素集包括 n 个因素 $A = \{A_1, A_2, \cdots, A_n\}$,对应的水平集 $B = \{B_1, B_2, \cdots, B_n\}$,则该决策问题共有 $B_1 \times B_2 \times \cdots \times B_n$ 个方案。

二是根据已确定的因素与水平数量,选择合适的正交表,进行表头设计,确定参与模糊综合评判的方案集。

三是对确定的方案集进行模糊综合评判,取得考评分。考评步骤如下:

① 确定决策问题的评判集 V,并予以量化 C。设评判集分为 n 个等级 $V = \{V_1, V_2, \cdots, V_n\}$,对应的量化值 $C = \{C_1, C_2, \cdots, C_n\}$。

② 通过专家咨询或采用层次分析法确定因素集 A 中各因素对决策问题影响大小的权值 $\omega = \{\omega_1, \omega_2, \cdots, \omega_n\}$。

③ 组织有关人员对已选定的各个方案依次评审,整理评判结果,得到对应方案的模糊关系矩阵 $\boldsymbol{R}^{(I)}$(I 为方案序号),并以此计算综合评价矩阵 $\boldsymbol{D}_{综}^{(I)}$($\boldsymbol{D}_{综}^{(I)} = \omega \boldsymbol{R}^{(I)}$)和综合评价考评分 $\boldsymbol{E}_{综}^{(I)}$($\boldsymbol{E}_{综}^{(I)} = \boldsymbol{D}_{综}^{(I)} C^T$)。

四是对数据进行正交分析,得出合理的结论。

把由正交表选择的模糊评判方案的综合考评分 $\boldsymbol{E}^{(I)}$ 作为正交试验指标值,并以此为依据进行正交分析,进而得出该决策问题所有方案中的最优方案。

2)均匀设计

均匀设计具有重要的理论意义和实用价值,是一种模型未知的部分因子设计。

考虑约束优化问题:

$$\begin{cases} \min f(x) \\ \text{s. t. } f_i(x) \leq 0; i = 1, 2, \cdots, m \\ h_j(x) = 0; j = 1, 2, \cdots, p \end{cases} \quad (3-1)$$

其中,函数 $f; f_1, \cdots, f_m; h; h_1, \cdots, h_p$,即约束条件包括不等式约束和等式约束。当 $m = p = 0$ 时,问题(3 - 1)即为无约束优化问题。当 $f; f_1, \cdots, f_m; h; h_1, \cdots, h_p$ 都是凸函数时,称问题(3 - 1)为凸优化问题。显然,线性规划是一种特殊的凸优化问题。

常用的最速下降法、牛顿(Newton)法和拟牛顿法都要求目标函数至少一阶可微,然而有些目标函数并不满足这一条件,或者其可行域是一个离散区域。此时,优化问题(3-1)变成一个离散优化问题,其求解过程比目标函数可微情形下往往更困难。记由问题(3-1)的约束条件所构成的搜索区域的可行域为 X。求解优化问题的一种最简单的方法是在可行域 X 中采用蒙特卡洛(Monte Carlo)法产生 n 个样本,分别计算相应的目标函数值,其中使目标函数最小的点可作为最优解的近似。由于蒙特卡洛法收敛速度慢,为此,可以用均匀设计作为工具来求解,其主要思想是把实验区域中的随机样本替换为均匀散布的点集。

对于高维优化问题而言,一个有 n 个点的均匀设计,在可行域中仍较稀疏。一种考虑是增大 n,然而其充满整个可行域的速度仍显过慢。为此,方开泰提出了从数论角度得到的序贯均匀设计法(Sequential Number - Theoretic Optimization, SNTO)。该方法的思想如下:对于可行域为 X 的目标函数 $f(x)$,首先在 X 上均匀地安排 n 个点 $x_1,\cdots,x_n$,得到 $f(x_1),\cdots,f(x_n)$;比较这些值并在取值最小点附近再安排一个均匀点集,比较这些值并得到新的取值最小点;其次根据一些准则再缩小实验区域,直到达到要求的精度为止。

3) 拉丁方设计

拉丁方设计是指拉丁方试验设计。之所以称为拉丁方试验是因为最初设计试验方案时,用拉丁字母组成的方阵来表示。后来,尽管方阵中的元素改用了阿拉伯数字或其他的符号,人们仍称这种试验方案为拉丁方试验。如果一个方阵是用 r 个拉丁字母排成的 r 行 r 列,方阵的每行每列中,每个拉丁字母只出现一次,那么这个方阵就称为 r 阶拉丁方,或 $r \times r$ 拉丁方。按拉丁方的字母及其行和列来安排各因素的试验设计称为拉丁方设计。当实验过程中只涉及三个因素,各个因素间无交互作用且各个因素的水平数相等时,便可以考虑用拉丁方设计。拉丁方试验的资料可以用表 3-1 的方差分析公式进行统计处理。

表 3-1 拉丁方设计方差分析的计算公式

变异来源	SS	v	MS	F
总	$\sum X_{ij}^2 - c$	$r^2 - 1$	—	—
行间	$\dfrac{1}{r}\sum X_i^2 - c$	$r - 1$	$\dfrac{SS_{行}}{r-1}$	$\dfrac{MS_{行}}{MS_{误差}}$
列间	$\dfrac{1}{r}\sum X_j^2 - c$	$r - 1$	$\dfrac{SS_{列}}{r-1}$	$\dfrac{MS_{列}}{MS_{误差}}$
处理间	$\dfrac{1}{r}\sum X_k^2 - c$	$r - 1$	$\dfrac{SS_{处}}{r-1}$	$\dfrac{MS_{处}}{MS_{误差}}$
误差	$SS_{总} - SS_{行} - SS_{列} - SS_{处}$	$(r-1)(r-2)$	$\dfrac{SS_{误}}{(r-1)(r-2)}$	—

注:X_i 为第 i 行合计;X_j 为第 j 行合计;X_k 为第 k 种处理合计;$c = (\sum X_{ij})^2 / r^2$,其中,$X_{ij}$ 为第 i 行、第 j 列的观察值;r 为拉丁方的阶。

3.4.3 实验运行策略设计

基于实验问题的描述和实验方法的选择,确定实验环境、运行方式和运行参数。本小节按照研讨、仿真、兵棋推演、实兵等不同类型分别简要介绍实验运行策略设计的基本方法。

1. 研讨类实验运行策略

研讨类实验活动的主角是研讨专家团队,通过借助综合集成研讨辅助工具,整合、筛选、挖掘专家团队的智慧。研讨类联合作战实验是综合集成专家智慧与辅助工具的实验方法,强调人机结合、以人为主,定性定量相结合、定性为主。组织研讨实验的关键在于恰当的辅助工具和研讨环境、科学的人员构成和研讨流程、恰当的研讨方式选择。

1) 研讨类实验运行环境

研讨类实验运行环境主要用于支撑专家发言、内容记录和相关资料查询等活动,目的是为研讨活动营造"相关知识可视化、发言内容规范化、发言内容可记忆化和集体发言有组织化"的便利条件,其主要内容包括用于组织研讨活动的场地环境、用于展示研讨信息的公共投影设备、用于查询和运算的计算机设备,以及其他可用于研讨活动的必要设施设备。在研讨活动开始之前,技术支撑人员负责归纳整理相关信息资料、建立研讨主题相关数学模型以及准备必要的技术支持。

2) 研讨方法及选择策略

经典的研讨方法包括头脑风暴法、德尔菲法、名义群体法、深度汇谈和辩论、研讨式对抗模拟(Seminar Gaming)等方法。

(1) 头脑风暴法。头脑风暴法是一种群体创造的方法,主要作用是促进专家群体提出更多的观点概念、激发群体的创造性思维,适合用于观点生成(Idea Generaion)任务。头脑风暴法的优势在于产出的观点和主意足够多,缺点是产出的质量不一定高、参会专家会随着研讨的深入而产生思维惰性。

(2) 德尔菲法。德尔菲法是一种专家咨询问卷的研讨方式,主要特点是参研专家匿名多轮提交观点问卷,其关键在于问卷制定的科学性和观点整理的合理性。

(3) 名义群体法。名义群体法本质上是一种结构化研讨,优点在于研讨前不限制专家进行深度独立思考,研讨中专家能够充分展示观点,研讨后得到的结论是专家群体决策的最优结果。

(4) 深度汇谈和辩论。深度汇谈和辩论方法是学习型研讨的重要形式。深度汇谈的要点是基于他人的观点反思自己的想法、通过探询他人观点的原因而获悉他人的思维模式;辩论的要点在于通过相互说服他人的过程而逐渐达成共识。深度汇谈和辩论的方法可以揭示个体心智并激发对问题的深度思考。

(5)研讨式对抗模拟。研讨式对抗模拟是研讨者扮演不同利益甚至敌对的各方,代表各自利益,以模拟对抗的方式,分别发表观点,这种方式的研讨不追求观点的一致,是一种在对抗中加深对问题认识的研讨方式。

上述典型研讨方法各有特点并互为补充,在组织研讨实验时应当根据实验问题和实验目的选择或组合不同的研讨方法,如头脑风暴法与名义群体法交替使用可以实现专家思维经历发散 – 集中 – 发散 – 再集中的过程,适用于"作战概念开发型联合作战实验"。

2. 仿真类实验运行策略

仿真类实验运行策略主要是指按照实验问题、实验变量、实验数据采集等方面来制定实验策略,通过对仿真过程以及各种仿真模型的控制和管理,共同完成仿真实验评估、数据收集的全过程,产生出相应的样本数据,为实验分析提供支撑。仿真类实验运行策略可以按照两个维度来设计:一是支撑仿真实验运行的仿真运行策略,主要适应各种实验类型应该如何进行仿真运行相关环境、时空参数的制定;二是从实验数据分析方面采用动态测量策略,面对解决海量参数空间、动态数据采集需求来进行实验策略制定。

1)仿真运行策略

仿真运行策略包括运行模式、随机种子、运行次数和仿真时间的设置。运行模式一般有两类,即确定模式和随机模式。其中,当采用演示实验模式时,可采用确定模式,此时不需要设置随机种子及运行次数;当仿真实验是发现式和检验式实验模式时,最好采用随机模式,以随机重复运行的方式,降低随机误差,此时则需要设置必要的随机种子和运行次数;仿真时间,需要设置仿真运行的时间长度、仿真步长、仿真开始与结束时间等参数,以及选择仿真时间比例。时间比例分为实时、超实时和欠实时三种模式,开展作战行动样式对抗仿真实验需要人机交互或系统互联互操作时,可以采用实时模式;需要对所有可能的参量空间开展探索性分析实验时,可以采用超实时模式;需要对作战过程和装备能力开展精细实验时,可采用欠实时模式。

2)动态测量策略

动态测量策略不同于传统实验设计中在仿真实验前制订数据收集计划,在仿真实验结束后根据数据收集计划来进行数据采集的通常做法。动态测量策略的核心是要建立对于仿真实验的数据动态测量机制和动态反馈机制。其主要是在仿真实验运行过程中,随时根据分析人员对实验指标、实验因子的数据采集情况,对指标数据进行异常分析,从而调整数据收集重点,达到聚焦实验的目的。

动态反馈机制的触发规则是通过预定实验关键变量的阈值法或拐点判定法来进行判断,若数据前后差异超出预定阈值或一段时间数据值出现"峰""凹点""尖点"等特征,可判定为"奇异点"的出现,通过对指标数据的"奇异点"分析,发现实验对象异常状态的发生,对异常发生前后的数据测量策略进行调整,通过增加数据测量对象、增加测量模式、提高时间频率等方式,加强对"奇异点"发生时的数据测量,从而得到更丰富的数据,便于进一步的实验问题分析,为进一步深入观察和探索联合作战体系相关问题提供更丰富的数据分析基础。

3. 兵棋推演类实验运行策略

兵棋推演类实验运行策略通常是在实验问题设计阶段的成果指导下,结合实验想定、实验指标和实验变量的设计,选择合适粒度和合适类型的兵棋推演模型系统。

兵棋推演类实验宜采用基于预案、面对面、半对抗式推演相结合的方法,同时采用基于不同情况设想和决策点有重点地进行比对推演。基于预案是指己方行动严格按照作战计划进行推演,但对于事先未明确的行动或由于蓝方部分行动超出行动设想必须临机应对时,可以进行部分补充计划,但不能彻底改变计划的主要行动,否则就失去了推演实验的意义。如若确实需要进行重大调整时,通常等到推演结束后再进行,而后从头开始对修改后的行动方案进行推演。面对面是指推演各方情况彼此透明,需要说明的是这里的透明是相对的,也就是所有参加推演人员都知道彼此的情况,但实际的作战兵力之间不是互相透明的,因此推演中需进行情报侦察行动,并且推演组要特别记录各方情报获取能力指标情况。半对抗式是指以对抗的心态参与推演,尤其是模拟敌方的推演组,立足敌方的立场、作战行动特点进行推演,既按照一定的情况设想,也要动态地处置一些情况,从而检验己方作战计划的适应性和灵活性。

兵棋推演类实验一般是在实验问题分解、实验想定设计、实验变量设计的基础上,进行"分方编组、对比推演、复盘研讨、对比分析"的运行模式设计。

(1)分方编组。首先将参与推演的人员进行分方编组,兵棋推演类实验的编组方式比训练类推演的全要素编组要相对简单一些,主要突出高效原则,通过合理的编组使得参与推演的人员能够协同高效地工作,快速得出推演结论。通常编设推演总控组、红方推演组、蓝方推演组、其他方推演组、系统控制组和数据保障组,每个组根据推演规模编设相应的人数。如果其他方作战行动较少,则其可以合并至蓝方推演组。

(2)对比推演。按照体系对抗的基本思路,通过在基线想定基础上改变实验变量构设各方推演基本条件,展开对抗推演。对抗推演设计中要考虑推演运行设计,通常是选择快推和慢推相结合的运行方式,具体根据要研究的实验问题,在重要决策点或决策时段选择慢推,其他时段可以选择快推。同时,要考虑推演策略选择问题,根据实验问题和变量设计结果,可以选择单次推演或多次推演、多分支推演。一般都是多次或多分支推演。如果只有一个作战行动方案,则可以选择一案多推,即一个方案推演多个轮次,通过多轮次推演减少不确定性因素影响,使得推演结果更加可信。如果有多个作战行动方案,如通过改变策略参量生成的对比想定,可以选择多案比推,即多个方案对比推演,通过对比查找问题、分析优劣、发现因果关系。

根据确定的推演策略,规划系统运行时间、态势调整方案,具体包括规划系统启动时间、停止时间或条件、断点保存策略,态势调整是更换初始想定数据,还是在断点态势基础上进行导调。如果参战兵力发生较大变化,一般选择更换推演系统的想定数据;如果变化不大,可以选择在某个断点态势的基础上通过导调干预完成态势调整。态势调整方案的选择需要统筹考虑实验人员和时间的限制。

(3)复盘研讨。每轮对抗推演后,进行复盘回放和研讨分析,组织推演人员开展头脑风暴,碰撞发现推演问题。如果发现存在不合常规,或者与实验要求不相符的地方,或者是发现了实验问题设计时没有想到的新问题,则可以根据实际情况进行复推重推。

(4)对比分析。在兵棋推演类实验的设计阶段,需要将每一轮推演的输入和输出联系起来,将输入的初始态势或想定、行动计划、推演指令与推演的过程数据和结果数据一一对应起来,为后续实验分析阶段的多维对比奠定基础。

4. 实兵类实验运行策略

实兵演习作战实验作为一种历史悠久的作战实验方法,具有其他实验方法无法替代的作用。针对实兵作战实验组织复杂和难以重复性的特点、面对联合作战多军种参与和体系性强的特征,实兵联合作战实验可以采取以下几种运行策略:

1)单一装备能力验证型实兵实验策略

随着联合作战的发展,当今战略战役战术和技术间的关系链条越发通畅,在战役战术支撑战略目标实现的过程中,往往发挥关键作用的是作战技术,如飞机的隐身技术、登陆作战的装载技术和特种作战的爆破技术等。这些技术在联合作战复杂体系中具体表现如何、能发挥什么样的作用,是现阶段通过仿真模拟手段无法直观获取结果的。因此,通过组织验证型实兵实验来获得真实的数据,用以支撑武器装备的改进、部队装备种类规模的调整、作战仿真模型的建立等工作。该类型实验的组织形式是针对一种装备在不同近乎实战的场景下反复应用,并收集相关效果数据,验证该装备的真实能力。

2)多装备效能评估型实兵实验策略

联合作战的联合特征之一就是多军种行动的联合,火力是联合任务部队行动发挥战斗力的直接因素,针对火力毁伤效果开展实验研究无论是对装备发展还是方案计划评估均有重要意义。现阶段国内外针对单装火力毁伤开展了大量的建模仿真研究,也取得了较为可靠的结论,然而联合火力作用的发挥并不等同于各类单装武器火力毁伤效果的叠加,这样并不能反映联合作战体系的涌现性特征。针对这一问题,采取针对相同场景,不同装备灵活组合的形式开展实验,在实验中收集分析不同装备组合形式在不同场景中的表现结果,得到武器装备系统真实的效能发挥水平。

3)以验代练发现型实兵实验策略

联合作战的另外两个重要特征体现在指挥的联合和行动的联合。当前,我军合成旅营一级常态化开展战术级"指挥所演习",以验代练联合战术指挥机构的作战指挥控制能力。为加快提高战区指挥机构履行职能任务能力、更容易发掘战区改革调整以来多军种联合指挥行动中存在的症结、验证评估联合作战指挥控制与作战协同水平。因此,针对作战控制与协同一类问题,可采取组织实兵以训代练、以验代练的形式,注重对演习、训练、实战指挥和协同相关数据的收集,通过数据分析,发现指挥流程和作战协同中的掣肘环节,用以支撑战法的创新和编组的改革。

5. 综合类实验运行策略

实验目的的达成可以单独依靠某一类作战实验方法,但为了能够使实验结论向作战理论转化,需要提高实验结果的可信度、多角度印证实验结论。为此,需要组合多类型作战实验方法开展实施联合作战实验。

综合类作战实验的指导思想是钱学森"综合集成研讨厅"思想,实验环境汇集了上述研讨、仿真、推演和实兵的多种类型作战实验环境,基于问题设计灵活有机组合各类实验环境。

在组合多种类型作战实验方法开展综合作战实验时,应当充分论证、提炼需求、科学设计。一方面,要突出实验关键环节,在关键环节组织多种实验方法进行充分验证。例如,岛屿进攻战役作战实验中,应当针对战役登陆场选择、空机降地域选择等问题进行研讨和推演两种作战实验,在空中穿透性打击实验中,应当进行仿真和推演两种作战实验。另一方面,要科学设计多种实验方式的衔接,做到研讨的方案能推演、推演的关键环节能仿真、仿真的技术细节能实兵验证。

3.4.4 数据采集与分析计划

达尔文曾说过:"科学就是整理事实,以便从中得出普遍的规律和结论。"数据正是这些"事实"的基本载体之一。不论是哪种类型的作战实验,也不论是采用什么方法建立的模型,最终运行时都是数据的不断调用、处理和传送。作战实验过程,就是一个数据的准备、调用、处理、分析、更新的过程。因此,在进行实验策略设计时需要明确制订数据采集和分析计划,包括所有需要采集的数据、所有的数据采集点、所有的数据采集方法和数据储存点,这是作战实验的重要准备工作,它可以确保适当和正确的数据生成、数据获得和组织,并能保证实验的关键问题得到解决。数据采集计划的制订依赖于数据分析,而数据分析又受到实验设计的驱动。

数据采集的目的是为数据分析提供保证,因此,数据采集计划要根据数据分析的需求来制订,用经济学的术语来说就是,数据分析计划是需求之源,数据采集计划是供应之源。数据采集计划包括要采集的所有变量、场所、采集手段和存储方式。制订数据采集计划要与领域专家进行频繁协商,以及与设计和分析人员进行密切协作,从准备分析的目标开始,然后是对作战概念、技术、战术和程序及技术体系结构的详细检验。

作战实验数据采集计划主要包括以下几项内容:

一是规定待采集的变量。

二是确定每个变量的采集机制(自动采集、人工采集),以确保完成数据获取和归档工作。

三是规定自动采集设备和人工采集人员,确保能够采集到每个变量。

四是规定每个变量所需的观察数量,并进行检查,以确保它们能够按照预期产生。

五是确定所需的培训,以保证数据采集质量。

六是定义数据压缩和整合所需的处理工作,以便将采集的数据转换成数据分析所需的形式。

数据分析的目的是把隐没在一大批看起来杂乱无章的数据中的信息集中、获取和提炼出来,以找出所研究对象的内在规律。在实际应用中,数据分析可以帮助人们做出判断,以便采取适当行动。例如,开普勒通过分析行星角位置的观测数据,发现了行星运动规律;又如,一个企业的领导人要通过市场调查,分析所得数据以判定市场动向,从而制订合理的生产和销售计划。

作战实验数据分析计划主要由三个部分组成:

1. 识别分析需求

作战实验所产生的数据量非常大,如果没有明确的分析需求,就会淹没在数据的海洋里,因此,识别分析需求是确保数据分析过程有效性的首要条件,它可以为收集数据、分析数据提供清晰的目标。

2. 确定分析方法

作战实验数据分析方法主要包括定性分析、定量分析和定性与定量分析相结合三种方法。

3. 制定分析流程

数据分析一般分为单变量分析、多变量分析、更大范围的多变量分析三个阶段。

3.5 联合作战实验设计案例

本节以联合火力打击效果分析实验为例,说明联合作战实验设计的基本过程。

问题背景:某区域陷入重大危机,蓝方挑战红方底线,红方以武力进行震慑,决定通过低强度的作战行动,营造战争气氛,增大军事压力,显示红方动武的决心和能力,遏制蓝方的嚣张气焰。红方利用联合火力兵力(主要包括常规导弹部队、航空兵和电子对抗部队),针对敌战争体系的重心或关键实施重点摧毁或歼灭、整体瘫痪,并以这种效果或者效果积累来达成既定战略目标。

3.5.1 实验问题

本实验旨在研究问题背景下联合火力打击敌敏感目标的效果以及兵力应用问题。联合火力打击是一种先发制人的打击策略,对敌军事能力的打击包括打击敌预警防空能力和反制能力(不考虑先制能力)。

1. 问题描述

选择在第三方海上预警信息支援("宙斯盾"加入敌战区导弹防御系统反导预警网)的背景下对蓝方反导能力的打击以及蓝方机场的封锁,进而利用航空兵突击敌敏感性政治性目标,这是基于以下考虑:

(1)联合火力打击目的重在警示和震慑,其规模和强度必须进行控制,以整体削弱蓝方的作战实力,特别是蓝方的战略防御与反击体系,铲除蓝方作战区域上空的安全保护伞,夺取战场控制权,才会达成武力震慑的战略目的。因此,必须降低打击的风险。蓝方当局一直叫嚣先制反制。如果能够在一定时间范围内摧毁、压制敌反制能力,就能起到联合打击的战略企图。

(2)敌战略防御体系的核心是敌防空反导系统,同时也是其反制作战力量的保护伞,因此在打击其反制能力时应该一并考虑。

(3)第三方在红方进行联合火力打击时会进行一定程度的干预,一般认为最有可能的干预形式是信息支援,因此在背景选择时必须给予重视。

(4)考虑敌反制能力主要包括空中进攻能力和战术弹道导弹。红方空战飞机与敌相比不占太大优势,如能在一定程度和一段时间内封锁敌机场,使其不能起飞,则能相当程度地减少联合火力打击的风险。

基于以上考虑,以常规弹道导弹突防敌卫星支援下的反导系统进而封锁敌4个主要机场为作战目标,期望限制敌空中进攻力量出动能力,来达成削弱敌反制能力,降低航空兵突击敌敏感性政治性目标的风险,同时也能达到联合火力打击的战略企图。

2. 实验目的

通过封锁敌机场摧毁敌反制能力,探索分析战术弹道导弹能力需求,并通过研究航空兵部队在常规导弹部队、电子对抗部队配合下对敌敏感目标进行攻击时我方和敌方的损耗,从而研究远程打击敌核心目标的效果以及兵力应用问题。

3. 实验指标

本实验选择的衡量指标为敌方损耗、我方损耗,中间指标为预警指挥控制能力、战术弹道导弹封锁机场概率。

3.5.2 实验想定

想定描述的作战背景为:红方对蓝方实施联合火力打击,主要使用常规导弹部队封锁蓝方机场,然后使用航空兵部队突击敌核心目标。作战过程分为两个阶段。

1. 第一阶段

红方使用常规导弹突击敌机场。该过程中,红方通过多批多枚战术导弹突防卫星支援下的蓝方导弹拦截系统,以达到封锁蓝方机场的目的,降低蓝方机场的起飞能力。该阶段主要描述红方战术弹道导弹与蓝方战区反导系统之间的对抗过程,贯穿导弹战、卫星战、电子战、通信战等多种作战样式,是侦察与反侦察、预警与反预警、突防与拦截等一系列相互关联的复杂对抗活动。对于战区反导系统来说,通过 C^4ISR 网络将整个战场、各种指挥控制中心、各个武器系统平台联合成一个反导体系,可以提高信息共享水平,增强体系感知能力,加快决策和指挥速度,达到反导的体系作战效果,具体包括侦察、预警、跟踪与目标识别、拦截4个阶段。

(1)侦察:蓝方的侦察卫星对红方前线及纵深地区不断实施情报侦察,发现红方的弹道导弹发射架或发射井,并将有关情报信息传送给战略指控中心,由战略指控中心分析处理记录这些信息。

（2）预警：蓝方的弹道导弹预警卫星根据历史资料昼夜不停地在一定区域搜索红外辐射，以监视红方的弹道导弹发射情况。红方弹道导弹点火起飞后，蓝方预警卫星的红外探测器立即发现，测出红方弹道导弹的有关信息，将所得信息与判断标准做比较，通过目标分类和威胁识别，认为红方已发射了弹道导弹，随即向战略指控中心发出报警信号，同时拍摄弹道导弹的电视图像并传送给战略指控中心。由战略指控中心判断不是虚警后，指示蓝方地基、海基、空基预警雷达在一定范围内搜索并跟踪弹道导弹，进行真假弹头的识别，同时，将跟踪弹道导弹的有关信息传送给战略指控中心，战略指控中心粗略预测弹道导弹的弹道、弹头个数、落点范围，并将这些信息传送给战术指控中心。

（3）跟踪与目标识别：战术指控中心适时指示蓝方的目标指示雷达开机，对弹道导弹进行搜索定位，并不断地对来袭的弹道导弹进行跟踪识别，精确测定出真目标的弹道数据，预测命中点和弹头落点。

（4）拦截：蓝方战术指控中心根据目标指示雷达提供的弹道导弹信息进行决策和目标分配，通过蓝方拦截打击系统的指挥控制中心，指挥控制跟踪制导雷达搜索跟踪弹道导弹，并由指挥控制中心进行对弹道导弹的射击决策。当红方弹道导弹进入蓝方拦截发射单元的发射区时，指挥控制中心指挥控制拦截发射单元立即发射拦截弹。跟踪制导雷达截获并跟踪拦截弹，指挥控制中心在跟踪制导雷达配合下指挥控制拦截弹飞向弹道导弹。当红方弹道导弹进入红方拦截弹的杀伤区时，蓝方拦截弹与红方弹道导弹遭遇，蓝方拦截弹爆破杀伤或直接碰撞杀伤红方弹道导弹。

2. 第二阶段

红方航空兵突击部队在常规导弹部队封锁蓝方机场的配合下，从某基地起飞若干架远程打击飞机，并按1∶1的比例出动相应的护航飞机，采用低空(300m)的方式突防蓝方航空兵力的拦截，在距敌80km处发射空地导弹打击敌重要政治敏感目标。在此期间，电子对抗部队也采取相应行动，干扰敌空中预警系统，降低敌机拦截概率。

3.5.3 实验策略

1. 实验方法选择

本实验采用探索性仿真分析方法。

2. 实验变量设计

（1）能力空间实验变量：战术弹道导弹圆概率偏差、战术弹道导弹毁伤半径、战术弹道导弹发射数量、对敌空中预警系统的压制等级、航空兵出动数量。

(2) 策略空间实验变量:是否打击敌预警指挥所。

(3) 实验点选择:能力参量的水平取值由专家确定。策略参量值即作战计划由军事人员和仿真实验人员协同建立。

1) 方案一:只封不打

通过战术弹道导弹直接突击机场跑道来达到封锁敌方机场的目的,具体来讲,通过对敌方机场跑道的物理毁伤,在一段时间内阻止该机场停放飞机的起飞,达到减少敌进攻出动能力的目的。

2) 方案二:先打后封

先突击敌预警指挥所,破坏敌反导体系,导致我战术弹道导弹突防能力增加,提高战术弹道导弹突击机场的命中概率,使封锁机场跑道效果更好。

3. 实验运行策略

依托体系仿真实验床平台开展探索性仿真实验。仿真时间步长设为5,样本数量设为10。

4. 数据采集与分析计划

(1) 数据采集计划:记录若干实体状态数据,以便事后观察分析;记录封锁机场概率模型评估分析后的战术弹道导弹封锁机场概率;记录每个敌机场飞机损耗情况以及我方航空兵部队突防概率。

(2) 数据分析计划:战术弹道导弹圆概率偏差有3种水平,战术弹道导弹毁伤半径有2种水平,战术弹道发射数量有3种水平,对敌空中预警系统压制有5种水平,航空兵出动数量有3种水平,这些能力参数的水平组合是$3 \times 2 \times 3 \times 3 \times 5 = 270$种,另外,在策略空间上设置了2种作战计划,环境空间没有考虑,结合中间指标、输出指标就可以自动生成分析框架。每组实验因素在实际仿真运行中,都可以得到一个封锁机场概率数值以及敌我损耗,总共产生$270 \times 10 = 2700$组仿真结果数据。这2700组输入/输出因果关系数据,将作为数据分析工具进行探索性分析的数据来源。

3.6 本章小结

联合作战实验设计是开展联合作战实验的前提和基础,是决定实验成败或实验效果优劣的关键所在。搞好实验设计,首先要明确联合作战实验解决的军事问题是什么,围绕军事问题描述和分解,确定实验目的和目标,并完成军事问题向实验问题的转化和映射,这是实验设计的重中之重。其次,在完成实验问题设计后,需要将实验问题具体化、实例化,也就是进行实验想定设计,在问题框架的指导下构设典型的联合作战场景,这需要相关的军事知识,特别是军事专业人员的深度参与。最后,通过实验策略设计解决实验具体怎么做的问题,确定实验方法和运行策略,设计实验变量和实验点,制订数据采集和分析计划,指导后续的实验实施。不同的实验方法,需要关注运行策略的重点不同。本章讨论了联合作战实验设计的一般方法,更多的内容需要读者参考其他文献,并结合具体的实验工作进行探索。

第4章 联合作战实验实施

实施阶段是依据作战实验方案对实验活动的具体展开与操作,不同的实验方法,其组织实施也有所区别。本章首先介绍联合作战实验实施的概念、要求、基本框架,其次分别对研讨类、仿真分析、兵棋推演、实兵实装,以及 LVC 综合实验的组织实施步骤进行讨论,并通过具体案例介绍各种方法在联合作战实验活动中的应用。需要说明的是,本章主要选择外军案例进行介绍,并不表示作者赞同其观点和结论,只是为了说明实验方法的具体实施步骤和运用情况。

4.1 概　　述

实验实施是联合作战实验的关键环节,需要严格按照实验规划和设计方案进行,并注意观察记录实验过程,正确控制实验运行,适时调整实验方案,以确保获得正确的实验结果。

4.1.1 概念

联合作战实验实施是依据实验规划和设计方案,进行必要的实验准备工作,并在人的控制、监控下,基于设定的实验环境,执行方案、开展实验记录、数据的采集分析处理、实验控制与维护等过程。实验实施由执行实验的技术和保障人员主导完成,其主要工作内容包括:完成实验所需准备工作,按实验内容和过程进行实验,收集实验所产生的数据以及其他的分析研究记录等。联合作战实验实施主要包括单向贯序型、迭代反馈型和综合运用型三种类型。

(1)单向贯序型。单向贯序型是指在实验中按照流水线的形式开展各个实验项目,实验中的时序较为固定。采取这种方式的实验,其过程中的时间、事件和主要数据是可以预见甚至是已经经过部分测试的。概念演示型实验基本上都是采取这种方式。

(2)迭代反馈型。迭代反馈型是指在实验过程中,根据需要对实验过程获取的部分数据进行分析后,重新修订部分初始数据并加载至实验系统中运行,再次考察实验结果,对这些结果进行对比。探索、研究、验证性的实验通常需要采取这种方式。

(3)综合运用型。综合运用型是指将单向贯序型和迭代反馈型结合起来,在实验进行不同阶段分别采取不同的实施方式。单向贯序型可保证实验的完整与连贯,迭代反馈型又可充分利用大型综合实验过程中营造的实验背景和环境来重点考察多因素影响下的核心问题。

4.1.2 要求

在做好充分准备的基础上,为了迅速获取准确可靠的实验数据,实验实施阶段应注意以下问题:

1. 观察记录实验过程

实验中,实验人员应随时注意实际发生的各种现象,要及早发现并纠正实验计划执行中出现的偏差,边操作、边观察、边记录。观察时,不仅需留心预期的结果,还要警觉意外的变化,搜寻各种值得追踪的线索。数据采集和记录应按照实验数据采集方案进行,保持实验数据要素的完整性,采集数据应一致、准确、规范,既能满足时效性要求,又能满足数据分析的技术要求。

2. 正确控制实验运行

控制是实验的灵魂。控制实验条件是要尽最大可能排除实验过程中各种偶然的、次要因素的干扰,使得需要研究和认识的某种现象或联系以比较纯粹的形态呈现出来。为了有效地控制实验条件:一是实验所使用的各种模型、设备必须具有足够的准确性和稳定性;二是要通过平衡法,排除实验顺序的影响;三是要消除实验过程中诸如时间、气候、季节、设备(系统)、操作方法、操作者等偶然因素;四是要控制实验环境,确保客观的因果关系最大限度地得到展现,完成实验总目标。

3. 适时调整实验方案

实验时既要有计划性,又要有灵活性。在正式实验时,通常必须严格遵守原定实验方案,这是实验工作的严密性、科学性所要求的。但是,在实施原定方案的过程中,不可避免地会遇到某些同原定设想和计划不一致的情形,这就需要及时发现实验过程中出现的各种问题,对照问题清单能够准确分析判断原因,通过反复地调整和纠偏,删除、优化一些不合理的设置,增补、修改部分实验设置,将问题归零,使实验工作得以顺利地进行下去。

4.1.3 实施框架

作战实验实施阶段主要包括优选实验计划、开展实验准备、组织实验实施三个步骤。联合作战实验实施基本框架如图4-1所示。

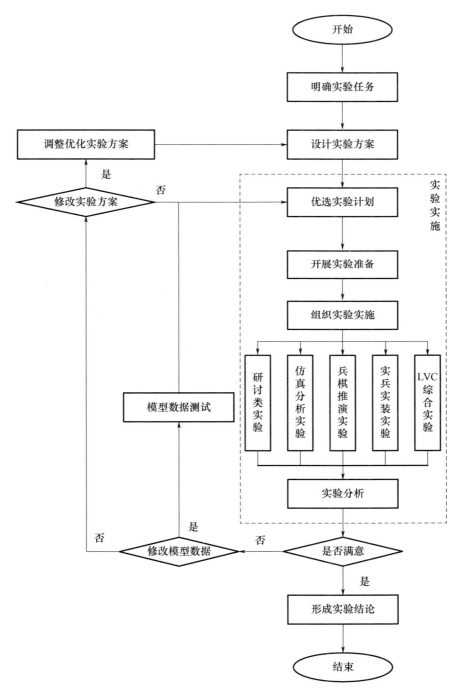

图 4-1 联合作战实验实施基本框架

1. 优选实验计划

实验计划是对作战实验准备、实施及分析总结活动的组织安排。由于战争系统的不确定性和联合作战实验问题的复杂性，在实验实施过程中，实验计划需要多次迭代调整和优化细化。

2. 开展实验准备

实验准备是实验实施的关键，实验实施所有的准备工作都必须在这一阶段来完成，实验计划中需要明确这一阶段必须完成的工作事项。广义上讲，实验正式实施之前的所有工作，都可以看作实验准备，包括实验设计阶段的问题设计、想定设计、策略设计，以及实施阶段建立实验组织、场地设施准备、实验人员培训等。从这个角度讲，实验设计阶段也可以看作作战实验准备工作。由于第 3 章中已经对作战实验设计相关问题进行了介绍，本章所述实验准备主要是完成实验方案和计划设计、正式开始实验之前的其他准备工作，主要是准备实验所需的场地设备、组织机构、模型数据等。此外，由于联合作战实验问题的复杂性，预先制订的实验计划可能无法满足需求，这就需要在组织实验实施过程中，对方案进行优化调整，并重新进行实验准备。

3. 组织实验实施

组织实验实施是对研究对象逐步认识的过程，也是作战实验的核心部分。这一阶段需要按照实验计划明确的基本步骤和要求，完成设计的每一项实验内容。实验人员在此过程中不断地从实验中获得信息，并结合自己的专业知识和经验进行综合判断，以确定下一步的实验进程或结束实验。作战实验往往需要反复进行，当分析结果证明方案构想不合理时，应修改方案构想，并重新进行实验；当分析结果证明模型或数据不准确时，应修改模型或数据，并重新进行实验，直到认为实验结果满意时为止。具体的实施步骤，因采用的实验方法不同而不同，下面分别加以讨论。

4.2　研讨类实验实施

研讨类实验实施具有定性为主、以人为主的特点，主要通过集中专家智慧，寻找联合作战问题的解决方案和途径，探寻联合作战规律。

4.2.1　原理与特点

研讨实验是采用综合研讨或者对抗研讨的方式，通过定性与定量相结合的研究讨论、综合分析，从而实现评估与优化对策方案的实验过程。其主要针对的是缺少数据、模型和系统，又没有原型部队的联合作战实验。研讨过程中，军事专家充分运用各种定性分析、定量分析和研讨工具，以人机结合方式对军事问题展开研讨分析，不断深化对实验问题的认识、优化解决方案、提出供决策者参考的意见和建议。

1. 原理

战争系统是典型的复杂系统，具有典型的非线性、涌现性、相对性、演化性等复杂性特点。在联合作战实验中，尤其是实验初始阶段，或者针对新型作战概念、颠覆性装备技术等开展作战实验，可能遇到一系列棘手的问题：一是由于缺乏相关领域的知识，在实验初期，问题本身是什么，即要实验的问题不明确，目标自然更不清晰。二是难以直接进行定量分析。由于联合作战体系的复杂性，以及未来战争形态的不确定性，无法建立系统的数学模型，即使能建立，由于模型过于庞大，也难以直接进行分析。三是问题涉及面广，需要召集大量有关领域的专家。四是需要大量信息或数据，收集工作量大，而且许多数据很难或根本无法采集。五是需要将大量数据、模型、专家的经验和知识有机地融合到实验中。六是对从不同角度或侧面分析的实验结果，缺乏有效的系统综合方法。

解决这类复杂的问题，只能通过构建开放式群体研讨环境，集中诸多领域专家智慧，才能达成目的。一是通过研讨能够给出一个宽泛的问题概念框架，以防止实验人员在分析问题的细节时，迷失对问题本身的把握，从而避免方向性错误和整体性丢失。二是能够提高对需要实验的问题深刻、全面的认识，把实验问题逐步分解为局部或低层次的问题，直到便于进一步开展仿真分析、兵棋推演、实兵实验。三是由于联合作战实验问题的整体性，通过研讨能够在明确局部或低层次问题的基础上进行综合集成，再从整体上把握问题的全貌，给出问题的求解结果。四是由于联合作战实验问题的开放性与复杂性，必须以领域专家富有创造性参与，以计算机为代表的现代高新技术手段为支撑，形成一个人机高效综合集成的研讨环境。五是能够发挥人的主观能动性，综合利用一切可以利用的信息、数据、知识、模型和方法去解决问题。

20世纪80年代中期，钱学森就提出"系统论是整体论和还原论的辩证统一"，并把处理开放复杂巨系统的方法论表述为综合集成研讨厅体系。其基本观点是对于自然界和人类社会中一些极其复杂的事物，从系统科学的观点来看，可以用开放复杂巨系统来描述，解决这类问题的方法是从定性到定量的综合集成研讨厅体系。综合集成研讨厅体系就其实质而言，是将专家群体、数据和各种信息与计算机、网络等信息技术有机结合起来，把各种学科的科学理论和人的认识结合起来，建立一个既有大外围研讨人员参加，又有核心专家群体在研讨厅进行最终研讨决策的大外围、小核心、分布式、多层次、自下而上递进式、人机动态交互性的研讨、决策体系。可以说，研讨法的本质就是通过集中专家智慧，寻找联合作战问题的解决方案和途径,探寻联合作战基本规律。

对于人机结合的对抗性研讨模式,专家需要从不同的立场与角度出发,充分展示各方利益和意志力量的博弈与较量,甚至把对方逼到墙角,迫使其寻找对策出路。这种竞争性、对抗性和辩证性的研讨模式,结合了领域专家基于经验的定性分析和协作式研讨的特点,同时充分考虑了军事问题的对抗性特征,将专家研讨与对抗式推演巧妙地结合起来,不仅比传统的个人研究或专家集体讨论中的正反方模式更全面、更深刻、更有效,而且与其他作战实验相比又更加容易组织实施,因此其"含金量"也更高,更有利于对联合作战复杂问题本质和规律的深度挖掘。

2. 特点

一是强调定性定量结合,定性为主。研讨过程中,定性分析和定量计算有机结合并贯穿始终,在对联合作战问题的多方面定性认识基础上,通过模型、数据进行定量计算,再从多方面的定量分析,得出定性结论。通过对联合作战问题开展定性定量相结合的分析,深入研讨、反复分析来深化认识,最终目的是要实现在定性层面对联合作战问题的深刻理解和全面把握,获得较好的问题解决方案。

二是强调人机结合,以人为主。研讨法将专家群体头脑中的知识同综合研讨支持系统中的数据、模型和知识相结合,通过这些信息有机地相互作用,产生新的信息。研讨目的并不仅仅在于交流意见和达成共识,而是汇集多方面的数据、信息、模型和知识,结合军事专家群体的经验和智慧,形成一个群体协作、人机结合的巨型智能体系。在这个过程中,专家群体既是信息的产生者,也是信息的接受者,充分体现了人的智慧和作用,人始终是研讨的主体,机器主要起辅助和支持研讨的作用。

4.2.2 实施步骤

研讨类实验的具体形式有多种,大致可分为协作式研讨和对抗式研讨两类。本小节以对抗式研讨为例,说明其实施步骤。

对于对抗式研讨来说,最为理想的情况当然是给定初始情况后,各研讨小组进行自由研讨互动,不受任何外界因素的干扰,由各研讨小组的决策来共同推动态势向前发展,直到研讨结束。然而,如果没有科学合理的组织方法,这种理想状况是很难出现的。所以说,合理的组织方法是研讨成功的重要保证。整个研讨流程总体框架可采取依照时间和逻辑顺序组织,即先给出初始态势,再按事件发展的顺序逐步展开,层层推进,直到研讨结束。也可参照美国兰德公司设计的"日后"(the day after)三步演习过程进行设计,即把今后某个时点作为研讨的起始态势组织态势推演,根据推演的结果来确定当前决策内容,其流程设计和主要阶段安排如图4-2所示。

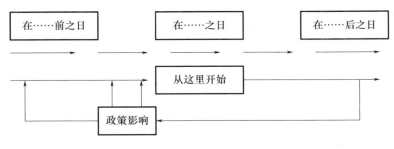

图4-2 "日后"研讨流程示意图

不同的研讨方式,研讨程序略有不同,但其基本流程是一致的,主要包括研讨准备、研讨实施、研讨总结三步。每一步骤中,参与研讨的人员根据其角色分工,需要完成相应的工作,如图4-3所示。

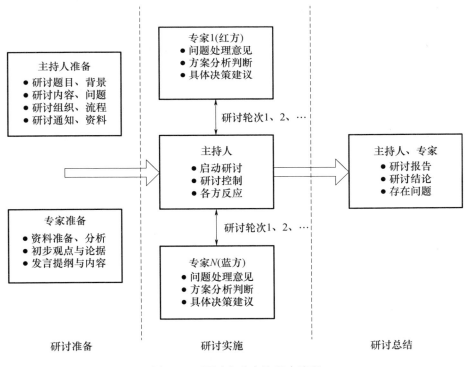

图4-3 研讨实验实施基本流程

1. 研讨准备

在完成实验设计后,即可着手准备实验实施。研讨类实验的准备工作,通常包括审定研讨题目、明确研讨要求、设计研讨实施方案等研讨前准备工作。

1) 审定研讨题目

研讨题目应言简意赅,不得出现争议或歧义现象,如"无人机在进攻作战中的运用问题研究"。同时,控制方和研讨专家都需要根据研讨题目,收集相关资料、整理观点、形成发言提纲。

2) 明确研讨要求

对本次研讨所要解决的具体问题和达到的效果进行明确。例如,以要地进攻作战为基本背景,开展对抗性研讨,探讨无人机在进攻作战中的使命任务、主要战法的问题。

3) 设计研讨实施方案

研讨实施方案的设计是指依据实验设计方案,制定更加详细的研讨流程,通常包含以下要点。

一是研讨任务。例如,总任务,采用对抗方式,运用集体研讨的形式,探讨无人机作战运用问题;完成时间2天;研讨结论,研讨无人机在进攻作战各个阶段中的使命任务、战法运用等问题。

二是研讨方式。例如,多方对抗式研讨方法可以采用"集中、分布、集中"的研讨方式进行。

三是研讨方法。例如,以对抗性"集中、分布、集中"的研讨方式,按照作战阶段,具体划分为三个回合进行:第一回合为联合作战布势和展开阶段;第二回合为集结航渡阶段;第三回合为抢滩登陆阶段。研讨按以上回合顺序执行,研讨日程表示例如表4-1所列。

表4-1 研讨日程表示例

星期二	星期三	星期四	星期五
9:00—10:00 熟悉情况和初始态势 10:00—14:30 第一回合:演练人员与控制小组开会研讨	8:30—12:00 第二回合:研讨人员与控制小组开会研讨	8:30—11:30 第三回合:研讨人员与控制小组开会研讨	9:00—11:00 控制小组进行总结
14:30—17:30 第一回合:控制小组分析问题,提出新态势	13:30—16:30 第二回合:控制小组分析问题,提出新态势	13:00—16:00 第三回合:研讨人员与控制小组分析问题、提出对策建议	

四是研讨人员编组。例如,多方对抗式研讨可以编设控制组、红方组、蓝方组和保障组。各组研讨人员数量按照参加研讨人数合理分配。

五是集成研讨资源配置。例如,场地配置方面,综合研讨场地分区可分为主研讨区、导演组工作区、红方组作业区和蓝方组作业区,保障组位于相应保障部位;研讨软硬件环境资源方面,硬件环境涉及搭建内部局域网将多台计算机互联,软件系统包括综合研讨系统、战场态势服务系统、各种仿真支持系统等;其他设备设施方面,还涉及大屏幕投影系统、电视监控系统、音响与会议系统、通信系统、安全保密系统、UPS 电源等。

2. 研讨实施

研讨实施,即召开研讨会议进行研讨实验,实验人员按照方案流程开展定性与定量相结合的研究讨论、综合分析,从而实现评估与优化对策方案的实验过程。研讨类实验支持实验人员集体对特定联合作战问题的研究和讨论,引发专家思维的碰撞或争论,综合集成专家的各种意见,达到优化决策方案的目的。研讨中,研讨专家充分运用各种定性分析、定量分析和综合研讨工具,对军事问题展开综合研讨分析,不断深化对实验问题的认识、优化解决方案、提出供决策者参考的意见和建议。研讨类实验方法多样,但其基本组织结构如图4-4所示。

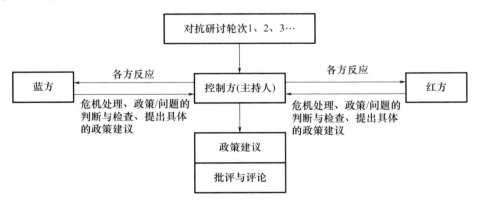

图4-4 多方对抗式研讨的组织结构

1)分头研究、分头决策

"分头研究、分头决策"是由实验的控制方给出情况,对局各方采取"分"的形式独立思考形成对策。在此过程中,控制方及对局各方通常位于不同的房间(或实验区域),并且各方之间不能进行交流。对局方按照扮演的角色分别进入情况,根据控制方发布的战场态势分别进行研讨决策。为增强研讨的对抗性,研讨决策情况在各对局方之间不透明。例如,在解决"无人机在进攻作战中的运用问题研究"这一问题时,红、蓝双方需收集相关资料,结合无人作战的特点、运用方式等,在给定背景下拟制相应的进攻、防御作战方案。还可以结合题目,开展必要的分析计算、仿真推演工作。

2）集中裁决、集中研讨

"集中裁决、集中研讨"是指当实验进行到研讨点,即问题研究的重点或者两个作战阶段的转折点,如战争由进攻转入防御、强敌开始干预等,为推动研讨继续进行,研讨可采用"合"的形式。所有实验人员,包括控制方和对局各方在同一房间(或同一实验区域),由控制方主持,对局各方一起开展集中式研讨,对先前的问题、对策及对策结果发表意见、交流看法、碰撞灵感,也可对后续的研讨进程进行讨论。通过这种形式,可以部分消除分歧、形成一定共识。

3）回溯式研讨

回溯式研讨是在研讨实验过程中,可根据实验需要暂停,并返回到以前的某个决策点,研讨各方重新进行决策,而后再进行态势演变。实验过程具有非线性特点,可根据实验问题的研究需要,返回到前面的时间点,对局各方可以做出与以前不同的决策,并且导演组也可视情给出不同的实验背景情况。这样,作战态势将会呈现不同的发展趋势,从而有利于研究不同决策对战局发展的影响。

4）综合研讨结论

围绕实验研讨问题展开综合讨论,集中专家意见形成一定共识,做出研讨结论。综合研讨结论的主要内容,通常包括研讨主题、实验编组人员、研讨基本过程、研讨的主要观点、研讨成果、研讨存在的问题及改进建议等。

可以看到,研讨不是按事先写好的指令进行的,而是相对自由的。除了假设的背景情况以及要讨论的问题,讨论的方向和结局由研讨专家自己决定。它不是作战模拟,也不是部署与调动军事力量,而是要包括整个需要解决的问题的各个方面。由于讨论过程是自由发挥的,事先不规定结论,所以有助于形成新思想及解决问题的新方法。

4.2.3 应用举例

在作战概念开发与验证、作战方案计划评估以及装备和技术能力需求论证等各种目的的联合作战实验实施过程中,都需要不同程度地运用研讨类实验方法。此外,在仿真分析实验、兵棋推演、实兵实验等大型综合实验中,都会穿插召开研讨会,在定性层面对联合作战问题的深刻理解和全面把握,逐渐获得对研究问题的深入了解,辅助优化实验问题解决方案。但总的来说,研讨法主要应用还是针对未来场景、重要敏感行动等问题的联合作战实验,重点在于测试作战概念核心思想和支持性观点的可行性。

1. "联合全域作战"概念开发

美军在提出和开发"多域战"概念过程中,就通过举办系列研讨会,广泛征集创新解决方案,并邀请工业界、学术界参与新技术实验,推动"多域战"概念在演习、协同作战和条令等方面展开工作。

2011年11月17日,美国参谋长联席会议主席马丁·邓普西将军在一次会议中提出了一个具有预言性的问题:"联合之后是什么?"答案可能就存在于多域作战概念中。在2016年美国陆军协会年会上,时任美国陆军训练与条令司令部司令大卫·帕金斯面对来自海军、空军和盟国的众多高层听众,首次使用"域"这一概念来描述美军所面临的严峻形势,阐述了"所有领域均受到挑战""单个领域的优势无法赢得战争"等观点,在随后的研讨会上,他正式提出了"多域战斗"概念。随后,包括美国国防部副部长在内的美军高层继续以"多域战:确保联合部队未来战争行动自由"为主题展开研讨,对"多域战"概念进行阐述,指出该概念旨在扩展陆军在空中、海洋、太空及网络领域的作战能力,以及与其他军种联合作战的能力,以帮助美军应对地区强国"反介入/区域拒止"能力带来的挑战。在2018年4月召开的一次有关多域战的各军兵种高层会议上,美国高级军事领导人担心俄罗斯等国家可能在战争之初即"征服"了美国的盟友,而美国制止它们的计划还在制订之中,没有准备好针对一个大国实施这种多域作战。2019年10月8—10日,北约联合空中能力中心(Joint Air Power Competence Centre,JAPCC)召开了主题为"为未来多域作战重塑北约"的会议,深入探讨了多域作战的意义、面临的挑战、多域指挥控制、多域特遣部队等问题,探索了美军及北约如何在新的作战环境下实现多域作战能力。2020年,美国空军协会将一年一次的空战研讨会主题确定为"多域战——从愿景到现实",会集了包括空军部长、参谋长在内的30多位美国空军最高领导层以及工业界、学术界和政府官员,就如何在马赛克作战概念下实现多域战,包括针对的"系统战""反介入/区域拒止"等挑战,如何更好地实现"杀伤链"闭合,并构建杀伤网等问题进行了讨论。

目前,"多域战斗"概念已演变为"联合全域作战",但仍处于开发状态,围绕其进行的研讨仍在进行。2021年,美空军大学《空天力量》夏季刊推出"联合全域作战"特刊。特刊首先由美空军大学校长詹姆斯·海克中将作序,阐述了其对联合全域作战的理解与认知,作为未来战略竞争的理论框架,联合全域作战对美空军产生了深远影响,为做出有效应对,空军必须转变观念,正视来自非传统领域的新兴威胁和颠覆性技术带来的各种挑战,将联合全域作战思维融入空军力量建设、组织架构、指挥模式、作战运用等方面。随后,来自美国、加拿大两国空军不同岗位的领域专家,围绕联合全域作战中指挥控制、情报支援和技术应用等方面的问题各抒己见。美空军学院助理教授海蒂·图霍尔斯基中校认为,未来作战环境离不开实时网络化指挥控制能力,作为支持平台整合和部队设计的赋能器,指挥控制被视为遂行联合全域作战所需的核心能力,空军必须充分考虑各种影响因素,以实现未来指挥控制能力的发展预期。美国太平洋空军司令部首席技术官兼首席数据官詹姆斯·哈德森提出,在绝大多数情况下,目前的网络安全模式无力应对恶意网络行为体,为了在多域环境下确保联合部队能够顺利执行任务和获取网络优势,国防部应当立即转变现有的全球互联网模式。加拿大皇家空军第 14 联队指挥官布伦丹·库克上校提出,现有 ISR 系统在融合分析多源传感器数据和分发实时信息方面还存在一定局限,亟须探索挖掘人工智能在处理情报、监视、侦察数据方面的潜力。

这一系列研讨会,展现了美军由"多域战斗",到"多域战",再到"联合全域作战"概念的发展历程,以及美军各军种、各个层级对概念的理解和认识的演化过程。当然,这也为读者了解掌握美军相关作战概念的发展及应用提供了很好的参考借鉴。

2. "施里弗"系列太空战演习

美军自 2001 年开始的"施里弗"太空战演习,截至 2023 年已经举行了至少 15 次。该系列演习最开始每两年举行一次,后来演变为年度例行演习,并且每次主题都不相同。其核心目的在于推演未来大国间可能发生的太空战,并据此调整美国太空军事力量在战略战术、转型建设、装备研发、作战运用等方面的政策,为将来可能发生的太空战积蓄力量、做好准备。空间武器装备技术复杂、投资和风险巨大,实际攻击太空卫星会造成太空垃圾或其他灾难性事故,再加上政治敏感性强,因此该系列演习并未采用实兵演练,而是以研讨、思想碰撞以及仿真推演等方式模拟太空作战组织指挥与进攻、防御行动,推动新概念武器装备及其技术发展的需求论证和演示验证,提升其太空作战能力。

以 2010 年 5 月 7 日至 27 日在内华达州内利斯空军基地进行的"施里弗"-6 太空战演习为例。本次演习由美国空军航天司令部空间创新与发展中心组织实施,来自美国、澳大利亚、加拿大以及英国的 30 家机构大约 350 名军事、政治、经济、社会学专家参加此次演习,包括空军航天司令部、陆军航天与导弹防御司令部、海军网络与航天作战司令部、国防部长办公厅、国家航空航天局和商业部等在内的 24 家美国机构参与了演习。演习想定的时间是 2022 年,想定的具体场景是在西太平洋一隅,美国在该地区的盟友之一在当地正进行着某种军事行动。美国"势均力敌"的对手认为这样的行动对其是严重挑衅,因此迅速破坏了美国盟友的空间和网络电磁空间系统。紧张关系进一步升级,美同"不得不"采取行动。演习的目的是阻止美国"势均力敌"的对手对美国的空间与网络电磁空间系统进行毁灭性打击。具体内容包括:①研究美军空间与网络电磁空间的备选概念、能力和力量态势,以满足未来需求;②评估空间与网络电磁空间对未来威慑战略的影响;③探索一体化的规划流程,研究使用综合手段保护空间与网络电磁空间领域,并实施相关作战活动。通过演习,主要得出了7个方面的结论:①美军的决策和反应严重滞后;②美国空间系统对敌方首次打击的耐受力在下降;③难以鉴别空间和网络电磁空间领域的参与者;④难以确定空间和网络电磁空间战场上的战争规则和战术;⑤适度反应和态势控制的问题在演习中日益凸显;⑥强调在未来全球冲突背景下的空间规划与威慑;⑦突出了空间和网络电磁空间一体化支撑国防的重要性。

在演习结束后的总结研讨活动中,时任美国空军航天司令部司令罗伯特·科勒上将充分肯定了演习结果,指出:"(美)盟国、商业和工业合作伙伴、政策专家、资深政治家在内华达州内利斯空军基地组建团队,他们的视角和深刻见解增加了演习的复杂性,并揭露出关键政策问题。"并且专门强调:"本次施里弗系列演习远不止内利斯空军基地的一次演习,而是始于2010年2月的'高级领导研讨会',因为此次研讨会聚集了美国政府、盟国和工业界的重要领导,并提供了一个平台,以探讨'施里弗'-2010的作战想定并阐明可能在未来冲突中影响政策和决策制定的关键空间和网络空间问题。"可以看到,此次演习始于研讨,也终于研讨,充分体现了从定性到定量,再从定量回到定性的综合集成过程,也说明了研讨对于开展联合作战实验的重要作用。

4.3 仿真分析实验实施

仿真分析实验的实施,首先按照实施计划,完成配置实验运行环境、选择或完善仿真模型、输入实验数据和运行参数等一系列准备工作,然后运行仿真实验系统,并进行各种实验控制,适时调整实验策略、采集过程和结果数据。

4.3.1 原理与特点

仿真分析实验,也称为"人不在回路"的仿真实验或构造仿真实验,这类实验方法的实施过程以计算机建模与仿真为主要手段,对联合作战问题进行研究分析。其主要特征就是"虚拟的人在虚拟的环境中",具有高可控性、灵活性、易重复等特点。

1. 原理

根据作战实验的一般过程,可以建立仿真分析实验的基本框架,如图4-5所示。该框架包括联合作战问题分析、仿真分析实验设计、实验运行与管理、实验综合分析等部分,既反映了仿真分析实验系统的基本结构和实验过程,也反映了仿真分析实验的生命周期,体现了从定性向定量的分析,再从定量向定性综合不断螺旋上升的过程。

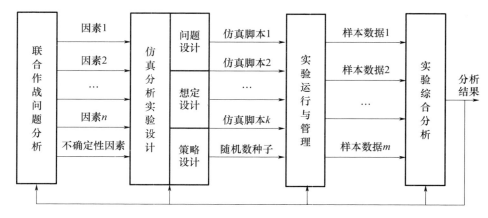

图 4-5 仿真分析实验框架

可以看到,仿真分析实验,本质就是将计算机建模与仿真方法作为手段,以联合作战问题为研究对象而进行的实验活动。通过将人们对联合作战问题的认知过程与仿真实验结合起来,将各种想定背景条件下设计规划的多种方案,以及各种方案的各种可能因素,在虚拟作战环境中进行多样本的受控仿真实验,从海量实验数据结果找出与实验分析目标相关的因素和条件,并不断修正分析人员的知识,最终用数据来解释达成分析目标的关键因素和具体方法。仿真分析可以是基于数据的、基于作战事件过程或基于智能分析的,但其基础是数据模型和实验仿真方法。

这类实验通过仿真模型,实验人员将预先准备的数据输入模型系统中,模型系统通过仿真计算形成实验结果数据。实验过程中,实验人员关心的是模型能得出什么结论,人与机器的交互只是在进行数据输入和输出时产生,在系统运行过程中则不作干预,不参与事件的决策。仿真分析实验可以根据需要,反复进行,使参与者能够系统地改变输入参数(如不同的作战行动方案),从而实现实验场景的比较。因此这类实验适合于作战方案分析和武器装备实验,如进行作战计划研究、作战方案的评估、预研武器的作战效能评估等。仿真分析实验方法是支持作战实验最主要的定量分析手段,也是作战实验方法的基础,在综合研讨、兵棋推演和实兵演习方法中都需要以仿真分析方法为基础或重要依据。

2. 特点

1)高可控性

使用仿真分析实验方法研究联合作战问题,可以根据预期目的,在完全人工控制的条件下对战争进行研究。特别是通过模型和数据的控制,能够较为容易地通过改变某些参变量的取值,对实验过程加以控制。例如,可以通过突出所研究问题的某一方面属性或活动过程,排除不必要的因素以及外界的干扰;可以将作战的应用条件置于一些超常或极端情况下,观察应用效果及变化规律,探索实验问题的边界条件;可以在实验过程中选取适当的因素进行不同的组合,系统地观察各因素以及不同因素组合与作战应用效果之间的对应关系。

2)灵活性

与其他作战实验方法相比,仿真分析实验方法的组织与实施过程是相对较为简便的,因此实验实施具有较高的灵活性。最简单的作战模型运算,甚至只要用纸和笔就可以进行;较复杂的作战分析实验工作,个人计算机在大多数情况下也是可以胜任的。此外,组织实施过程中,在人员、设备、资金等方面的需求和消耗也都远远小于综合研讨和兵棋推演的需求和消耗,更不用说和实兵实验相比了。

3)易重复

仿真分析实验中,其实验程序、决策和事件顺序是预先确定的,事件的不确定性受到限制,其实验过程可经历多次反复,直到最终得出典型的数学期望值。这样的分析能够为设定条件下的实验结果提供有重要意义的深刻认识。因此,仿真分析实验更适合于强调可定量性和可重复性的情况,或者说是强调一般情况而不是例外情况,但该方法对分析战争中的不确定性因素,解释那些尚未结合其模型中的现实因素,特别是人的决策因素等有很大的困难。

4.3.2 实施步骤

仿真分析实验的实施过程,主要是按照实验实施计划,配置实验运行环境、选择适当的仿真模型、输入实验数据和运行参数、运行仿真实验系统、进行各种实验控制并适时调整运行策略、采集过程和结果数据的过程。

1. 实验准备

实验准备阶段是实验成功的基础,是实验全过程中的重要阶段。美军一个大型综合的战役级仿真实验通常需要12~18个月的时间用于准备,约占整个实验过程的40%。从这一点可以看出实验准备阶段的重要性。

1)配置实验运行环境

实验环境是开展作战实验的基本保障,也是开展作战实验的必要条件。具体来说,其主要包括与作战实验相关的软硬件系统和设备,以及连接它们的通信网络设施,自动采集数据需要的设备以及支持结果分析需要的系统等。配置实验运行环境是为了实现对复杂系统分析仿真实验而建立的一个面向联合作战问题的对抗仿真环境,以管理和控制仿真实验的运行。一般情况下,仿真实验系统调整完善的准备工作包括：模型和运行规则调整完善；数据自动采集功能调整完善；实验系统调试及试运行等。

（1）模型和运行规则调整完善。模型和运行规则调整完善是仿真实验系统调整完善的重点内容。作为仿真实验系统的核心，模型和运行规则是确保模拟仿真能够真实反映作战规律的关键。在实验运行过程中如果出现功能性或可用性方面的问题，将对实验所采集数据的性质产生影响，这必然影响数据的分析和实验的结论。仿真实验系统的模型应能支撑所选定的联合作战背景中作战行动及其效果的模拟，应能支持实验想定中作战力量的可能作战行动及其效果的模拟。双方作战行动、武器装备运用、对抗裁决等规则应与作战想定中双方作战基本想定相配套。

模型与规则的准备来源主要有两方面：一方面，选用已有的模型和系统。已有模型和系统，特别是经过校核、检验的模型和系统应是首选。这样的模型和系统不仅可以增加实验结果的可信度，而且可以减少人力、物力的支出。另一方面，在没有符合条件的现成模型和系统可用的情况下，只有专门研制实验模型和系统。为了一次实验专门研制的模型和系统可以有较好的针对性，但毕竟投入大、耗时长，并且自研的模型和系统在有效性和可靠性上也需要加以验证。因此，大部分情况下，是在已有系统之上，通过增加、修改模型和规则，来建立实验模型和仿真系统，并在应用中不断完善，另外，这也大大缩短了模型和规则的准备时间。

（2）数据自动采集功能调整完善。根据作战实验数据采集计划，对仿真实验系统的数据采集功能进行调整完善。要注意了解掌握仿真实验作战背景、评估指标、评估方法等，这些都会对仿真实验系统数据采集提出不同的要求，需要根据这些要求，对仿真实验系统的推演过程事件信息及行动结果信息等数据自动采集功能进行调整完善。同时，为了便于实验综合分析系统使用采集到的数据，仿真实验系统输出的数据格式也必须能够被实验综合分析系统的数据抽取模块所识别，并能被规范地抽取到分析数据库中。此外，还需要根据实验的目的和评估要求，调整实验中数据采集的内容和速度，既要满足实验分析需求，又要节约资源。

（3）实验系统调试及试运行。联合作战问题十分复杂，可能需要多个分系统、子模型综合完成。根据实验目标选定要使用的模型，一般都是以模型组合的形式选择的。通常单个模型都能正常工作，但在一起工作、交换信息或访问同样的数据时可能就会出现问题。因此，在对模型和运行规则、数据自动采集功能调整完善结束后，就要对仿真实验系统进行整体调试及试运行，以保证仿真实验系统能满足实验要求。实验系统调试及试运行，需要有相应的联合作战想定、红蓝双方作战基本想定、红蓝双方作战方案及作战行动计划配合。这些想定、方案和计划,可以是将要正式实验的部分想定、方案和计划,也可以是专门拟制的较为简化的调试用想定、方案和计划。

2)实验数据准备

仿真分析实验以"人不在回路"的方式运行,利用仿真模型,依据军事想定对相关军事问题进行仿真模拟。其运行正确与否完全取决于模型、数据的合理性和可信性。仿真模型的运行需要大量武器装备、兵力部署、作战目标等基础数据的支持。因此,仿真分析实验需要准备的数据,除基础数据和想定数据外,主要是各种类型的仿真模型及其支撑数据,如武器装备数据、打击目标数据等。

3)设置仿真运行参数

设置仿真时间、步长与次数等运行参数,主要是依据实验设计方案中对于仿真策略的规定。对于随机仿真或者探索性仿真实验而言,通常采用重复实验方法以便在一定程度上消除实验的随机性误差,但是,对于复杂的联合作战仿真分析实验,重复的次数太多是困难的,有时甚至是难以实现的。因此,在实验设计中,可以使用增强实验敏感度的方法,对重复次数做出估计。通常设置仿真次数有人为设定和计算机估算两种方式。计算机估算一般是通过对样本进行分析,在给定的误差限和置信水平的限定下,对实验次数进行估算。

4)后勤保障安排

为了使实验活动能够顺利实施,还要做好系统保障和技术保障等各种服务保障工作的安排,组织一定的技术力量和各种备件随时准备投入维修工作,以保证各种设备、器材、系统在发生故障时,能及时恢复。

2. 实验实施

如果实验设计合理,准备充分,仿真分析实验的实施阶段则会相对顺利,主要是进行仿真运行控制、实验记录等工作。

1)仿真运行控制

作战实验的运行是在实验设计的基础上,由仿真系统根据实验方案输入有关数据运行相应模型,共同完成规定仿真脚本运行并产生实验数据的过程。首先按照输入的想定条件和仿真目标,在相应模型规则驱动下按照一定的时序完成对方案执行过程的仿真,从而得到仿真结果。作战实验运行控制是通过对实验过程、运行方式以及各种仿真模型的控制和管理,完成实验计算、实验过程观察、实验数据收集等工作的活动。这个过程可以反复进行,直至得到实验结果或者实验过程终止时为止。

根据作战实验的类型以及应用的不同需要,作战实验的运行方式也有所不同。通常,仿真分析实验运行方式主要有单次仿真、样本仿真和参数化样本仿真三种模式。

（1）单次仿真。单次仿真是对一个给定的想定数据下的行动方案进行一次模拟仿真的过程，仿真分析将根据在此仿真运行下获得的数据进行。这一类仿真强调对推演过程观察和研究，通常用于演示型实验模式。

（2）样本仿真。样本仿真是对一个给定的想定数据下的行动方案进行多次重复仿真的过程，相当于一个运行下的多个重复脚本的运行，也可以看作对单次仿真的反复运行。这一类仿真强调在同一条件下对随机因素的分析。

（3）参数化样本仿真。参数化样本仿真是对样本仿真的进一步扩展，即针对参数化可变的模拟脚本数据集合，采用多种不同的行动方案，在此基础上进行的多次重复仿真的过程。参数化样本仿真相当于多个不同运行下的多个重复脚本的运行，它既改变参量的水平值，又继续观察不同的随机因素对实验的影响。这一类仿真用于对整个参量空间进行全面探索，属于综合性仿真分析。

2）实验记录

实验数据的收集是根据数据采集计划对仿真运行过程中的数据进行采集和存储的过程，数据收集成功与否，决定了数据分析的质量，进而决定了作战实验的成败，因此，在实验过程中以及实验结束后都需要进行数据的收集，并确保数据收集满足实验设计的要求。

数据收集方法主要包括自动数据采集、实验现场观察记录、会议记录以及向有关人员发布调查问卷等方法。相比其他实验方法，仿真分析实验的数据采集最容易实现自动化，只需要确定好需要采集的数据内容即可。但是，为了便于实验综合分析系统使用采集到的数据，仿真实验系统输出的数据格式必须能够被实验综合分析系统的数据抽取模块所识别，并保存到分析数据库中。因此，数据收集需要建立统一的数据输出规范。

数据收集具体内容与实验目的紧密相关，必须包含综合分析所需的全部数据，否则无法得到有效的实验结果。

4.3.3 应用举例

仿真分析实验方法作为联合作战实验的主要方法，几乎可以用于各类作战实验。仿真分析实验方法在联合作战实验中的应用主要包括以下几个方面。一是分析作战行动的效果。在联合作战实验中，实验人员经常需要在可控条件下观察研究作战的详细过程，分析各种作战行动的效果和相互关系，以及各作战要素行动对联合作战结果的影响，完成这项工作的最有效方法就是仿真分析实验。二是分析评估作战方案。联合作战实验的一个重要用途是分析评估作战方案。通过仿真分析实验可以对作战方案的实施过程进行模拟并观察行动效果和作战过程,从而对作战方案进行评估,探索优化作战方案的思路与方法。三是分析武器装备体系的作战效能。分析武器装备的作战效能也是联合作战实验的一种重要用途。通过仿真分析实验研究武器装备战术技术性能参数对作战效能的影响,了解武器装备不同作战运用方法的效果,为重大武器装备的论证及作战运用研究提供支持。下面以"瓦纳特战斗"仿真实验为例介绍仿真分析实验的具体应用。

2011年,兰德公司河谷研究中心为响应美国陆军"四年防务评估检讨"办公室的需求,以一次真实的战斗——"瓦纳特战斗"为案例,运用陆军"两面神"系统,采取建模仿真的方法对美军在阿富汗地区遇到的一系列问题进行了深入的研究。虽然其规模限定在排一级,但从实验背景和参加作战的力量(包括陆军和空军)来看,仍然是一次典型的基于仿真分析的联合作战实验。

1) 实验目的

美军在阿富汗作战期间,类似这种袭击经常发生,虽然美军训练、战技术水平优势明显,但面对阿富汗武装分子袭击时仍然力不从心,那么,有没有更好的方法提升分队的防护能力?通过仿真分析实验对"瓦纳特战斗"这一真实案例进行分析,主要目的:一是找出美军在类似作战行动中的不足,包括态势感知和防护能力等;二是挖掘出可能提升部队防护能力的措施,以优化美军在阿富汗战场的兵力部署和作战方案。

2) 实验想定和方法

实验想定根据美军在阿富汗作战期间遇到的真实作战案例进行设计,确保了实验想定的合理性和科学性。仿真过程主要分为三个阶段:

第一阶段:武装分子突袭。20××年7月12日深夜,塔利班武装分子假借灌溉沟渠制造噪声,掩盖其车辆前进的声音;7月13日4时20分,塔利班武装分子用机枪、火箭弹(RPG)以及迫击炮向美军基地开火;同时,另有约100名武装分子从美军基地周边农田向卡勒战斗前哨袭击,美军部分120迫击炮及弹药被摧毁;紧接着,武装分子用RPG击中美军"陶"式导弹发射器和美军指挥所;4时40分,武装分子持续攻击基地观察哨,造成美军1死3伤,美军以机枪、手榴弹和迫击炮还击,此时部分武装分子已越过障碍,并向基地前进。

第二阶段:美军还击。面对武装分子攻击,美军以空中地面联合作战方式展开还击。7月13日4时50分,美军AH-64"阿帕奇"攻击直升机和攻击无人机抵达基地周边支援地面部队,UH-60"黑鹰"直升机运送补给,并将伤员运送至附近营区,A-10攻击机和F-15E战斗机实施空中支援,协助地面部队清扫战场。

第三阶段,战斗结束。7月13日8时20分,塔利班武装分子遭美军火力压制后撤离基地,最终从瓦纳特地区撤离战场。

为了实现实验目的,兰德公司运用了陆军"两面神"仿真系统对此次战斗进行仿真复盘,通过量化评估各项指标,分析提升态势感知和防护能力对战斗进程的影响。

3)仿真分析实验设计

兰德公司并未完全公布此次实验的详细设计。从公开渠道,能够知道兰德公司在仿真分析实验过程中,考虑的影响因素包括:①每个单元的战斗效能数据,如远程高级侦察监视系统和增强型目标捕获系统的覆盖范围、及时性和精准度等;②每个单元的防护能力数据,如指挥所、观察哨和其他战斗单元,数据的设置主要是根据真实战斗中的战损数据。此外,实验中还考虑了部队输送能力、机动能力等多种因素的影响。

4)实验结果及结论

本次实验历时几个月,对瓦纳特的卡勒战斗前哨遇袭事件进行了深入分析,通过调整各项参数取值,仿真系统能够得出与真实战斗一致的结果。

通过对实验数据进行分析,兰德公司发现了美军在作战中存在的问题,如战斗开始之前,塔利班武装分子就进入瓦纳特地区设置射击阵地,但美军并未侦察到塔利班武装分子这一行动。兰德公司还从防护、监视和武器选择等方面提出了多项建议,如需要提前察觉到武装分子在该区域的活动,沿着基地周边安排徒步巡逻,对观察哨和防御部署进行优化,增强武器和迫击炮火力与数量,以及155mm榴弹炮火力支援和近距离空中支援需要更高效及时等。

4.4 兵棋推演实验实施

兵棋推演实验由设计阶段进入组织实施阶段时,一方面要继续做好实验的各项准备工作,另一方面要及时把工作的重心调整到实验的组织实施上。兵棋推演实验的效果和质量在很大程度上取决于实验的组织领导。因此,正式推演开始之前,应根据具体推演实验计划,认真做好各项准备,事先预想各种可能出现的场景。实验组织实施过程中,需要集中精力、全神贯注、有条不紊地组织实施对抗推演活动。

4.4.1 原理与特点

兵棋推演实施过程与真实的作战指挥具有很高的相似性。这类实验实施具有强调人在回路、对抗性博弈、推演实验过程、量化裁决、动态迭代分析等特点,可体现出一些非军事和非技术因素对决策的影响。

1. 原理

棋盘、棋子与规则是兵棋的三要素,通过相似原理模拟战场环境、作战力量、作战行动及效果。兵棋推演通常采用的是人在回路的方法,也就是军事人员直接扮演红蓝双方的指挥员或指挥机构,只是部队变成了棋子,战场换成了棋盘,部队行动受双方指挥员控制,部队行动符合事先制定的符合军事经验和作战规律的兵棋规则,从这个意义上讲,兵棋推演与和真实的作战指挥具有很高的相似性,如图4-6所示。理想的兵棋推演就是像真的打仗一样来进行推演。

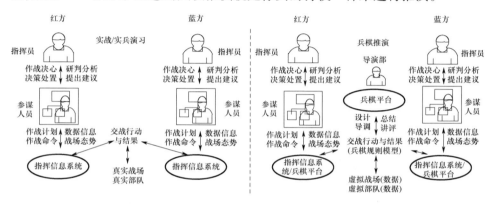

图4-6 兵棋系统原理

兵棋推演实验通常按作战"回合"进行,它规定了推演双方的走棋次序和内容。一个回合由两个时间段组成,第一个是角色小组决策时间段,由控制小组给出当前态势(发生的事件和时间集合),角色小组成员在此时间段内根据当前态势进行分析、决策。第二个是控制小组态势推演时间段,由控制小组根据角色小组提交的决策,组织讨论或由分析模拟系统模拟评估决策结果,给出下个态势结果和发生时间,也即产生新的事件和时间。控制小组将模拟时间往前拨到相应的时间,提交给另一个角色小组进行决策。这样,模拟过程时间以"回合"方式向前推进。

回合制有三种类型:①同时。每一回合开始后,各角色小组同时进行决策,如图4-7所示。这种方式有一个缺点,角色之间的谈判机制很难体现,角色小组在一个回合内,想通过传递信息影响对方的决策不容易做到,信息传递要等到下一回合才能实现。②顺序。每一回合先让一个角色小组决策,再让另一角色小组决策,这样,各角色小组轮流顺序决策,这样角色之间的谈判机制比较容易实现,但是延长了兵棋推演所进行的时间,如图4-8所示。③混合。在兵棋推演的全过程当中,根据需要,混合使用同时和顺序两种机制。根据需要可以设置不同的人员分组、角色、决策时机、模拟时间推进机制和回合数,从而形成不同的推演实验机制。

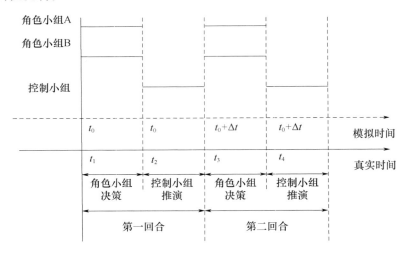

图 4-7　同时决策回合制

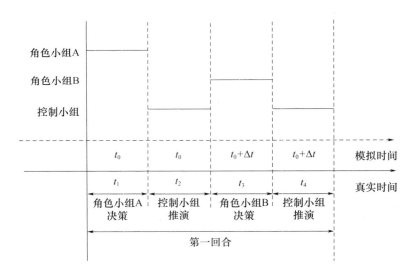

图 4-8　顺序决策回合制

当然,兵棋推演也可以采用"连续"推演方式进行,按照"1∶1"的步长,时差与真实的"打仗"完全一样,对抗双方在不透明的战场上各自连续依据动态变化的态势进行决策,采取各种作战行动。兵棋系统通过对抗结果的裁决,形成新的态势,对抗双方再进行决策。为了加快推演速度,可以调整步长,如"1∶3""1∶5"。但步长过快,可能会导致在推演回放中的数据拥堵直到来不及采集,这种"失真"会影响推演结果。

2. 特点

1）强调人在回路

兵棋推演联合作战实验的关键在于参与推演实验的"人"，它特别强调"人"在回路，因为战争是人与人之间的战争，不是武器与武器间的战争。战争制胜关键在于指挥员，而非武器。这也是兵棋推演与武器装备仿真最大的不同。相对于仿真分析实验而言，这种实验活动更能代表真实作战中人的参与所带来的偶然性及主动性。

2）强调对抗性博弈

兵棋推演一定是对抗式的，具有很强的博弈性。对抗的前提是必须要有能够独立思考的对手，可以是专业人员扮演的"敌方"，也可以是由实验人员根据联合作战实验的问题和目的设置对手。这都要求各方在对抗中能够根据态势随机应变，发挥出主观能动性。对抗性是兵棋推演联合作战实验最基本的特征，这个特征与实际的作战高度一致，战争本身就是对抗的。因此，兵棋推演联合作战实验必须要在对抗环境下进行，可以激发出双方的潜能和创造性，也更容易暴露问题。此外，和谁对抗很重要，同样一支军队，和不同的对手作战，打法不一样，能力不一样，效果也不一样，因此联合作战实验迫切需要专业化的蓝军队伍，他们长期研究作战对手，能够演得像蓝军。

3）强调推演实验过程

兵棋推演不是只研究作战的一个局部或者一个侧面，而是从整体上模拟一次战斗、一场战役甚至整个战争；也不是完成某一个简单的计算，是对作战过程中进行全过程、全要素的动态推演。不仅反映总体性、体系性效果，而且反映这种体系对抗随时间的动态演化过程。因此，兵棋推演是一种整体性、动态性的综合研究方法。

4）强调量化裁决

兵棋推演中对任何作战行动的裁决都是建立在定量化基础上的。因此，对任何作战或保障行动每一步产生的结果，都应该以战场环境（棋盘）情况、作战部队（棋子）能力、作战行动过程等作为依据，加以比较、计算和修正后做出的合理裁决。例如，部队的战斗力指数大小、道路对机动的影响系数、侦察感知的情况、部队通信能力等，都是裁决依托的重要基础数据。这些数据既可以来源于科学规律，也可以来源于作战经验。兵棋特别强调对历史经验的总结，而这种总结最后也要转化为数据才能使用。这与简单的定性评估、大而化之的数量比较是截然不同的。

5）强调动态迭代分析

兵棋推演的过程性本身就说明了推演的动态性，但这种动态性还反映在分析评估方面。战争复杂性、战场随机性的存在,任何不确定性的事件都有可能发生,甚至每次推演产生不一样的结果都是十分正常的。因此,对兵棋推演联合作战实验,一次实验的结果是不能说明问题的,实验人员的注意力应放在推演实验过程中出现的那些"意外"情况,并通过多次进行动态迭代分析,找到为什么会出现这样的结果。

4.4.2 实施步骤

兵棋推演实验不仅可以依托计算机兵棋组织大型对抗式推演,也可以组织桌面推演。不同类型的兵棋推演,在组织实施上既有共同点,也有一些差异。其中,根据推演过程的特点,计算机兵棋推演又可细分为分析型兵棋推演和连续回合制兵棋推演。本小节首先介绍计算机兵棋推演实施步骤,其次分别讨论分析型兵棋推演和连续回合制兵棋推演实施步骤,最后介绍桌面推演实施步骤。

1. 计算机兵棋推演实施步骤

大型计算机兵棋推演实验实施,需要根据实验计划,进行充分的实验准备,其实施推演的过程也非常复杂。兵棋推演实验的准备,是指组织与参与者在进行对抗推演实验之前所完成的一系列工作,包括场地设施、实验文书、人员培训等。准备工作充分与否,将直接影响研究问题的深度和质量。推演实施是兵棋推演实验的主体部分,本质是一系列作战模拟实践活动。

1)实验准备

兵棋推演的准备工作,根据推演的规模、目的、问题不同,其繁简程度也不同。联合作战实验的兵棋推演通常规模较大,研究分析的问题比较复杂,因此在实验开始前需要进行充分的准备。一般要拟订推演计划,并根据计划做好文书,成立导演裁评机构,确定实验人员编组,完成场地、器材和技术准备,兵棋系统操作培训和练习等准备工作,视情还要组织若干次试推。为提高准备工作效率,多项准备工作可以同步或穿插进行。具体来讲,大型计算机兵棋推演的准备工作主要包括以下方面。

(1)实验场地设施准备。设施是推演实验的物质条件,包括实验所需的场地和各种设备。

一是实验场地准备。实验场地设施是推演实验的物质基础和基本保证,其好坏程度很大程度上直接影响和制约着实验的效果。因此,在场地设施准备时,应以服从和服务于实验为目标,精心组织,密切协调,确保规范、合理、适用。在进行对抗推演实验时,主要的场地包括推演评估大厅、红蓝作业室、设备控制室等。推演评估大厅是对抗推演实验的主要场地。兵棋推演的场地通常位于室内。准备内容包括场所的选择、分配和布置。场所的容量应当对应实验的规模、人员展开工作和器材配置的要求，并根据参加单位和人员的需求进行恰当的分配，对抗的红蓝双方的各部位场地应相对。

二是推演系统准备。目前，推演类实验主要是以计算机兵棋系统为推演工具。以计算机兵棋辅助的推演实验，所需的设备主要包括计算机系统、数据库、模型系统三部分。

计算机系统由硬件和软件两部分组成，要求硬件配置齐全，软件功能完善。对软件的准备主要包括数据库和模型系统两部分。

数据库包含所有辅助参加实验人员决策的信息，包括可供使用的兵力、环境条件和其他技术因素。由于决策在兵棋推演实验中的重要意义，数据库必须为参演人员提供清晰、准确的信息，并能用简便的方式获得信息。根据实验的需要，计算机系统应当经常检查、充实和更新数据库。

模型系统通常包括表册和数学表达式等，将模拟的数据和决策翻译成模拟事件。模型必须足够灵活，以便处理实验人员的决策。模型库必须完备，各类模型应该得到很好的校验，以保证实验的可信度。大型计算机兵棋系统的模型主要包括实体与环境模型、行动模型和裁决模型。实体与环境模型描述了作战部队、装备设施、战场环境及各类目标的组建结构与方法，如作战部队的描述参数有哪些，作战部队的建制关系如何描述等。行动模型包括陆战、海战、空战、导弹战、信息作战、特种作战、情报战等各类行动，描述作战部队每个行动及动作应该遵守的条令条例、限制及约束。兵棋模型还必须反映各方的作战特色、作战行动特点和作战思想，体现各方有关条例、条令对作战行动的约束。裁决模型主要描述作战行动的效果，如火力毁伤效果及作战行动对其他作战实体产生的影响与交互等。

最后，必须对计算机系统硬件和软件进行调试。着重检查系统的硬件能否正常、稳定、持久地运行，软件模块的功能是否符合实验的要求，系统的软件和硬件是否兼容等。调试的目的在于使军事人员和技术人员及时发现和解决系统出现的问题。

三是通信系统准备。根据实验的需要，兵棋推演实验的各个部位应当配有通信器材，如进行通播或专向广播的有线广播器材、电话机、传真机等。各种通信设备可互相配合使用并保持畅通，构成导演部与红蓝双方实验部位及其他部位之间的通信网络保障，发布实验情况，接收决心报告等。

四是视频、音频系统准备。在兵棋推演的各个实验部位，应当配备视频、音频系统。导演部通过该系统实时掌握红蓝双方的各种活动情况，监控实验的全过程和对模拟的过程实施必要的干预。

（2）拟制实验文书。兵棋推演实验的文书，通常包括实验基本方案、实验计划、企图立案、实验想定及导调文书等。

一是实验基本方案。兵棋推演实验的基本方案是从实验全局的角度出发，对实验所作的总体设计和原则规定，是规定了实验目的、要求、内容、方式等重大问题的总体性指导文书。基本方案规范实验的各项工作及其内部联系，是组织实施兵棋推演实验的基础。实验基本方案的主要内容是实验课题、演练目的、演练方式、研究内容、主要演练问题、演习时间及步骤、实验组织机构和实验导调机构等。

二是实验计划。兵棋推演实验计划是根据所要实验的内容和要求，对实验的主要演练问题、演练时间、演练方法、实施步骤、演习组织和人员分工等项目的统筹安排。制订实验计划是为保证实验有计划、有秩序、按步骤地顺利进行。实验计划一般分为实验准备计划、实验实施计划、实验导演计划和实验保障计划。

实验准备计划是对实验准备工作的统筹安排。实验人员应当根据实验准备的时限和要求，统筹安排并拟制实验准备工作流程。实验准备计划的主要内容是实验准备的目的、实验准备的起止时间、准备工作的人员分工、各项准备工作的负责人员、准备工作的程序和方法、准备工作的保障措施、要求及注意事项等。

实验实施计划也称实验总计划，是对实验全过程各项工作进行总体安排的基础文件。通常供导演部内部使用，以便掌握、协调、控制实验内容和进程。实验实施计划的主要内容是实验的时间安排、实验的组织机构、实验的职责区分、实验的人员配备、实验的场地分配、实验的规定和要求等。

实验导演计划也称实验推演计划，是对实验推演过程的具体安排，是保证实验顺利进行、确保实验指导工作人员协调一致工作的重要文书，是实验推演实施的依据。实验导演计划仅供实验指导人员内部掌握使用。制订实验导演计划必须以实验为中心，全面考虑实验的各个方面、各个环节；要充分估计实验可能出现的情况，要通盘运筹、突出重点、仔细计算；在执行前，一般还应经过实验指导人员预先推演。

实验保障计划通常包括兵棋推演系统保障、通信保障、电教保障及有关附属设备的保障以及导调人员、实验人员所需用品的保障。为保证实验工作顺利进行，特别应当关注兵棋推演实验的技术保障计划。

三是企图立案。企图立案是以实验基本方案为依据，对实验综合情况、红蓝双方作战指导及行动的基本构思和总体设计。它是拟定实验想定的基本依据，是组织和实施实验的基本文书。其通常作为导演部掌握和使用的内部文书，主要内容是：

实验目标和目的。实验目标是实验课题的进一步明确和概括，中心是说明实验的作战背景、作战类型及样式、战场环境、作战力量、自然条件等。实验目的是根据实验题目和实际的需要,明确实验过程所要解决的问题。

背景情况是设定红蓝双方所处的作战背景、战场态势和影响作战的基本条件,以便对抗双方根据这些情况进行实验。

红蓝双方作战企图是指双方作战行动所要达到的目的和采取的基本手段,是企图立案的核心部分。通常包括作战企图、作战方向、作战方法和作战时间等。作战企图在内容上要通盘考虑,围绕实验,以便形成对抗的环境,促进双方对抗的不断发展。

红蓝双方作战任务是明确各方各种兵力需要达成的目标。

红蓝双方作战力量是根据战法的层次和特点,对双方作战力量的说明。其通常包括双方各类兵力、兵器的型号、数量等。

四是实验想定。实验想定是对实验的基本情况、作战任务和要求的具体设计。基本情况是指涉及作战全局、全过程的各种方面的情况,其中主要是作战开始前的各种情况。基本想定分为红方基本想定和蓝方基本想定,是双方对象展开对抗的基础文书,基本想定在模拟开始前发给双方;分别引导特定一方进入情况,为其做出总的作战情况判断,定下作战决心,制订相应的作战计划提供各种条件,制约着模拟的方向。实验想定是根据企图立案拟定的。在实验中,由于红蓝双方互相对立、互相保密,导演部应该分别为双方拟定不同的实验想定,并且交给双方。实验想定主要包括实验题目、实验的目的、最初的情况(总的情况和双方兵力部署、双方兵力活动情况等局部情况)、对情况的判断和作战任务、有关规定等。

基本想定是对企图立案中总体对抗条件的具体化,其内容通常由总体情况、局部情况、作战任务、兵力编成及部署、自然地理情况等几部分组成。基本想定可以采取特定的实验文书形式,也可以采取作战文书形式,必要时还可附以图形作辅助说明。

通常,实验内容都是以规范的文档报告方式提供的。为了能够进行模拟,必须使材料中的作战方法和作战思想具体化、可操作化。为此,必须首先对这些文档进行充分研究,明确其中基本要点和精神实质,在此基础上制定兵棋推演实验想定。想定中除包括一般想定的内容之外,还要突出实验的特性。在实验时,红蓝双方以实验想定作为依据,形成各自的对抗方案。

五是导调文书。拟制导调文书的目的是有效控制兵棋推演实验的进程,保证对抗达到预期目的。导调文书通常根据实验企图立案和初始态势,以命令、指示、通报、报告等形式拟制。导调文书的主要内容是对抗的起止时间、双方态势的构成、实验设计者的可能决心和行动、调理目的、调理员的工作等。导调文书要注意以下两点:一是要以"对得起来""抗得下去"为着眼点,围绕实验目的展开，形成多个对抗回合的矛盾点，使设置的情况能够成为对抗的各种条件。二是必须充分体现实验的实质性内容，把思路新颖、结构巧妙、寓深于浅、藏暗于明作为导调文书的基本要求，诱导红蓝双方发挥思维的积极性、主动性和创造性。

（3）实验人员组织。由于参加兵棋推演实验的人员多，组织复杂，为了有效地实施模拟实验，必须建立一个具有较高水平的、精干的组织机构。实验人员通常由具有较高组织能力和军事理论素养的指挥员、参谋人员及技术人员等组成，通常编为导演部、调理组、红蓝双方编组和保障组。

一是成立导演部。导演部是对实验全过程实施组织领导和指挥筹划的机构。以军政水平较高、具有良好军事素养和训练经验的人员担任。导演部在总导演的领导下具体组织实施兵棋推演实验。导演部通常设导演组长、情节员、标图员、模拟系统操作人员、模拟系统协调人员等。必要时可设置作战指挥部位、政治工作部位、后勤装备部位、模拟保障部位等。

导演部的基本职责是制订实验基本方案、拟制实验文书、组织预实验、组织领导实验和结果评估、组织各部位人员的培训、掌握和控制实验的进程和结局、协同有关部门实施各项保障、分析总结实验的经验和实验的情况、为导演讲评做准备等。

二是确定调理组。调理组由导演部派往各实验部位的调理员组成。调理员通常应当由较高军事理论修养并具有较丰富实验演习组织经验的人员担任。根据需要可设置调理组长或总调理员。调理员的数量和配置根据实验需要确定。其职责是熟悉导调方案、掌握实验人员的工作情况、熟悉各部位的决心和情况处置、根据导演意图引导参演人员进行实验、监督参演人员遵守实验规则和要求、记录实验的重要数据和情况。

三是红蓝双方编组。红蓝双方是兵棋推演实验的执行者。在兵棋推演中代表红蓝双方的主要人员，分别担任不同的角色，如双方的各级指挥员、参谋人员等。红蓝双方实验人员，应当具有较丰富的作战指挥经验、较高的决策能力和相应的军事理论基础修养，并且尽量由实验中职级、类型相适应的人员担任。

参加兵棋推演实验的红蓝双方，都应当有指挥和行动的自主权。红、蓝双方都是对抗中的一方，尤其是蓝方，不是导演的助手或红方的配角，在对抗实验中具有同等重要的作用。红蓝双方必须充分发挥自己的主观能动性，围绕作战企图，独立自主地判断情况，定下决心，做出处置。

四是实验保障组。保障组主要负责兵棋推演实验的演练和物资等各项保障。实验可以根据工作性质组建立不同功能的保障组，如技术保障组、通信保障组、场地器材保障组和后勤保障组等。

2) 实验实施

推演实施是指从导演部发出实验开始指令后至完成最后一项实验内容为止的全过程,是兵棋推演联合作战实验的主体部分。推演实验实施,本质上是一系列作战模拟实践活动。它既可以按课题不间断地实施连贯推演,也可以按作战行动或时节实施分阶段推演,还可以对重点问题进行反复推演。无论采用何种推演方式,通常是逐个回合展开,每个回合的基本程序是分析态势、筹划决策、输入命令、裁决结果。其基本过程是,实验参与者以参演角色输入作战指令,通过"人在回路"对抗的方式,不断改变作战实验的输入条件,对比分析输出的差异性实验结果,考察其中变化原因、内在机理和运行规律。如图4-9所示,推演实验的实施程序内容通常包括6个方面。

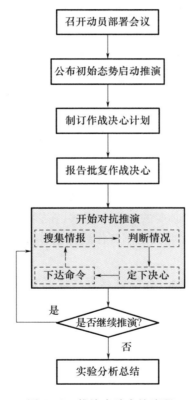

图4-9 推演实验实施流程

一是召开动员部署会议。在推演正式开始前,总导演召集控制小组和角色小组的所有成员开会,由总导演介绍这次实验的目的、程序及规则、时间安排和需要注意的事项,同时向角色小组明确他们所代表的角色。会议时间不宜过长。

要注意的是,在这次会议上,最好不要谈论实验的具体内容,否则容易使角色小组成员先入为主,产生对作战态势已经了解的感觉,从而在推演开始后,不再仔细研究,导致遗漏一些重要问题。

二是公布初始态势启动推演。当全体实验人员就位并做好准备之后,导演部宣布实验开始,并下达当前的作战时间,向红蓝双方发放实验资料,给出初始态势。给出的态势应该详细地说明有关问题的背景,给出各种需要研究的条件和数据。参与推演实验的人员可以随时在情况内(即不脱离角色)得到有关内容。各实验部位进入情况,实验人员熟悉实验想定,了解实验的基本情况。导演部宣布作战时间、补充想定等内容可以采取通播方式,而对某一方或某一级实验部位发布的作战情况和下达的命令,则进行专向发送。

三是制订作战决心计划。红蓝双方在接到实验基本想定之后,应依据想定中给出的情况和任务,立即按照实验的职责分工,制订作战决心和相应的计划。红蓝双方的指挥员应当首先了解任务、判断情况、定下作战初步决心,并向所属兵力下达预先号令,使其适时进入临战准备状态。根据指挥员的初步决心,参演参谋机关人员为指挥员定下决心准备材料并提出决心建议。在听取决心建议之后,指挥员定下作战决心。根据首长决心,实验机关拟制相关的作战计划,包括作战行动计划、作战保障计划等;拟制作战文书,包括作战命令、协同计划、通信指示、保障措施等;下级指挥所依据命令所规定的任务和要求确定作战决心和方案。

在制订作战决心计划时,导演部和调理员应当掌握实验演习双方的工作进度、决心要点,调理员可作必要的启发和指导;在必要的情况下导演部可适当发布某些局部补充情况,对实验人员制订作战计划进行引导和限制,使其把握模拟实验的重心及方向。

四是报告批复作战决心。在红蓝双方首长定下作战决心,并领导完成作战方案、计划的拟制工作之后,导演以上级的身份分别听取、审批双方的决心报告。听取和审查决心报告,首先要从实验目的出发,审查决心是否符合双方的作战理论原则、是否符合战役战法的规则和要求、是否全面反映作战实验所应体现的行动要素;其次要从实验组织实施的角度出发,审查作战决心是否有利于形成对抗的局面。在听取、审查实验双方的决心报告后,导演应及时对决心报告给予批复,并以适当的方式指出决心报告中应当引起注意的问题和需做修改之处。当作战决心存在重大缺陷,影响实验目的的实现和实验的进行时,应指示其做出修改或重新定下作战决心。

五是开始对抗推演。在导演批准演习红蓝双方的作战决心之后,即可进入实验的作战实施阶段,即对抗模拟推演。这一阶段的主要特征是演习红蓝双方发生的一系列相互关联的作战活动。

推演从导演部发布作战时间开始。为促使红蓝双方的实验人员迅速进入情况,导演部通常以综合通报的形式分别向双方发布诱导情节。综合通报应当反映演习准备期间敌情、战场态势、自然地理状况等方面的重大变化,保证实验进程的连续性。拟定综合通报应当依据实验的需要和红蓝双方作战决心的要点,并对其做必要的引导和限制,保证实验能按计划实施,并为后续的推演打下基础。

红蓝双方在接到导演部的综合情况通报之后,应当立即分析判断情况,决定处置措施等。处置措施可以执行预案和计划,也可以根据新的情况对原定的方案和计划进行相应的修改或制订新的方案。

调理员应当不断收集情况并与导演部保持密切的联系,按照导演部的意图积极进行启发诱导,指导红蓝双方沿着实验所规定的方向进行对抗模拟。

启动对抗推演后,红蓝双方在作战实验实施过程中的活动可以划分为以下4个阶段:

第一阶段,搜集情报。情报是指按照实验的需要,包括由导演部提供给红蓝双方的相关情况和红蓝双方通过各种途径获取的有关情况。这是红蓝双方掌握战场情况,并以此为基础进行模拟推演的前提和条件。因此,红蓝双方要全面而有重点地获得大量情报,以便及时、准确、全面地掌握实验中的各种情况。获取情况的途径与方式,主要有接受上级、下级或友邻的有关指示、通报和报告等。

第二阶段,判断情况。红蓝双方所得到的信息往往是零散的、模糊的、不完全确切的,因此必须进行综合分析。红蓝双方指挥员和机关面对纷繁复杂的信息,必须进行深入细致的分析判断,从而提出应对的决心和处置措施,争取主动。同时,要及时跟踪分析实验演习态势的发展变化,分析对方当前的主要行动及企图,"因敌""因地""因势"做出合理的处置。

第三阶段,定下决心。在分析判断情况的基础上,红蓝双方进而做出决策。这是对抗实验实施阶段参演人员需要完成的核心内容。决心的准确性、及时性和创造性,是导致红蓝双方对抗实验最终结果的基本因素,并贯穿于实施阶段的始终。在这一过程中应把握处置的及时性以及决心的创造性。这就要求红蓝双方及时掌握情况变化,及时进行综合分析,权衡利弊关系,及时地做出决心处置。

第四阶段,下达命令。在红蓝双方定下决心后,及时下达作战命令,做出处置。系统执行命令后,基于各类规则和模型算法,对双方的各类对抗行动效果进行裁决,形成新的战场态势,为下一轮的对抗提供新的推演条件。红蓝双方获得新的态势,综合各种情况分析判断,形成新的决策和处置措施。如此反复进行,直到完成实验。

导调人员除设置双方力量编成和初始对抗态势外,基本不对模拟系统的推演结果和双方的决心处置进行干预。如果红蓝双方在演习过程中有重大失误或违反演习规则、背离实验的基本原则和要求,在尽量保持战场态势和双方实验连续性的基础上,导调人员应当加以必要的干预,合理地将模拟系统中的推演情况进行调整,促使推演向有利于实验的正常方向发展。

六是兵棋推演实验分析总结。实验的分析总结,是在导演的领导下,实验人员和其他参演人员对实验结果的研究和评估。分析总结是为了加深对实验内容的认识,探讨影响该实验的因素,发现实验中存在的问题和解决的途径,同时积累经验,探索新的实验方法,指导今后的实验。总结分析的内容包括实验的基本情况、对实验的评价、组织保障情况,以及实验方法的发展、改进和需要关注的重要问题等。

2. 分析型兵棋推演实施步骤

分析型兵棋推演的实施过程基本遵循计算机兵棋推演的基本流程,包括推演准备、推演实施以及复盘分析等。

在实验实施过程中,分析型兵棋推演实验通常是针对某一个或一组联合作战问题而展开的分阶段、反复推演。在手工兵棋的回合推演中,首先由一方根据需要达成的作战目标,提出相应的决策方案,并实施推演;对方根据战场态势情况,提出针对性的对策方案,并实施推演,这就完成了一个回合的推演。新的一个回合开始后,对抗双方继续根据战场态势,交替提出对策方案并进行推演。如此循环,直到推演结束。

在现代大型计算机兵棋的回合推演中,首先根据所研究的问题,设置初始态势与约束条件,对抗双方在方案筹划阶段规定的时间内同步根据当前态势制订方案,并设想对抗方可能的决策行动;针对这些可能的行动,逐个提出对策措施,并转化为兵棋指令进行推演,分析可能出现的战局和方案的缺陷,修改方案形成新的策略,并重复进行以上的推演。如此往复,直到问题得到解决。分析型兵棋推演通常会在一个回合或阶段推演实验结束后,穿插进行阶段性复盘分析和研讨活动,以评估实验效果,并根据需要调整下一阶段的方案。

3. 连续回合制兵棋推演实施步骤

连续式对抗推演是相对于分析型兵棋推演而言的,该方法通常是针对某一决策方案而展开的全程性的连续推演。连续对抗推演的过程与分析型兵棋推演相似,当兵棋推演开始后,双方随时都可以依据战场态势做出自己的决策,从而影响战场的态势变化。与分析型兵棋推演相比,连续对抗推演更"自由"一些,除了作战资源、战场环境等条件约束,没有更多的约束。导演部的干预也更少一些,通常除了设置初始兵力约束与战场态势,在对抗推演过程中一般不对战场态势及双方的决策进行干预,仅是监控对抗推演双方遵循推演规则。连续回合制兵棋推演一次只能完成一个"决策序列"的对抗推演,如需验证其他方案,只能用新的方案重新组织推演。推演结束后,可以进行过程回放,研究各阶段对抗的得失,分析决策方案存在的缺陷,以支持修改完善方案。与分析型兵棋推演不同的是,在实施连续对抗推演实验时,为了不暴露双方的企图,达到更加逼真的对抗实验效果,通常在推演实验过程中不做复盘总结,而在整个推演实验结束后进行。

4. 桌面推演实施步骤

桌面推演组织形式灵活,简单方便。一般将推演人员划分为控制组、推演组、保障组三组。控制组主要负责实验活动的组织实施工作,包括实验前期的准备、控制实验实施、实验结束形成报告等内容。依据推演需要,控制组可以进一步进行分工。例如,设置组长、副组长、组员等,安排策划、评估、控制、记录等分工。推演组主要是依据推演实验安排进行分析与研究推演活动。依据实验需要,可以分方,也可以同一方,分不同领域的小组,进行推演。保障组主要是负责推演系统、技术,以及实验实施中的安全警戒、物资装备、生活用品等保障工作。

桌面推演、对抗研讨等可借助地(海)图、沙盘、手工兵棋等传统工具实施,其准备工作相对简单。桌面推演实施阶段,通常包括以下几个方面的程序内容。

一是公布态势。推演中,控制组首先公布推演规则、程序与系统运用方法等,而后公布推演初始态势,给出需要研究的条件、数据和资料等内容。

二是各组研讨。角色小组可以借助相关系统与数据资料,采取内部研讨等方式,对战场态势进行分析讨论,并制订相应的对策与方案。

三是集体讨论。各个角色小组,依据内部讨论形成的对策与方案,展开质疑与答辩。

四是态势推动。控制组依据集体讨论情况,结合项目研究需要,提供下一步战略态势,并给出相应的情况,供角色小组进一步深入分析与研讨,最后推出基本结果。

从组织实施上看,桌面推演与研讨类实验有较大相似性。桌面推演与研讨的区别在于,桌面推演强调的是"推演",主要体现的是人与人之间相互博弈过程的对抗模拟,重点着眼于让决策人员做出决策并承担其后果。而研讨主要通过专家群体观点和思想碰撞,打破站在特定立场上分析研究问题的模式,促进对问题的全面深刻理解,但即使对抗式研讨中,让专家分成不同小组分别扮演不同的利益角色,其主要目的也是从不同角度对问题进行分析,而非对抗博弈。

4.4.3 应用举例

同仿真分析实验一样,兵棋推演也是联合作战实验的一种主要方法,适用场景也多种多样。在联合作战实验中,兵棋推演方法主要有以下三种典型应用。一是作战方案筹划论证评估。兵棋推演能够在联合作战的各个阶段发挥重要作用,战前推演作战计划细化优化作战决心方案,战中快速推演辅助决策,战后案例再现辅助分析总结讲评作战得失。二是作战概念开发与验证。通过兵棋推演,能够激发新型联合作战概念,对已有联合作战概念进行验证评估,发现概念的潜在应用价值和可能风险,当概念成熟后,又可以通过兵棋推演进行联合作战概念演示,验证作战概念的作战效能。三是国防军队建设规划与评估。兵棋推演可以用于对即将实施的规划计划进行辅助推演和评估,包括重点区域军事力量布防、编制体制调整、重大装备和技术能力需求论证等。此外,兵棋推演还能发现以往未知的新战法,判断影响战法运用的各种因果或关联关系,验证战法提出的各种假设,评估战法与作战条令的有效性、灵活性和适应性。

1. 美军以气候为重点的桌面推演

2022年6月,美海军首次开展了以气候为重点的桌面推演,旨在评估气候变化对作战任务、能力、战备的影响,探索加快落实《气候行动2030》提出的要在数十年气候行动基础上提升气候适应能力,建设一支可在全球任何区域作战并制胜的杀伤力强、敏捷的现代化部队战略的具体措施,来自国防部、海军部、联邦机构、国会、智囊团、非政府组织、工业部门的人员参与推演。

推演场景设定于2030年10月,美海军两栖戒备群/海军陆战队远征部队正准备与盟友在印太地区西部联合开展两栖演习;此时突然形成台风,演习受到影响,后续行动很快受到连锁性干扰;部队所在地此前已遭受其他破坏性风暴肆虐,正在缓慢恢复,此时更易受到泥石流、电网和其他关键设施中断等影响;作战人员需考虑如何在台风来袭时快速响应、通信中断时部队如何应对、是否继续采取其他行动计划等。

兵棋推演过程中,将推演人员分为作战部队、后勤保障部队、指挥部三个相互关联的任务组,每个任务组另设一名海军和海军陆战队指挥官担任高级顾问,目标是解决两栖作战中面临的一系列复杂问题。推演聚焦三个重点问题:一是讨论后勤的重要性,后勤既是作战脆弱性和恢复力的影响变量,也是国防部在打造作战能力更强的部队方面可取得更大进展的一个领域;二是分析确定对气候变化敏感的关键点和对冗余的需求;三是探讨协作规划的重要性,分析在持续动态变化的气候条件下如何让协作更加牢靠。

通过此次推演主要得出两个结论:一是应将气候因素作为一个重要指标,纳入美海军作战规划和资源配置中,大多数气候问题是可预测的,必须现在开始着手考虑应对措施;二是台风、野火等气候或相关问题会导致后勤供应链中断,应在作战训练中强化恶劣环境下的后勤保障。此外,海军陆战队司令戴维·伯杰(David Berger)称,多元化伙伴关系是制胜的关键因素,加强与军政部门、盟友的合作有利于共同应对气候危机,扩大并维持美军海上主导地位。通过此次推演,美海军认识到了气候恶化对战备与后勤构成严重威胁,气候对海战的影响需要多措应对。

2. "内窥03"演习

"内窥"演习是美军在美国本土及海湾地区举行的战略战役规模的联合作战演习,模拟西方国家在中东利益遭侵犯时美军应做出的反应。"内窥"演习于1990年首次举行。1996年前不定期举行,1996年之后每两年举行一次。由美国中央总部组织实施,美国中央总部及所属陆、海、空、海军陆战队和特种部队司令部,美驻海湾部分部队各级指挥官参演,旨在检验美军中央总部在突发事件中的快速反应能力,测试美军新型计算机系统、地图系统和通信设施在战时的效用,提高美军各级指挥官战场决策与下达命令、调动部队的能力。主要采取兵棋推演和计算机模拟的方式,进行电子对抗、信息共享、通信联络、部队指挥与控制等内容的演练。

"内窥03"既是美军"内窥"系列演习的延续,又有其特殊的政治、军事背景。演习是在2003年正式进行,正是联合国对伊核查关键时刻,美军在海湾地区已经基本配足兵力,随时可以对伊开战,演习实际上是美对伊威胁的有机组成部分,被认为是用于对伊拉克作战的"复合1003V作战计划"的预演。参演人员为中央司令部指挥官、参谋军官以及驻扎在世界各地的美军,实际人数多达数千人。其中,中央司令部的指挥官和参谋军官约1000人,600人是中央司令部本部高级军官,400人来自中央司令部各下辖司令部,如中央总部陆军、空军司令部等。"内窥03"演习不涉及具体的作战部队,所有的参演者都是美军的高级军官,只有军、师一级指挥结构的指挥官和参谋人员才有资格通过网络连线参加这次演习。

演习由时任中央司令部司令弗兰克斯将军担任现场总指挥,分两个阶段举行。第一阶段于2002年11月中旬开始,演习规模小,中央司令部仅有少数人员参加,主要行动是将中央司令部机动指挥所迁至卡塔尔的萨勒西亚陆军基地,同时建立"应急前沿司令部",模拟实施最基本的作战计划。第二阶段从2002年12月9日开始,持续到12月17日。此次演习的具体内容高度保密,外界无从得知。其目的不仅是要检测刚刚架设好的通联系统是否顺畅,指挥程序是否明确,更重要的是要与世界各地的美国驻军联手进行"真实而富有想象力"的战争预案推演,实际上就是分析评估对伊拉克的战争方案。

"内窥03"演习是由指挥员参加的网上分布式兵棋推演,并没有进行实兵行动的演练。按照伊拉克战争总指挥汤米·弗兰克斯的说法:"'内窥03'演习是所有作战司令部所实施过的最精细的模拟演习。事实证明,它是一个非常宝贵的'复合1003V作战计划'的预演。"从后来发生的伊拉克战争看,不仅战争的结局与演习的结果极其相近,就是战争的过程也与"内窥03"演习惊人的相似。通过此次演习,美军完成了对伊拉克作战方案的分析与评估,其结果表明美军对伊拉克动武的一切准备工作已经就绪,并展示了美军对伊拉克动武的决心,为日后成功实施伊拉克战争奠定了良好的基础。

3. "联合行动1999-1"作战概念开发实验

"联合行动1999-1"实验于1998年11月至1999年10月进行,主要任务是对《联合构想2010》中提出的未来联合作战概念进行评估,尤其是对"关键移动目标打击行动"概念进行检验和分析,发现美军在条令、组织、训练、物资、人员、领导等方面存在的问题,并提出改进意见和建议,以提高应对2015年战区弹道导弹威胁的联合作战能力。作为美军第一次联合作战实验,美国国防部寄予了很高的期望。实验被赋予了双重任务:军事技术方面,对改进的武器系统、指挥控制、情报、组织、战术方面需要什么样的转变,才能大幅提高对关键移动目标的打击作战效果;实验技术方面,探索联合作战实验的组织和流程,尤其是探索使用建模与仿真方法检验概念的实用性和可行性。

实验探索的核心概念是"关键移动目标的打击行动"。实验概念构想,未来15～20年中发展的传感器及其管理和运用能力,将使对敌战区弹道导弹发射架等关键移动目标的定位、跟踪和打击更有效。海湾战争期间,美军发现对这类目标的有效打击能够显著提高己方作战效果。在此次实验之前,美陆、海、空军及一些研究机构都已分别进行过相关的探索和实验。实验想定时间定于2015年,基本上以第一次海湾战争为原型:两个对立国家"蓝地""红地"之间发生冲突,"蓝地"的盟友美国在中立国"绿地"部署了兵力。"红地"运用可移动战区弹道导弹对美兵力实施打击,而美则运用配备了专用传感器和打击装备的特别打击行动单元进行反击。

美军作战实验通常包括概念开发、讨论与推演、构造仿真、人在回路推演、实兵演练、实战检验6个环节,采用迭代过程展开。由于时间、技术、资金等方面的限制,"联合行动1999-1"只进行了前4个环节。其中,讨论与推演阶段的主要任务,是通过研讨和桌面推演,对前期开发的概念进行快速评估和修改完善。这一阶段需要进行大量"透明推演",以使红蓝双方熟悉作战概念,设计可能的推演方案。构造仿真阶段,主要是借助仿真手段进一步认识和深入了解评估的作战概念,为后续的人在回路推演提供初始参数。

实验人员由白方、蓝方和红方三个小组组成,其中白方是控制组,控制整个实验的实施,负责为构造仿真和人在回路推演设置初始化条件和检查点,对实验过程进行监督,提供附加信息(如情报)输入。红方技术和人在回路推演是"联合行动1999-1"实验的两个主要方法,对美军后来的作战实验起到了示范作用。红方技术的核心思想就是"站在对手的角度看自己",在实验研讨与推演阶段,红方的主要作用是"扮演对手"。红方与蓝方通过两次"透明推演",深入细致地了解双方的作战概念,为后续的人在回路推演制订更好的对抗方案。在人在回路推演阶段,红方的主要作用是"陪练"。双方在实验之前获得对方能力、技术和资源的大致信息,但并不能得知具体数据。实验中,随着蓝方跟踪和打击效能的改善,红方也适时调整战术,以降低蓝方传感器效能,包括采用欺骗手段、齐射、大量部署在城市环境等多种方法。蓝方也能根据对手的反应,对传感器管理和目标打击概念不断进行完善。

人在回路推演阶段,"联合行动1999-1"实验中主要使用了两个仿真系统:移动导弹定位与攻击仿真系统(Simulation Mobile Enemy Missile,SLAMEM)和联合半自动生成兵力系统(Joint Semi-Automated Force,JSAF)。SLAMEM 是基于事件的、超实时构造仿真系统,在人在回路推演阶段,与 JSAF 系统共同模拟作战空间中的环境和行动。JSAF 是实体级仿真系统,其行为建模包含海上、地面机动、两栖作战、红蓝对抗以及计算机生成兵力的可视化表示。实验中,JSAF 用于构造未来武器系统、兵力结构和作战环境,对未来传感器、打击平台、弹药都进行了实体级建模。在正式推演之前,还至少组织了两次试推。

作为第一次联合作战实验,美军各方面对这次实验极为关注。联合部队司令部和国防分析研究院都发布了"联合行动1999-1"的总结报告,对这次实验进行了总结。"联合行动1999-1"的成功实施对美军后续的实验产生了深远的影响:一是展示了广域分布式仿真支持联合作战实验的可行性,促进了后续分布式联合作战实验的建设和应用。二是确立了人在回路推演实验的基本架构,此后 10 年中,美军的联合实验如"城市决心""多国实验"都沿用了 JSAF + SLAMEM 基本架构。三是确立了"红方"技术的作用,并在此后的多次作战实验中发挥了重要作用。此次作战实验中探索的关键概念,"关键移动目标打击行动",后来发展为"时间敏感目标打击"概念,并在"城市决心"等实验中进一步进行探索和研究。

4. 军队建设规划与评估实验

美军认为,确定部队发展规划的关键一步是兵棋推演的检验。兵棋推演实质上就是构建一个未来的作战环境平台,在这种冲突环境中,驱动推演人员进行对抗决策,用以研究未经检验的新想法新理论。美军各军种都有运用兵棋推演规划未来需求和评估兵力结构的传统。

美国海军陆战队作战实验室(Marine Corps Warfighting Laboratory,MCWL)兵推部在利用兵棋推演进行作战评估、改进作战新概念、确定未来陆战队能力需求,提供战略决策优先级和意见建议方面,成效显著。2020年4月,美国海军陆战队宣布,将削减与坦克、宪兵和工程有关的所有军事力量,还将步兵营的数量从24个减少到21个,削减旋翼直升机、攻击和重型航空中队,约占海军陆战队当前总兵力的7%。这无疑是海军陆战队最大胆的变革,而这些变革都是由经过长达数月的全面评估和兵棋推演所推动的。海军陆战队司令官戴维·伯杰上将亲自指挥了这次评估,海军陆战队大学的兵棋推演中心、兰德公司等组织了一系列的推演,这些推演将使海军陆战队更关注于海上控制、分布式杀伤,注重与海军进行配合,联合实施反舰和应对反介入区域拒止作战。戴维·伯杰上将指出"将发展一支融合了新兴技术的部队,并在目前的资源限制内对部队结构进行重大改变,这将要求海军陆战队变得更精干,并取消原有的能力"。在海军陆战队2021年预算请求中,戴维·伯杰上将正式提议,将海军陆战队的兵力从186200人降低到184100人。如果获得批准,则标志着海军陆战队自2016年以来首次裁员,当时海军陆战队结束了长达数年的战后撤军,裁减了2万人。根据该计划,现有步兵部队将变得越来越小,越来越轻,"以支持海军远征作战,并为方便分布式和远征先进基地作战而建造"。海军陆战队还将建立三个沿海团,这些团经过组织、训练和装备,可以进行海上拒止和控制任务。戴维·伯杰称陆战队将继续评估该部队的部队设计并对其进行兵棋推演,以推进海军陆战队部队结构变革。

美陆军未来司令部研究分析中心也通过开展兵棋推演,确定陆军未来司令部维护能力发展综合理事会制定的概念框架及其如何影响陆军未来行动、训练需求等。该概念框架重点是开发新一代后勤船,从公海向未开发的海滩/海岸运送人员与物资,为未来指挥官提供更大的作战灵活性。美空军也通过兵棋推演,确定未来需求,如在美军2020年的兵棋推演中,美空军认为要想在2030年后赢得战争,美空军应大力发展:①战术飞机,包括下一代空中优势飞机、F-35战斗机、F-15EX战斗机,以及美军尚未开发的低成本、非隐身、轻型战斗机;②更多、更先进、生存能力更强的无人机,如"忠诚僚机";③轰炸机、加油机、运输机,以增加武库并提高预先部署能力;④网络能力。美海军也通过其展开的兵棋推演,评估未来海上部队是否适应新的威胁,并根据兵棋推演结论调整海上部队结构,将更多无人舰队推向前台。

4.5 实兵实装实验实施

实兵实装实验是真实的人操作真实的装备,在近似实战环境下,围绕具体的军事问题进行的实验,是和平时期最高级的作战实验,也最接近实战,其组织实施也最复杂。

4.5.1 原理与特点

实兵实装实验通过运用真实装备和作战人员来实验有关作战和技术概念,获取真实数据,既能检验决策的合理性,也能近似模拟实战过程,从而验证一些假设和预测,具有环境逼真、行动正规、实战性强等突出特点,但实兵实装实验费时费钱,不便于经常性、大规模开展;如果实验内容太敏感,也不便公开组织。

1. 原理

实兵实装实验是在实际的作战区域,以实兵、实装及实装模拟器进行的作战实验。实兵实装实验通常结合部队演习训练进行,特别是研究性实兵演习和检验性实兵演习。实兵实装实验能够逼真地模拟作战过程,从筹划和组织战斗,到实施战斗指挥,基本与实际作战相同,部队的战术动作和实际武器的操作都与实际相似。实兵实装实验有利于发现作战方案计划的细节问题,有利于验证作战理论的可行性,但组织保障工作复杂,人力、装备和物资消耗较大。

2. 特点

1) 环境逼真

实兵实装实验通常在与未来可能作战区域地理、气候条件相似或相近的环境进行。根据实兵实装实验的目的和要求,有时在远离部队驻地的陌生地域或特殊地区的复杂地形条件下进行,有时则在训练基地,依托基地全面的训练设施,构设出与未来作战相似的战场环境。特别是在复杂电磁环境的构设上,联合作战实兵实装实验由于参演军兵种多,情况设置复杂,不仅有各种电子设备密集运用而形成的相对复杂的电磁环境,而且可以针对不同实验问题专门构设出逼真的复杂电磁环境。因此,实兵实装实验对作战环境模拟的逼真程度是各种仿真方法难以实现的。

2) 行动正规

实兵实装实验使用实际人员和武器装备进行实验,不允许存在任何随意行为、准备疏漏和决策失误,否则不仅无法达到实验目的,严重的还可能发生难以估量的重大事故。实兵实装实验需要严格按照实战的要求和标准组织实施,是最具有正规性的作战实验活动。其正规性充分地体现在对象的正规、程序的正规、要求的正规等方面。必须坚持高标准、严要求,尽可能全面、合理地参照各种作战条令条例组织实施。一般情况下,实兵实装实验的正规性有利于提高结果的可靠性和可信度。

3) 组织复杂

由于动用真实的部队、武器装备组织实验,实兵实装实验涉及兵力集结和行动、实际使用武器、行政管理、生活保障、交通、通信、安全、保密、警戒以及社会环境和自然条件等诸多因素,因而在各种作战实验方法中,实兵实装实验的筹划、组织、实施和保障最为复杂。因此,只有对少数重要的典型问题才能专门组织实施相当规模的实兵实装实验,其他则主要结合正常训练中的实兵演习进行。

4) 实战性强

实兵实装实验是与实战联系最密切、最直接的一种联合作战实验形式。实兵实装实验以满足实战要求为其根本出发点,以现实的军事斗争情况为基础和依据,实验设置的场景逼真、贴近实战,不仅对作战任务、力量、行动、武器装备、时间、区域、自然条件等各方面进行全面、客观和典型化的模拟,还对作战的进程、指挥决策和兵力行动过程进行动态的跟踪模拟,允许对抗双方不断地调整策略和兵力运用方法。因此,实兵实装实验的真实性、整体性及其实验结果比其他作战实验方法更接近真实的战争。

4.5.2 实施步骤

联合作战实兵实装实验的组织与实施,在充分结合联合作战实兵演习组织与实施特点的基础上,既要符合联合作战实验一般规律,又要充分考虑实兵、实装、实抗的特殊性。下面按照实验准备、实验实施两个阶段,分别介绍联合作战实兵实装实验组织与实施的流程。

1. 实验准备

联合作战实兵实装实验准备是指从受领联合实兵实装实验任务开始,至实验实施前的整个过程。联合作战实兵实装实验设计准备工作是确保联合作战实兵实装实验顺利实施的基本保障,为达成预定目的,实验的组织者和参加部队应进行周密细致的准备。联合作战实兵实装实验准备具有涉及面广、工作量大、持续时间长等特点,其内容包括实验筹划设计、建立实验机构、准备实验所需文书、实验情况设置、实验保障和实兵实装针对性训练等。

1) 实验筹划设计

联合作战实兵实装实验筹划设计是实验组织者对实验的整体设计和系统谋划,是为实验组织者和参与实验的联合作战部队提供基本情况的关键性基础工作。联合作战实兵实装实验筹划设计的最终成果形式是实验总体方案,主要内容包括指导思想与目的、实验课题、实验场地、参演兵力、训练问题、实验阶段和时间划分、实验组织领导、实验准备计划和有关保障等。

2）实验机构建立

联合作战实兵实装实验根据实验过程中所担负的任务，一般需建立实验组织机构和实验导调机构。其中，实验组织机构是实验的最高组织指挥机构，一般以实验领导小组下设导调机构和实验办公室的形式出现，负责实验的全面工作。导调机构是具体组织实施联合作战实兵实装实验活动的领导机构，是组织和指导实验的实体，对参与实验的下一级机构行使导调权和指挥权。

3）实验所需文书准备

联合作战实兵实装实验中需要拟制各类文书，实验中所需的文书是组织与指导联合作战部队参加实兵实装实验活动的基本依据。科学而准确完整地准备实兵实装实验所需的各类文书，对于提高实兵实装实验质量、实现实兵实装实验目的至关重要。联合作战实兵实装实验中所需的文书包括企图立案、实验想定、实验实施计划、导调方案、保障方案等。

4）实验情况设置

联合作战实兵实装实验情况设置，不仅要适应联合作战实兵演习训练的需求，更重要的是能够客观反映联合作战的基本特点，勾画具有智能化特征的信息化联合作战复杂多变的基本面貌，有助于探索和认识联合作战的基本规律和特点。联合作战实兵实装实验情况设置，主要包括联合作战情况设置、实验变量设置及实验场地设置等。

5）组织针对性训练

由于实兵实装实验采用实兵实装实弹进行作战实验，成本高、风险大，需要专门组织针对性训练，主要目的是在正式开始实验前的有限时间内，进一步提高实验部队和人员的实验能力，做好实验的技术、战术及心理准备。一方面是为了降低实验风险，需要根据实验任务和要求，依托实验场地设施，组织实验部队实施不同地形、不同课题的针对性演训，以增强部队对不同地形条件、不同战场环境的适应能力，满足实验课题的需要。另一方面是为了提高实验人员的实验水平和能力，掌握必要的实验技巧非常重要，这就需要对实验人员进行事先培训、使用经过校准的客观数据收集方法、确保想定环境真实等。

2. 实验实施

联合作战实验实施是指从联合作战实验人员接到初始实验文书或接到导调机构发出实验开始命令起至完成最后一个演练问题止，是联合作战实兵实装实验的重要阶段。联合作战实兵实装实验内容复杂，参加兵力多，场地要求高，保障投入大，大规模实兵实装实验通常结合实兵演训活动进行，由中央军委决策，军委机关指导,战区或部队组织实施。在联合作战实兵实装实验实施过程中,导调人员、实验人员和保障人员必须认真进入情况,各司其职,使联合作战实兵实装实验按照预先设想顺利发展。

1) 实验导调工作

导调在实验实施阶段的主要工作是:针对重点实验问题,进行动态情况诱导,监视实验推进情况,把握实验节奏,处置相关问题,组织评估小结等。实验开始后,导调工作应采取以下步骤:一是提供作战的初始态势,诱导联合实兵演习部队启动实验;二是根据部队的演练进程,宣布作战时间,过渡演习情况,诱导实验部队完成实验问题和阶段的转换,适时进入下一个实验内容;三是适时提供补充文书,诱导实验部队进行某种专项内容的实验,同时监控实验过程,评估实验结果。

(1) 提供条件,诱导实验。实验开始后,导调应按照实验实施计划和实验问题的需要,采取多种导调方式和手段,适时向演习部队提供演练条件,诱导部队进行各种联合作战行动。

导调主要采取两种工作方式:一是按照计划进行导调;二是根据实验推进情况进行临机导调。实施联合作战实兵实装实验导调,通常采用两种基本方法:一是自上而下,通过对首长机关的导调,诱发实兵演习动作;二是自下而上,通过对实兵的导调,诱发首长机关的情况处置活动。两种方法综合运用,促使多级指挥机构、诸军兵种参加的联合作战部队,在近似实战的情况中进行指挥与作战活动,能够有效提高实兵实装实验的实战化水平,得到更加真实可信的实验结论。

根据实验问题需要,导调通常通过三种基本形式向部队传输导调信息:一是向参演的最高指挥机构传输,通过多级指挥机构诱导实兵行动,这种方式适用于联合作战方案评估实验、作战概念开发与验证实验等;二是向实兵部队传输,通过直接或转接信息促动各级指挥和作战行为,这种方式有利于重大装备和技术能力需求论证等;三是向中间指挥层传输信息,有利于开展战法评估实验、检验部队应对多种情况的能力等。

(2) 掌握情况,控制进程。实验的本质是一种受控活动,可控性是联合作战实验的基本特征,包括联合作战实验进度的可控性以及实验因素的可控性。联合作战实兵实装实验,是在近似实战条件下进行的实兵、实装、实弹行动。因此,有效控制部队演习态势,是避免实验研究偏离初衷,达成联合实兵实装实验目的的重要前提,也是确保演习安全、顺利实施的关键。

全面准确地掌握联合部队的演练情况是实施导调的基础。在实验过程中,导演部应密切关注部队的情况,准确掌握部队的信息。导调人员获取部队情况的主要方法:一是以上级指挥员的身份询问或接受部队的请示、报告;二是接受

（或咨询）信息采集人员、情况显示人员关于演练情况的报告；三是利用监控设备获取部队的演练信息；四是查看航空照片、卫星照片和利用卫星定位导航系统等了解掌握演练情况。必要时，也可前往演练现场，实地观察演习部队的工作过程和演练情况。对获取的部队情况信息，应及时进行分析处理，为调整导调意图，设置新的演练条件，为实施高效、有针对性的导调奠定基础。

除了及时准确地掌握联合实兵实装实验部（分）队所到达的位置和形成的态势，导调人员还需要根据实验实施过程中出现的偏差和情况，及时调整原有实验想定、环境或构设新的实验条件，必要时采取适当措施控制部队行动节奏和速度，以确保实验的顺利进行和目的的实现。控制联合实兵演习部（分）队的行动，通常通过下达指令、改变敌情或战场环境、提供力量增减或战果、战损等方式实施。也可通过联合实兵演习规定中明确的有关事项，设置安全界限和态势标志物等实施。必要时，导演可在情况外进行指令性控制，或由采集调理员实施强行干预。

（3）采集信息，准备评估。在实验过程中，导演部需要注意采集实验数据和信息，以确保实验结束后能够准确、客观地进行实验分析评估。

采集调理员应根据信息采集表规定的采集内容，跟随部队或在指定地点，全面、客观、准确地记录部队行动信息，认真填写信息采集表。每个行动结束后，应将信息采集表及时汇总上交。采集信息通常采取人工、信息采集器材和模拟器材等手段相结合的方式，以看、听、问、记、查、录的方法实施。

采集信息时应严格按要求规范地采集信息。一是要全面采集。采集调理员要根据实验问题需要，全面记录部队演习各个时节的演练信息，做到不丢一个项目、不掉一种能力、不漏一条信息，为总结评估、分析问题和填写信息采集表积累数据。二是要准确采集。要按信息采集的有关规定认真如实客观地采集部队的各种演练信息，既不能延误采集时机，更不能伪造信息数据。三是要分析核实。当有多人采集同一演练信息时，应对采集的信息相互分析印证，得出统一的结论。对于一些定性信息，应组织有关人员进行核实认定。四是要规范填写。采集调理员必须按照信息采集的要求规范地填写信息采集表，避免填入无效信息。

（4）清理场地，撤出警戒。所有实验问题完成后，总导演要及时宣布联合实兵演习结束，下达任务结束指令。发出任务结束指令的同时，总导演应对导演部、演习部队和演习保障分队演习结束后的行动做出明确的指示。其内容主要包括：演习部队的收拢地区，撤离演习场地的时间和路线，清理演习场地的要求，善后工作的方法、步骤；情况显示、警戒勤务分队的主要工作和撤离场地的要求；导演部各个编组的主要工作与要求等。

2）实验部队工作

实验部队在实兵演习实施阶段主要工作是全力以赴投入演习，认真研练联合作战的指挥和行动，周密组织各军兵种的战场实时配合，按照预定计划高质量地完成实兵演习任务。

（1）了解任务。实验部队指挥员和指挥机关要深刻理解上级赋予的任务，对完成任务的时间、方式、质量等做到心中有数。要全面分析、领会上级意图，掌握精神实质，重点理解和把握联合作战实验对备战打仗的促进作用，站在全局高度认识问题和处理问题，形成开展联合作战实验的正确指导思想和工作思路。

（2）收集情况。联合作战实验与真实作战一样，需要知己知彼、知天知地。实验部队指挥员及其指挥机关应当使用多种方式，及时、准确、全面地收集整理与实验有关的各种信息，主要包括相关条令条例、作战理论、上级指示、部队编制、兵力部署、兵要地志、信息条件和环境、社会情况等。还要注意收集和集成能够在实验中使用的计算机作战模拟和战役战术计算软件，以备使用。通常，还应注意收集整理实验部队特别是专业蓝军部队指挥员和部队的情况，增强实验的针对性和实战化水平。

（3）控制协调作战行动。联合作战是两个以上军兵种在统一指挥下遂行作战行动，及时周密地控制协调各军兵种、各作战部队、各作战方向的行动，确保各种作战力量、各种作战方法的密切配合、协调一致，是联合作战实验实施阶段指挥员和指挥机关的重要任务。控制协调作战行动的重点，是针对一系列作战实验目标，及时控制部队机动和形成预定作战态势的过程，控制部队到达指定作战位置的时间，协调部队行动中关于机动通道、空间阵位、通信信道、无线电频谱使用、战场识别、打击和突击顺序等方面的关系。

（4）把握联合作战实验关键问题。根据不同的作战背景，联合作战的关键性作战问题也不一样，针对不同的联合作战实兵实装实验课题，各级指挥员应当着重把握影响全局的关键性作战问题，以谋略牵引战术运用，把握主要作战方向、主要作战行动。联合作战实兵实装实验实施阶段，指挥员应当把握重点，特别关注集中使用诸军兵种精锐力量实施关键性作战的问题，同时有效组织其他作战行动积极予以支援配合，加强作战、后勤和装备保障。

（5）组织撤离演练地区。接到导演部演习结束、撤离演习场地的指令后，联合作战实兵实装实验部队指挥员应迅速定下撤离演习场地的决心，及时向部队下达撤离指示。部（分）队应按照统一的部署，展开清场和撤离行动。

3）实验总结与评估

导演评估组通常在每个演练问题演练结束后，及时回收信息采集表并进行分类整理和评估。当演习部队过于分散，难以及时回收信息采集表时，也可在两个演练问题甚至整个演习结束后,集中回收、整理和评估。

4.5.3 应用举例

实兵演习是和平时期最高级的作战实验,也是最接近实战的实验活动。实兵实装实验通过选择与未来潜在作战地区相似的地理环境,构设复杂逼真的电磁环境,能够使指挥员、指挥机关和部队在各种地形、天候和电磁环境下,评估作战方案进行的可行性、适应性,全方位检验评估部队作战能力,检验作战理论与战法创新成果等。因此,世界各国军队,特别是发达国家军队,非常重视实兵演习方式的联合作战实验。下面举两个具体例子,便于读者加深理解。

1. "环太平洋"系列联合军事演习

"环太平洋"系列联合军事演习是由美海军太平洋舰队领导,第2舰队和美盟友共同开展的大规模海上实兵演习。该系列始于1971年,1974年后调整为每2年举办1次。进入21世纪以后,尤其是美国调整军事战略,从反恐战争转向应对大国高端战争后,环太平洋演习的规模越来越大,参演的国家越来越多,演习内容也更加务实,演习对抗越来越激烈。"环太平洋-2022"是第28届系列演习,本次演习共持续37天,美国、法国、日本、澳大利亚等26国约2.5万人参加,包括38艘水面舰艇、4艘潜艇、约170架飞机、30多套无人系统和9支陆上部队。演练内容聚焦于战略对手全域对抗,主要从联合反舰、两栖作战、无人系统作战、联合后勤补给等方面,演练面向高端海战的联合作战场景。

实兵实装演习组织复杂,美军对此次演习进行了精心准备。2021年6月1日至10日,召开演习初始计划会议(Initial Planning Conference,IPC);2021年11月29日至12月4日,召开中期计划会议(Mid-Planning Conference,MPC),整合各国参演计划,形成统一方案;2022年3月21日至25日,召开最终计划会议(Final Planning Conference,FPC),参演各国共约1000人参加,对方案进一步细化,逐一协调同步演练计划;2022年3月29日至4月1日,美国、日本、澳大利亚等国参演的90名高级参谋人员进行了集训(Staff Exercise,STAFFEX);在正式开始演习之前,多国海军还展开了联合航行和预演活动,加拿大、智利护卫舰与美军驱逐舰进行了联合航行训练,并进行了机动、炮火、补给和通信练习。"林肯"号航空母舰打击群与日本、澳大利亚的舰队在西太平洋进行了6天的预先演习。自此,"环太平洋-2022"实验准备相关工作基本结束。

演习实施过程中,设置了积极实验新战法、新装备,验证新技术,开展了大量作战实验活动,为新装备、新概念提供了最接近实战的检验环境。美军投入了大量无人装备,包括无人机、无人艇、水下无人潜航器,演习科目设置紧贴实战。无人舰艇高度智能化且实现自主航行与自主决策,测试和展示了无人舰艇平台及其搭载的自主控制系统、电子战、ISR、反潜战和其他任务模块,可执行反潜、情报搜集、监视和侦察、巡逻和通信中继等全新任务,体现了较高的技术成熟度;无人平台通过数据链融合进美军指挥体系也是此次演习的重点,结果显示无人平台与指挥节点之间的网络和数据传输表现良好,通过对空中和水面无人平台成功传回的海量数据和信息进行整理分析,为下一阶段的实验和技术发展方向提供参考。此外,美军新组建的滨海战斗团也首次参演,对其作战能力进行了实兵实装实验验证。

显而易见,美国要通过此次环太平洋军演,与核心盟友演练联合作战的新战法,包括有人和无人装备如何进行配合,如何实现分布式杀伤,两栖作战如何更快、更顺利地进行等。通过这些实验,美军未来将继续提升无人系统作战效能,以满足国防部联合全域作战指控(Joint All Domain Command and Control,JADC2)的需求。

2. "寂静铁锤"装备论证实验

"寂静铁锤"是美国海军"海上试验"计划的一部分,于2004年10月4日至13日进行。实验的重点目标是检验是否能将"俄亥俄"级战略导弹核潜艇改装为战术巡航导弹核潜艇,并作为"巡航导弹核潜艇—特种作战部队打击群"应用。这一技术改造的背景是20世纪80年代,美国海军部署了18艘"俄亥俄"级弹道导弹核潜艇,作为其战略威慑武器库的一部分。苏联解体、冷战结束之后,美国的战略重点转向全球反恐,为此美国国防部在2002年提出将早期的4艘"俄亥俄"级弹道导弹核潜艇改装为战术巡航导弹核潜艇,作为反恐作战的战术平台。改装的主要内容是对原来的24个单元"三叉戟"Ⅱ潜射弹道导弹的发射单元进行替换。其中,22个发射单元替换为7个单元的"战斧"导弹发射单元,总计携带154枚"战斧"导弹。剩余2个单元用于投放特种部队。

"寂静铁锤"的主要任务是在实际作战想定中,评估运用先进的无人系统,为巡航导弹核潜艇构造舰上网络,是否能够更好地解决情报、侦察和监视问题,提高时敏反恐行动的效果。以此来拓展新型巡航导弹核潜艇任务领域,探索巡航导弹核潜艇作为时敏目标打击平台的可行性。"寂静铁锤"中的另一项重要任务,是考察"元数据架构"是否能够有效降低无用数据的发送。

实验想定设置在2012年,美国总统指派"佐治亚"号巡航导弹核潜艇快速部署到某潜在敌国海岸,艇上带有1名联合指挥官、1支特种作战部队、若干先进无人飞行器和无人水下运载工具,以及"战斧"战术巡航导弹。"佐治亚"号等待合适的时机,执行其任务。根据艇上指挥官的命令,"佐治亚"号发射了无人飞行器和水下运载工具以搜集情报,特种作战人员准备上岸,"战斧"战术巡航导弹也随时准备发射。想定任务包括监视和侦察,陆上和海上行动规划和执行以及仿真战术"战斧"巡航导弹打击任务。"红队"由海军现役和预备役人员组成,扮演叛乱和恐怖分子。红队的行动由实验控制组预先设计,但并未向蓝方人员透露。实验控制组监视红蓝双方的活动,利用高层指挥和情报信息来管理与引导实验进行。

实验由美国海军海上系统司令部水下技术部领导,共有来自62个机构的1135名人员参加,包括海军作战开发司令部、海军网络战司令部、海军潜艇部队、第9潜艇大队、第2舰队以及工业和学术机构。参与的装备包括:待改装的"佐治亚"号、"拉约拉"号和"匹兹堡"号快速攻击潜艇,"塔拉瓦"号两栖突击舰,若干EA-6B和一架EP-3飞机等。"佐治亚"号潜艇作为实验核心,艇上搭载了称为"战斗管理中心"的先进指挥中心原型系统。整个行动由艇上的前沿指挥单元负责。两架有人机分别模拟中空和低空无人机,提供光电传感器功能;一架波音707飞机搭载多任务ISR测试系统,并模拟星载传感器功能,提供合成孔径雷达和地面移动目标指示;无人值守地面传感器提供地面态势感知;另一艘潜艇提供其潜望镜拍摄水面船只的光电图像。各个节点由分布式ISR资源网络互联,前沿指挥单元、战斗管理中心、后方指挥单元都可以通过"元数据架构"访问所有ISR信息。

实验开始后,"佐治亚"号及实验人员(联合特遣部队前沿指挥单元和特种作战部队单元)于2004年10月4日到达实验地点,并随即进入想定状态,开始收集态势感知所需的ISR信息,包括送特种作战单元上岸进行监视和侦察,所有信息发送回"佐治亚"号,由联合特遣部队前沿指挥单元判定威胁地点,并实施(仿真)巡航导弹打击清除威胁。

实验完成之后,林肯实验室经过充分、完备的分析,向海军军事效用评估委员会提交了评估结果;委员会据此提出两项建议:一是先进战斗管理中心能够显著提高巡航导弹核潜艇的战术性能,建议所有4艘巡航导弹核潜艇都安装;二是信息管理机制能够有效支持战术决策,建议在全海军范围内推广使用元数据架构。根据此次实验结果,4艘改装的"俄亥俄"级弹道导弹核潜艇中,"俄亥俄"号于2006年改造完成,并于2007年10月正式部署,"佛罗里达"号在2008年4月、"密歇根"号在2008年11月、"佐治亚"号在2009年8月开始各自改装后的首次部署。

4.6 LVC综合实验实施

LVC综合实验将实兵、虚拟仿真、构造仿真三种类型的实验资源进行统筹复用,整合成统一的分布式联合作战实验环境。由于综合平衡了便捷和实效,LVC

已成为和平时期联合作战实验的主流方式。本节主要对 LVC 综合实验的实施方法进行介绍。

4.6.1 原理与特点

LVC 利用网络技术,将实况、虚拟、构造三类实验资源进行有效整合,统筹复用,形成分布式联合作战实验环境。LVC 综合实验实施过程具有内场外场、虚兵实兵互联融合,人/装备/模型(数据)在回路实时交互,多类实验资源灵活配置等特点,具有独特的优势。

1. 原理

LVC 综合实验,通过将 L、V、C 三者深度融合形成体系闭环,在继承各种实验方法优点的同时,有效避免单一方法存在的不足,具有自身独特优势,不仅能够提高实验质量、增强科目多样性、降低装备损耗和维护成本,还通过构建更高的威胁密度、更广阔的虚拟空间和安全的互操作性环境,提高作战实验实战水平,如图 4 – 10 所示。

图 4 – 10 LVC 综合实验示意图

在 LVC 综合实验中,实验人员可以通过综合研讨、仿真分析、兵棋推演与系统交互,同时不同的实验者也可以在异地,通过真实的作战系统参与实验,实时根据作战进程进行分析决策,从而影响战场态势;带实兵的作战部队也能在野外,通过网络将真实的部队情况,如部队位置、速度、战斗力相关数据实时动态接入仿真系统,使参与实验的人员不知道什么是实兵,什么是虚兵。总的来说,

LVC综合实验,可实现在逼真的战场环境中持续、反复研究各种联合作战问题,而不受时域、空域、人力、物力、财力的局限。

2. 特点

1)内场外场、虚兵实兵互联融合

LVC涉及内场、外场大量的实装实兵、半实物模拟器、虚拟兵力等,各类系统体系结构各异,交互机制、推进机制各不相同,对实体、行动的描述粒度,以及仿真步长也存在差异。LVC综合实验为这些系统的接入提供了通用的接口和接入手段,实现了内场、外场、虚兵、实兵资源的无缝连接和交互融合。

2)人/装备/模型(数据)在回路实时交互

LVC综合实验要求基于"实兵在环""实装在环"的实时交互和互操作能力。同时,虚实结合方式接入的系统不但要考虑低速装备(如汽车、坦克等),还要能够接入飞机、导弹,甚至高超声速武器(速度达到马赫数5以上)等高速武器装备。LVC综合实验需要确保共存的实验资源在战场环境中时空一致,实时交互。

3)采用分布式架构和多种对象组合实现灵活配置

LVC综合实验融合内场、外场、实兵、模拟、构造仿真多类资源,不同类型、目的的实验对资源的需求也不尽相同,同一套平台既要支持作战概念开发与验证,又要支持作战方案计划评估以及重大装备和技术能力需求论证,满足不同的需求。因此,LVC实验必然具备分布式架构和多种对象灵活配置环境条件,以快速实现资源的柔性配置,重复利用。

4.6.2 实施步骤

LVC综合实验方法流程是为实现实验目标和任务要求,而对实验阶段如何划分、实验计划如何落实以及实验课题如何实施等各方面内容进行的统一谋划和总体设计,是开展LVC综合实验的直接指导。按照其组织流程可划分为实验准备、实验实施和实验分析三个阶段,每个阶段又包括了若干项具体的任务,如图4-11所示。

1. 实验准备

实验准备阶段主要完成实验方案设计、实验系统准备和实验环境构设。

(1)实验方案设计。实验方案设计需要实验人员根据实验目的和需要实验的问题,确定开展本次实验的资源需求,同时进行实验实兵、虚拟、构造仿真的初步规划;建立一个能够支撑目标评估的想定和评估模型,导出并记录由此产生作战实验的LVC综合实验需求,包括实验的系统需求、环境需求、保障需求等。

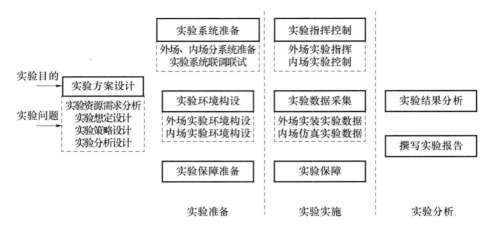

图 4-11 LVC 综合实验流程

（2）实验系统准备。LVC 综合实验通常都需要内场、外场多系统互联，因此实验系统准备也需要区分内场、外场分系统分别准备，并检验子系统之间连接技术的可靠性，以确保指定的通信系统与计算机实现稳定互联。同时，还需要对参与实验的指挥和参谋人员进行培训，并组织内场、外场实验系统的联调联试，进行指挥、控制、通信和仿真系统运用预演。

（3）实验环境构设。这一步的主要任务是集成和测试实验环境。根据需求，选取实验中需要用到的内场仿真程序和外场支撑环境，并分析确定对这些支撑实验的基础设施进行必要的改进，包括开发各个实验子系统之间的数据交换模型和建立仿真环境。测试由实验需求驱动，并根据测试过程整理形成详细的实验执行计划。

2. 实验实施

按计划在内场和外场展开实验，为最后的实验分析收集和准备数据。需要强调的是，LVC 综合实验的数据收集不限于实验中各个仿真系统的输出，而应该包含实验过程数据，以及在真实环境中采集实验分析可能用到的数据。在异构基础设施环境中，不同的数据采集方案必须配合使用，以获取支撑实验结果分析的完整数据。

实验结束后，需要对数据进行分析和对结果进行评估，这是为了形成可交付成果和产品。LVC 综合实验所产生的内场仿真数据、外场实验数据以及实兵实装数据，需要先进的异构多源实验数据存储、管理和处理技术，才能得到高可信的实验结果。

总的来说，LVC 综合实验流程是综合研讨、仿真分析、兵棋推演、实兵实验等基本实验方法流程的综合，但由于 LVC 综合实验内、外场同步推进，实验规模通常较大,组织协调会更加复杂。

4.6.3 应用举例

由于利用 LVC 技术深度融合了实兵实装、虚拟仿真和构造仿真,综合平衡了便捷和实效,LVC 已成为和平时期联合作战实验的主流方式。

1. "千年挑战 2002"

"千年挑战 2002"演习是在美国本土进行的大规模联合军事演习,演习中大量运用了 LVC 联邦演习环境。作为"9·11 事件"之后美军举行的首次综合实力大检验,对美军未来的反恐作战进行了演练。演习内容主要包括在本土遭遇大规模杀伤性武器攻击时如何快速做出反应,如何应对敌方黑客以及现代条件下的巷战等,主要目的是评估美军面临威胁时的作战效率和应变能力,检验高新技术武器装备,为"先发制人"理论造势,并促进联合作战理论的成熟。演习从 2002 年 7 月 24 日开始,8 月 15 日结束,历时 23 天,在美国本土 13 个州的 17 个军事基地展开,耗资 2.5 亿美元。演习从开始筹划至正式实施的时间跨度将近两年,主要分为准备、实施、分析总结三个阶段。

1) 准备阶段

"千年挑战 2002"演习是根据 2000 年 10 月美国《2001 财年国防授权法案》规定举行的,期间美军做了大量前期准备工作:

(1)筹划设计阶段:2001 年 8 月 15—16 日在欧文堡陆军国家训练中心召开"演习筹备会议",并制订了演习总体计划;此后又于 2002 年 2 月 13—14 日、5 月 6—10 日两次召开筹备会议商议具体事宜。

(2)初始准备阶段:2001 年 12 月 10—14 日。检验连接技术的可靠性,以确保指定的通信系统与计算机实现互联。

(3)预演阶段:2002 年 1 月 22 日—6 月 14 日。1 月 22 日—2 月 8 日进行了"第一次准备",再次检验连接技术的可靠性;3 月 11—29 日进行了"第二次准备",联合特遣部队司令部司令同选定的参谋人员座谈并对其进行培训;6 月 3—14 日进行了"第三次准备",在参演单位驻地进行指挥、控制、通信和计算机系统运用预演。

可以看到,由于 LVC 综合实验涉及内场、外场、虚兵、实兵,需要大量的协调工作和技术准备,在准备阶段需要重点进行实验筹划设计和系统联调联试,以完成方案制订、技术测试、人员培训等多项准备工作。期间反复进行了系统的测试和预演,在准备的初始阶段,专门进行了通信系统与计算机的通联测试。预演阶段,除再次进行通信测试外,还用大约两周时间,组织参演人员进行预演,确保在演习实施过程中系统的顺畅可靠。

2）实施阶段

演习通过实兵与计算机模拟两种方式进行，参加演训活动的有国防部业务局、联合参谋部、各作战司令部、各军种部队，以及政府相关机构。13500 名官兵分散在 25 个不同地点，同步进行演练，共推演了 11 个新的作战概念，检验了 27 项联合计划，评估了 22 个作战问题。

计算机模拟演习在加州和内华达州 17 处计算机网络和模拟器上进行，虚拟攻击了 15000 个防空设施、车辆等目标，调用了"作战网络评估"系统等关键工具，对双方的力量对比做出详细研究，包括经济、社会和军事等各个方面。还实现了所有参与者通过全球指挥与控制系统，对虚拟作战空间画面的共享。美军联合作战司令部总司令克南说："计算机以及我们如何运用它们，很可能成为军事领域的下一场革命，我们是否真的能够将信息和情报转化为知识，并且使其为我所用。"

与此同时，实战演习在加利福尼亚州的圣迭戈湾以及加州和内华达州的 9 个美军基地进行。"蓝方"部队使用了包括飞机、导弹和特种装甲车在内的各种武器，对恐怖分子老巢进行攻击，在作战重要关头，空军 C-130H 型运输机空运了 4 辆"斯特瑞克"型新一代陆军装甲车投入战斗，与其他部队将敌人彻底歼灭。

"千年挑战 2002"演习是在美国本土进行的一次大规模联合作战演习，其突出特点之一是模拟与实兵结合。此次演习，80% 的兵力都是由计算机生成的虚拟兵力，通过 LVC 技术，构建了一个包括实兵部队、模拟部队、非对称假想敌部队、42 个作战模型与仿真装置，以及军种训练场在内的综合网络训练系统，包括各类陆、海、空、天基武器平台的模拟器或仿真软件，以及各类作战计划、指挥控制命令、作战效果评估等，充分发挥了 LVC 综合实验可以灵活配置、可多次重复、安全和经济等特点。

2."大规模全球演习-2021"

2021 年 8 月，在美国海军和海军陆战队的主导下，美军及其盟友在太平洋、大西洋和地中海同步实施了两场全球性、全域性高端海上作战演习"大规模全球演习-2021（LSGE21）"和"大规模演习-2021（LSE-2021）"。两场演习几乎同时举行，其步骤环节、内容背景相互关联，是美联合盟友预演"同时打赢两场战争"。演习摆出了在全球范围内和战略竞争对手对抗的姿态，围绕海上力量三大军种一体化行动以夺取和维持区域制海权，重点实验和验证面对未来对抗性空间内高强度海上作战的作战概念、武器装备和军事技术，突出新概念、新样式、新装备和新战法的运用。

此次演习的一个突出特点就是大规模应用 LVC 技术。"实况-虚拟-构造"(LVC)体系架构,是联合作战实验和复杂体系建设的技术根基,也是美军极力发展的新型综合技术优势。美海军高级建模与仿真中心构设了面向分布式海上作战的"实况-虚拟-构造"体系架构:"实况"部分,由130艘水面舰艇和11个训练靶场组成;"虚拟"部分,由70多个飞机模拟器组成;"构造"部分,由14个模拟站点、作战实验室和计算机生成兵力组成。此次演习,是美军LVC体系架构连接用户最多、经受考验最大的一次体系性检验,总体集成36个"实兵"单元、50多个"虚拟"单元、无数个"构造"单元,融合了实时指挥、综合培训功能,创建了一个激烈对抗、虚实闭环的训练环境,有力支撑了战略、战役、战术多层级一体训练。美防务头条网站8月10日报道称,"尽管演习规模庞大,战略层面的目的是验证作战概念的复杂性、可行性,但坐在控制台前的观察者,仍专注于演练他们的战术、技术和程序,就像他们一直在做的那样"。

美军此次演习以大国高端战争为主题,以联合作战实验为方法,以作战概念验证为核心,以联盟联合作战为重点,探索试验了以潜在战略对手为假想敌的系列高端作战场景、作战方式,检验了AI、无人系统、LVC作战实验技术架构、新型作战体系架构等创新运用的效果,是美备战高端战争的大转进、谋求新型作战优势的大创新、加速无人化智能化转型的大变革。美军认为,未来高端战争面临日益复杂、动态演进的作战环境,演练活动范围和复杂性都在不断扩大,"演习设计必须同样是复杂的、动态的"。此次演习,美军运用LVC引入虚拟作战节点、增加场景设计难度,特意拓展实际战场演习范围,以及"观察部队如何在复杂场景下作战"。

4.7 本章小结

实验实施是依照实验方案,在人为可控的实验环境中完成实验活动的过程。本章对研讨、仿真分析、兵棋推演、实兵实验,以及LVC综合实验等不同实验方法的组织实施过程进行了介绍。可以看到,不同的实验方法,其组织实施过程有较大的区别。研讨实验核心是通过专家研讨的方式,寻找问题的解决方案和途径,探寻联合作战规律,其组织实施比较灵活。仿真分析实验以"人不在回路"方式进行,可以在相同条件下对同一想定反复运行。兵棋推演实验通过"人在回路"的对抗推演,其实施过程强调对抗性博弈、推演实验过程。实兵实装实验通过运用真实装备和作战人员来测试有关战术和技术概念,其组织实施最复杂。LVC综合实验具有实兵实装、虚拟仿真和构造仿真三种仿真方式的优点,可以有效提高实验的实战水平、效费比和安全性,已成为和平时期联合作战实验的主流方式。

第 5 章 联合作战实验分析

实验分析是将联合作战实验过程中各种输入和输出数据转化为实验结论的关键环节,直接关系到实验是否能够达成实验目的。联合作战实验分析的基础是数据,通过对数据的收集、处理、分析和可视化,将原始数据转化为关于作战过程的信息、关于作战规律的知识和指导作战实践的建议。绿方国防部"作战实验的准则"中将"提高实验结果的有效性""成功的实验依靠综合数据收集和分析"作为重要准则,也说明了联合作战实验分析的重要性。从某种意义上说,联合作战实验分析也是整个实验过程中最重要的部分。

5.1 概 述

联合作战实验分析是指通过对联合作战实验数据的收集和处理,运用各种分析方法,对联合作战实验问题和相关要素之间的关系进行分析和验证,形成实验结论的过程,其本质就是分析和验证因果关系,回答实验问题。

联合作战实验问题包括战略性研究问题、战法研究问题、兵力规划问题等多种类型,但是不论哪种实验问题,其核心都是因果关系,最终都可以用"如果……,那么……"的结构来表达。只是相对于一般的作战实验分析而言,联合作战实验要回答的问题更复杂、层次更高,分析的对象更多,往往需要运用综合研讨、仿真分析、兵棋推演、实兵实验等多种实验方法,而且很可能需要进行多次实验,实验本身组织的难度比较大,对分析的对象、目的和手段方法等方面都带来了很多新挑战,因此,联合作战实验分析的概念、特点和理念都发生了变化。

5.1.1 概念内涵

从作战实验分析到联合作战实验分析,不仅是术语的改变,而且是作战实验分析在联合作战背景下的创新与发展。通过对作战实验分析、作战实验评估等相关概念的剖析,可以更准确地把握联合作战实验分析的内涵。

1. 作战实验分析

作战实验分析是通过对作战实验数据的收集、存储、处理和分析,得出结论,并以适当的形式进行表现,以支持对军事问题的研究。作战实验分析是作战实验活动中的一项内容,有广义和狭义两种理解。

广义的理解是指将整个作战实验活动看成以分析为目的实验过程,将实验分析作为整个作战实验活动中最重要的部分,或者认为分析贯穿整个实验过程,通过对实验规划、实验设计、实验过程和结果数据的综合分析,发现作战想定、作战行动、作战效果之间的关联关系,帮助军事人员深化对作战问题的理解。狭义的理解是指对实验过程和结果数据的分析,目的是通过对实验数据的深入分析,发现数据背后的军事含义,解释科学事实,这种理解与科学实验的结果分析是基本一致的。从分析的对象来说,两者之间的差别在于对整个实验活动的分析,还是仅对实验数据的分析。从分析的目的来说,前者不仅包括对实验模型、过程和结果进行综合分析来形成科学的结论,还包括通过对实验问题分析和实验设计来确保实验结果的有效性和可靠性;后者主要是指通过对作战实验数据的分析,验证假设条件,并分析背后的原因或者机理。无论广义还是狭义理解,作战实验分析都是对实验问题及其组成要素之间关系的检查和研究,并用一定的方式来理解和表达。

作战实验分析的目的、环境、类型等与科学实验虽然有一定的差别,但是同样要遵循科学实验分析的一般规律。从作战实验的流程来看,包括实验设计、实验准备、实验实施、实验结果分析等多个环节,但从整个实验活动的阶段性来看,可以分为事前、事中和事后三个阶段。事前分析关注的是如何做实验,事中分析关注的是实验过程中如何有序推进实验朝着实验设计的方向发展,事后分析关注的是如何形成可靠有效的实验结论。三个阶段之间相互联系,事前分析是实验设计和规划的基础,也是一次作战实验能够有序开展的前提,直接影响实验设计的质量;事中分析是实验过程中根据形成的过程结果动态调整实验活动的依据,推动实验活动朝着预期的实验目的方向发展;事后分析是形成实验结论的重要手段,通过对各种数据的去粗取精、去伪存真,与经验数据相结合,分析形成可靠有效的实验结论。从某种意义上来说,广义的作战实验分析包括事前分析、事中分析和事后分析,狭义的作战实验分析仅指事后分析,本书主要对事后分析进行讨论。

2. 作战实验分析与作战实验评估

作战实验中经常会遇到实验分析与实验评估两个概念,也非常容易混淆。从概念上来说,分析强调将作战问题按照一定的逻辑分解为多个部分,通过考察各个部分和各部分之间的相互关系,分析出关键因素和内在联系。分析涉及用不同方式处理和看待问题,从而加深理解其本质的特性或意义。例如,通过实验来分析导致体系预警探测能力不足的原因是预警探测的信息处理速度慢。评估强调基于一定的价值判断尺度,对作战实验分析的结果进行标定和判断。标定的尺度有多种形式,可以用对比的方式来进行价值判断,如对体系的预警探测能力评估后发现红方预警探测能力比蓝方要强,这里的强和弱是对预警探测能力的一种价值判断;也可以用客观的价值尺度来进行标定,如红方预警探测能力较强,是以红方体系的能力值为判断的尺度。可以认为,作战实验分析是开展作战实验评估的前提和基础,而作战实验评估是作战实验分析的进一步延伸,评估需要分析的支撑。

3. 联合作战实验分析与作战实验分析

首先,从实验分析的内容来说,两者是基本一致的,都强调通过对实验数据的分析,得出科学可信的实验结论,以支持军事人员对问题的研究。联合作战实验分析是作战实验分析的高级形式,分析作战问题的层次更高,关系更复杂。

其次,从实验分析的对象来说,传统作战实验分析的对象是一般系统,研究系统整体与要素之间的关系;联合作战实验分析的对象是联合作战体系或者是以联合作战体系为研究背景,研究联合作战体系组分与组分之间的关系,或者体系组分与整体之间的关系。

最后,从实验分析的目的来说,两者都是以发现和验证因果关系为目的。不同在于一般系统的因果关系往往是确定的,或者说相对比较直观,而且通过一定的分析手段能够厘清。而联合作战实验因为作战体系具有整体涌现、动态演化和能力相对等复杂性,体系中各组分之间往往互为因果或因果关系动态变化,因果关系相对复杂。因此,联合作战实验不再是单纯以因果关系为目的,而是以联合作战实验活动产生的过程和结果数据为基础,以相关关系分析为手段,分析挖掘关于联合作战体系能力、体系贡献率和体系复杂性机理等知识,从某种意义上可以认为是更高级的因果关系。

4. 联合作战实验分析的内涵

分析是将联合作战实验数据转化为关于联合作战体系的知识,并最终形成对现实问题指导结论的关键环节。显然,分析的关键在于分析什么,如何分析,以及如何将实验数据转化为知识。

前文已经从广义和狭义两种角度对作战实验分析进行了阐述,认为作战实验分析就是对实验问题及其组成要素之间关系的检查和研究,并用一定的方式来理解和表达。广义的作战实验分析将所有与作战实验相关的要素都作为实验分析的内容,而狭义的作战实验分析将实验过程和结果数据作为主要分析内容。这里所说的关系其实是针对因果关系而言的,也就是说实验分析的本质就是发现和验证因果关系,并回答实验问题。

第1章阐述了联合作战实验可以根据实验目的、实验方法、组织主体等分为多种不同的类型。对于不同类型的实验而言,实验问题的类型也不同,因此分析的方法和目的也不尽相同,但是无论哪一种实验,分析最终都要落到因果关系上,目的都是要回答实验问题。

针对不同的实验目的,表 5-1 列出了对应实验问题的特点和实验分析的重点。显然,不同类型实验中分析的要点和分析目标完全不同,对于发现型实验分析而言,分析目标是判断采用新的作战理论后,任务完成度究竟能够达到多少? 对于验证型实验而言,需要多次调整变量进行实验后,分析作战领域控制权与时间窗口和通道走廊的关系,进而分析得出可行的有限区域的行动模式。对于演示型实验分析而言,主要是通过对比使用某系统前后的作战指挥活动及效果指标,计算某系统对指挥时间消耗、任务规划效率等的贡献率究竟有多大,费效比如何等。

表 5-1 不同类型联合作战实验中分析的特点

活动目的	实验问题的特点	分析的要点	分析目标
发现型实验	模式:如果采用某种作战理论,是否能够达到某种作战效果? 示例:将"俄亥俄"级战略导弹核潜艇改装为战术巡航导弹核潜艇,是否能够完成战术巡航的任务?	采用直接或间接计算的方法,对战术巡航的任务指标进行分析	任务完成度
验证型实验	模式:某种战法或作战方案是否可行? 如果不可行,原因是什么? 如何改进? 示例:运用某战法是否可行? 如果存在问题,原因是什么,如何改进?	首先分析作战领域控制权,其次分析时间窗口和通道走廊,最后分析得出有限区域的行动模式	作战领域控制权、时间窗口、通道走廊和行动模式
演示型实验	模式:使用某种××系统后能对现有的作战带来哪些影响? 示例:美军使用"海军优势聚合数字生态系统"后能够对复杂作战环境下的作战指挥活动带来哪些帮助?	对比使用前后的作战指挥活动及效果指标	对指挥时间消耗、任务规划效率等的贡献率和费效比

在数据分析的基础上,只有结合领域专家的经验,才能将关于数据分析的结论转化为联合作战体系的知识。知识对于不同的实验有不同的表现形式,可能是关于任务完成度的理解,也可能是关于体系贡献度的可视化表达,还可能是关

于能力差距的认识。

5.1.2 主要特点

联合作战实验分析在实验对象、实验方法和实验组织等方面都与一般的作战实验有所不同,对应的联合作战实验分析表现出分析对象整体涌现、方法工具综合集成、分析结论深入洞察等新特点。

1. 分析对象整体涌现

联合作战实验大多面向军委决策机关和战区指挥机构,分析的往往是关乎全局的整体性问题,分析对象是联合作战体系,可能是多军兵种参与的联合作战体系,也可能是以联合作战体系为背景,研究某一方面的问题与联合作战体系的关系。其主要有以下新特点:

一是体系构成复杂多样。联合作战体系是以网络信息体系为基础支撑,由各种作战系统按照一定的指挥关系、组织关系和运行机制构成的有机整体。这里所说的作战系统,可以按照功能划分为侦察情报、作战指挥、联合攻防、信息保障、后勤和装备保障、国防动员、政治工作等多种类别,也可以从作战领域的角度划分为陆、海、空、天、电、网等多个维度。而且联合作战体系构建与运行还依赖于信息关系、组织关系、指挥关系等多种虚拟空间和物理空间的关系。只有深入理解各种组分系统的功能、特点和相互关系才能形成对体系的正确认识,从实验分析的角度来看,无论是数据采集的量级、数据分析的任务,还是分析方法的运用,都比一般的作战系统的分析要复杂得多。

二是体系结构动态变化。一般的作战系统结构相对是稳定的,但是联合作战体系中的指挥关系、打击关系、保障关系等各种关系在对抗的过程中始终在变化,必然导致体系的各种能力动态演化,往往会出现一因多果、一果多因的情况,并且这些因果关系始终在动态变化,分析时需要从海量的数据中,分析出结构演化的规律和特征。

三是体系能力整体涌现。联合作战体系的能力是体系组分整体涌现的结果,源于多种作战力量的融合、多个作战要素的联动、多种行动的协同、多个作战领域的配合和多种能力的互补。分析时不仅需要从作战力量、作战行动、作战领域等多个维度,以及要素、系统和体系等多个层次分别进行分析,而且还要站在全局的高度,结合领域专家的经验知识,通过多维比对、关联分析进行整体综合分析,通过宏观整体与微观局部的比较才能形成可信的实验结论。

2. 方法工具综合集成

联合作战实验要分析的问题因为层次较高,定性成分较多,且往往涉及军事理论、作战指挥、武器装备等多个专业领域,陆、海、空、天、电、网等多种作战领域,以及综合研讨、仿真分析、兵棋推演、实兵实验等多种实验方法,不可能仅用一种方法或者一种工具就可以完成分析任务。

一是注重定性与定量方法的集成。联合作战体系由人主导,组分多元异构、结构动态演化、能力整体涌现,单纯定性方法缺少说服力,而在体系能力构成机理不清、结构动态演化的情况下,定量分析又缺少逻辑起点,必须采用定性与定量相结合的方法来进行分析。此外,针对联合作战体系的分析往往因素很多,变量空间很大,如果单纯依靠定量方法,往往会面临维数灾难,而且考虑作战活动的对抗性,敌方的行动也会带来很多变化,进一步加剧了体系的复杂性。例如,分析联合作战方案的优缺点并提出调整建议时,如果要把己方作战部署、作战编组、行动方案的所有可能性,以及敌方的行动、战场环境的影响都考虑进去,就无法计算了。因此,必须要基于专家的定性经验,对分析的方向和思路进行指导,不仅可以快速压缩变量空间,而且能够帮助其更高效地聚焦问题和发现问题。

二是注重多种工具的集成。基于仿真实验的分析往往都通过开发各种专用分析工具来进行分析,因为分析的场景一般比较固定,数据获取也相对容易。联合作战实验通常要运用综合研讨、仿真分析、兵棋推演、实兵实验等多种方法,对应的联合作战实验分析涉及的专业领域较多,数据源比较繁杂,数据格式多样,因此需要多种工具来进行数据收集、处理、分析和可视化。这里所说的集成包括两种类型:一种是单纯数据源层面的集成,强调在分析之前先把数据集成到一起,在校验筛选以后再进行统一分析;另一种是分析结果展现的集成,通过集成框架将各个工具分析的结果集成到一起,共同来说明问题。不管是哪一种,都需要相应的工具支撑。前者更强调数据校验工具,最终在统一的数据集上分析,在工具集成方面更容易一些,但是在联合作战实验中很少应用,因为不同的实验问题通常需要应用不同的实验系统,这些系统的技术体制、业务逻辑、数据格式不尽相同,要建立一套工具整合多种数据源,需要提前进行详细的接口设计和数据治理等工作,工具的通用性就弱一些。相反,在分析结果方面的集成,对于联合作战体系实验分析来说更加普遍,这样仍然保持了各个实验系统和分析工具的独立性,在面向应用层面进行集成时,无论是在技术难度,还是在应用需求上,都更实用一些。

3. 分析结论深入洞察

实验分析的本质是发现和验证因果关系,对于联合作战体系而言,就是发现联合作战的规律。这些规律往往隐藏在散落的作战文书、琐碎的作战命令和海量的交战数据中,只有通过整体与局部、普遍性与特殊性的比较分析,才能从中离析出正确的规律。

一是在多维比对中发现规律。联合作战体系是由人主导的受控体系,体系对抗的过程其实是双方体系在以人的认知为核心下进行的陆、海、空、天、电、网等多个领域的综合对抗。联合作战体系的规律蕴含在认知域、信息域、物理域等多个领域交互,陆、海、空、天、电、网等多军兵种协同,情报侦察、通信传输、指挥控制和后装保障等多种要素的联动过程中,单纯从某一个领域或某一个方面认识联合作战的规律是不现实的。类似于中医用"五行""八纲""六经"等多种维度的模型来认识人体系统一样,每一种模型都能在一定的范围内解决问题,但是又都不能解决所有问题。对联合作战体系规律的认识也需要从多种维度来进行综合比对,才能发现作战体系的规律。例如,从时间上认识作战行动的周期性,从空间上发现战役进攻的重点方向,从侦察预警和火力打击的对比中发现不同类型行动的关联性,从认知域与信息域的行为分析跨域的协同规律,基于各军兵种的行动关联分析相互的协同配合等。联合作战的规律大多需要从多种维度进行对比分析才能发现,但是究竟从哪个维度,选取哪些指标进行分析,则必须结合领域专家的经验和知识灵活选择。

二是在海量信息中探究规律。联合作战体系的构成复杂性和实验方法的多样性决定了体系的规律散落在各种数据中,既有作战过程产生的图文像表等非结构化数据,以及作战文书、作战命令等半结构化数据,还有各种指挥控制系统和仿真系统记录的结构化数据。联合作战体系的复杂性和高层次性,决定了联合作战的规律通常隐藏在各种不同类型数据构成的海量数据中,需要综合运用多种数据挖掘方法,才能洞察联合作战的规律。同时,联合作战的规律也不可能仅从一次作战行动或者一个作战场景就能认知,往往需要通过一定时间或空间范围内的多次行动或全过程数据才能分析出规律性。例如,分析防空反导体系的预警探测能力,需要针对整个作战过程中己方防空反导体系对敌方各型飞机和导弹预警探测数据进行统计分析,才能得出对不同类型飞机或导弹的预警探测能力。预警探测体系本身就有随机性,对敌方飞机一次穿透打击行动没有发现,并不能说明其预警探测能力就很差。

三是在迭代分析中提炼规律。体系的复杂性一部分原因是体系中各组分之间存在着复杂的关联关系。这种关联关系有时是直接的,有时是间接的,而且在空间和时间上都表现出较大的不确定性。可以认为网络化的交互关系是联合作战体系的整体涌现性、动态适应性和不确定性等复杂性特征产生的根源。除了少量显而易见的,联合作战体系中大多数关联关系都隐藏在各种作战行动和作战效果中,需要通过多次实验迭代分析和提炼验证,才能形成关于这些交互关系的科学认识。例如,在分析防空反导作战体系预警探测能力对完成反导任务的贡献率时,需要考虑警戒雷达、预警雷达、火控雷达等多种雷达的协同配合,以及力量的规模、部署等多种因素,必须通过多次实验,进行反复分析,才能逐步从多个变量中剔除干扰因素,最终得到可信的分析结论。

5.1.3 分析理念

从作战实验分析到联合作战实验分析,不仅在具体的分析方法和工具层面需要调整,更重要的是在理念上转换为以复杂系统理论、从定性到定量的综合集成、军事与技术融合等理念为指导,按照逐步聚焦、迭代实验的逻辑进行反复的迭代分析,最终结合专家经验知识形成最终的结论。

1. 以复杂系统理论为指导

联合作战体系是典型的复杂系统,具有复杂系统的典型特征,包括不可分解还原,因果关系不明确,状态混沌,结果不重复、不可预测,具有不确定性等。此外,复杂系统的组分常为网络化关系,而不仅是分支性和组合性的关系,组分之间互为因果,总是会涌现出新的性质。因此,不能简单地采用传统还原论思想来分析,必须采用复杂系统的思想指导实验分析,核心是在"整体、动态、对抗"的条件下进行分析。整体是指分析的重点始终围绕联合作战体系的整体能力,可以用分解的方法进行微观分析,但最终必须是以宏观整体为分析的落脚点;动态是指要考虑体系结构的动态演化性,即体系的结构和能力都有不确定性,不应该用一个单一值来描述体系的规律,必须置于一定的作战场景和作战任务中分析作战体系,并且应该将确定性的值作为作战体系的度量特例来看待;对抗是指要考虑对手对体系的影响进行分析,分析时不能总是从己方的视角来看待,对手和环境的变化都可能会对体系产生不同的影响。因此,对联合作战体系的分析一定要将不确定性当作常态,并用合适的条件和工具来对不确定性进行描述。

2. 从定性到定量的综合集成

联合作战体系由人主导,组分多元异构、结构动态演化、能力整体涌现,人们对其规律的认识还很肤浅,且难以完全用定量的方法进行描述和分析,必须借助人们的经验认识甚至是直觉上的认识。但是经验的认识往往千人千面,带有太多的主观因素,客观性与稳定性也较差。因此,单纯定性方法缺少说服力,而在体系能力构成机理不清、结构动态演化的情况下,定量分析又缺少逻辑起点,必须采用定性与定量相结合的方法来进行分析。从方法论来看,还原论方法难以认识作战体系的整体涌现性,也难以分析系统各组分间复杂的相互关系与相互作用,整体论难以认识体系各组分的行为细节,也无法分析整体性与涌现性的产生机制。因此,定性与定量分析相结合,还原论与整体论相结合,才是指导联合作战实验分析的理想途径。

定性与定量综合集成的实质是从定性分析出发,经过定量分析再回到定性分析,其核心始终以人为中心,将传统的数理统计、运筹分析等方法融入以人为主导的定性分析中,借助一系列用于定性和定量分析的工具,支持人对体系的整体能力与组分系统和体系结构的关系深入分析,进而发现体系的整体涌现性、动态演化性等复杂性机理。

3. 军事与技术的融合

联合作战实验分析是结合作战经验和军事专家的领域知识,通过对数据的分析,对作战活动进行重构,并且基于数据分析得出结论,探索关于作战规律的知识,最终还要回到对作战活动的指导上。显然,无论是对实验分析的指导,还是实验结论的形成都离不开军事专家的经验知识。例如,在对兵力机动对联合火力打击效果的影响进行分析时,如果泛泛地对总体毁伤情况和敌方总体机动情况进行分析,则可能得出敌方机动对联合火力打击效果影响不大的结论,因为机动部队的毁伤效果被整体的毁伤效果掩盖了。后来,分析人员通过分析发现只有部分防空反导兵力进行了机动,然后专门针对机动与未机动的防空反导设施毁伤效果进行比较,最终发现机动与毁伤效果之间是强关联的。显然,如果没有军事经验的指导,数据分析将无法聚焦到相应的问题上,关于作战规律的知识只能淹没在海量的数据中。相反,如果没有详尽的数据支撑和分析结论,很多规律将永远停留于军事专家的猜测和定性判断,可信度将大打折扣,对作战活动的指导性也缺乏说服力。因此,联合作战实验分析需要将军事人员的经验、知识和分析人员的处理方法紧密结合,由军事人员为数据分析提供大致的方向,由分析人员进行严密的数据分析,最终数据分析结论要经过军事专家的提炼和综合,才能形成可信的实验结论,打通从实验数据到指导作战实践的链路。

5.2 实验数据收集与预处理

在联合作战实验活动中,数据收集与预处理是实验数据分析和可视化的基础前提。根据综合研讨、仿真分析、兵棋推演、实兵实验等不同形式联合作战实验活动对数据收集与预处理的技术需求,采取合适的工程化数据收集和预处理方法,对于从源头上控制数据质量,为后续的数据分析和可视化活动提供高质量的新鲜"血液",有着十分重要的意义。

5.2.1 联合作战实验数据收集内容

联合作战数据收集是通过自动、人工等多种方式,按要求获取所需数据内容的过程,主要有两方面的作用。一方面,数据收集是数据分析评估的前提,是顺利得到实验结果的基本要求。联合作战实验数据收集的质量,从源头上决定了数据分析的结果,在很大程度上影响了联合作战实验的成败。另一方面,数据收集是数据资源体系建设的基础,只有尽可能完全收集实验基础数据、实验想定数据、实验过程数据和实验结果数据等结构化和非结构化数据,才能汇聚存储于联合作战实验数据资源池中,融合形成高价值的联合作战数据资源体系。

联合作战实验目的和手段不同,对所收集数据的要求也不同。也就是说,数据结构和内容描述并非越精细越好,一定要根据具体的实验问题和实验手段,有重点、有针对性地准备和收集数据。如表 5-2 所列,为满足综合研讨、仿真分析、兵棋推演、实兵实验等不同形式联合作战实验的差异化数据支撑需求,联合作战实验数据收集内容也呈现出一定的多样性,包括实验基础数据、实验想定数据、实验过程数据和实验结果数据。

表 5-2 联合作战实验数据收集类型

数据类型		实验方式			
		综合研讨	仿真分析	兵棋推演	实兵实验
实验基础数据	部队编制数据	√	√	√	√
	武器装备性能数据	√	√	√	√
	战场设施与目标数据	√	√	√	√
	战场环境数据	√	√	√	√
实验想定数据	作战想定数据	√	√	√	√
	仿真推演想定数据	×	√	√	×
实验过程数据	作战事件数据	√	√	√	√
	实体状态数据	√	√	√	√
	决策命令数据	√	×	√	√
	综合研讨意见数据	√	×	×	×
实验结果数据	分析评估数据	√	√	√	√
	实验结论数据	√	√	√	√

注:√表示需要收集此类数据,×表示不需要收集此类数据。

1. 实验基础数据

实验基础数据广泛运用于综合研讨、仿真分析、兵棋推演、实兵实验 4 种类型的联合作战实验活动中,是联合作战实验数据中最基本、最底层的数据,其准确性直接影响联合作战实验结果的合理性和可靠性。其主要包括:

1)部队编制数据

部队编制数据主要用于描述红、蓝(绿、紫、橙、白)多方的部队番号、部队级别、军兵种类型、隶属关系,以及部队内人员的类型与数量,以及给养、油料等物资携行能力。

2) 武器装备(弹药)性能数据

武器装备(弹药)性能数据主要用于描述红、蓝(绿、紫、橙、白)多方的武器装备(弹药)战技性能数据,包括飞机、舰艇、导弹发射系统、防空反导系统、预警探测系统、电子对抗系统、通信传输系统等武器装备平台性能数据,以及空空/空地导弹、地地导弹、反舰导弹、鱼雷、地(水)雷等弹药性能数据等。

3) 战场设施与目标数据

战场设施与目标数据主要用于描述红、蓝(绿、紫、橙、白)多方的重要军事与民事目标,如机场、港口、政治经济和战争潜力目标等,数据内容主要包括目标类型、数量、物理尺寸、建筑材质、抗毁性能等。

4) 战场环境数据

战场环境数据主要描述战场环境的范围与特征,以及对部队机动、探测预警、通信传输、火力毁伤、支援保障等行动的制约和影响,主要作用是构建作战仿真系统的环境,为决策分析、指挥控制和实时模拟提供战场环境的支持。数据内容主要包括自然环境、社会环境和信息环境三大类。其中,自然环境数据包括地形、水文、天候、气象等,如地形类型、海洋深度、昼夜交替等;社会环境包括铁路、公路、航线等交通网络,以及人为修筑的桥梁、隧道、管线等;信息环境包括预警探测、电子干扰与通信传输等电磁作战行动伴随产生的电磁波传播、衰减、干扰等复杂电磁效应。

2. 实验想定数据

对于差异化的联合作战实验运用场景,实验想定数据有两种不同的表现形式。

1) 作战想定数据

作战想定数据通常是非结构化的数据形式,描述了作战地域范围内的敌情、我情和战场环境等内容,可直接用于实兵演习和综合研讨的运用场景,或者支撑生成仿真分析和兵棋推演场景下的仿真推演想定数据。其主要包括:

一是想定背景数据,阐述"作战实验开展的想定背景条件是怎样的",主要内容一般包括:战场环境数据(地理环境数据、气象水文环境数据、战场设施数据、电磁环境数据、人文环境数据),作战企图数据,作战编组数据(各方的编组名称、数量、作战任务、作战行动、指挥关系、协调关系、保障关系等),作战部署数据(各方的部队部署位置)。

二是作战计划数据,阐述"作战实验实施过程中,作战计划是怎样的",主要内容一般包括:作战目的数据(预期对敌毁伤效果、需攻占/防御目标或地区的坐标位置与时间限制),作战方向数据(主要进攻/防御方向、次要进攻/防御方向),作战步骤数据(作战阶段划分的时间区间描述或态势节点数据),作战时间数据,作战地点坐标数据、作战行动数据(兵力编成数据、兵力配置数据、作战行动路线数据、作战行动结果处置预案数据)。

三是作战规则数据,阐述"作战实验实施过程中,作战实体的作战规则是什么",主要内容一般包括:作战实体的行为规则数据(如作战实体的速度规则数据、作战实体的行动范围规则数据、作战实体的攻击对象规则数据等),作战实体交战规则数据(如作战实体探测范围及概率数据、火力使用规则数据、毁伤概率规则数据等),作战行动终止规则数据(如作战行动终止时间、作战终止态势节点等)。

四是评估指标数据,阐述"作战实验实施过程中,评估方的评估准则是什么",主要内容一般包括:方案描述指标(是对作战计划数据的评估指标),关键能力指标(如侦察预警、火力打击、防空反导等领域作战能力评估指标),作战效能指标(如作战任务完成度、各分域作战能力对联合作战体系的贡献度等评估指标)。

2) 仿真推演想定数据

仿真推演想定数据通常是结构化的数据形式,是在实验基础数据的基础支撑下,通过统一的量化手段,对作战想定数据进一步数字化后形成的,可用于仿真分析系统和兵棋推演系统的输入想定数据。实验系统的模拟功能和数据结构具有差异性,因此仿真想定数据的具体呈现形式也具有多样性,关键是要在数字化的过程中,尽可能合理、科学地描述作战想定数据中的关键性能和效能参数。

3. 实验过程数据

实验过程数据是在实验基础数据和实验想定数据的输入激励下,基于一定的实验原理和规则而生成的实时数据,其数据内容与时间序列直接相关,随着联合作战实验进程动态变化。对于不同的联合作战实验手段,实验过程数据在表现形式上同样体现出较大的差异性。

1) 综合研讨实验过程数据

综合研讨实验是一种"专家在回路"的完全开环联合作战实验,强调运用"从定性到定量综合集成方法"开展军事问题研讨。专家通过讨论不断提出解决军事问题的思路、意见、判断和决策,以及对这些信息的量化处理分析,最终形成研讨结论。在这个过程中,专家是研讨的主体,但同时也需要模型体系为综合研讨提供定量分析的数据基础。

因此,综合研讨实验过程数据不仅包括作战事件数据、实体状态数据、决策命令数据,还包括特有的综合研讨意见数据,即研讨专家提出的个人研讨意见,或是针对其他专家意见的评论。一般而言,综合研讨意见数据是联合作战实验过程中人工给定的决策数据,即便有综合研讨系统作为技术支撑,但更多还是研讨专家依据专家经验给出的定性化结论判断。

2）仿真分析实验过程数据

仿真分析实验是基于仿真模型的"人不在回路"闭环实验。输入初始实验想定数据后，仿真模型就自行计算直至结束。实验过程数据是仿真系统实时计算产生的，以定量的方式记录了仿真模拟的全过程，是后续实验分析评估的重要数据支撑。一般情况下，主要数据内容包括：

一是作战事件数据。例如，部队机动、预警探测、目标识别、电子干扰、火力交战等。

二是实体状态数据。例如，部队及武器装备平台的位置、实力、弹药消耗情况、任务完成状态、是否被干扰等。

3）兵棋推演实验过程数据

兵棋推演是"人在回路"的开环联合作战实验方式，无论是手工兵棋，还是计算机兵棋，参演方通常要分为红、蓝（绿、紫、橙、白）多个小组进行对抗性推演研究，通过人与机器或人与人的对抗来实现对作战方案、作战能力等对象的评估与检验。

这种特殊的"人机结合、以人为主"的实验方式，一方面与仿真分析实验方式有一定相似性，使得兵棋推演的实验过程数据同样包括作战事件数据和实体状态数据，在此不做赘述；另一方面也存在特殊性，也就是在兵棋推演过程中，作战指挥人员需要根据每一回合中的实时战场态势进行指挥决策，并且反馈出相应的指挥控制命令，生成体现参演方战法的人工输入的决策命令数据。

4）实兵实验过程数据

实兵实验过程数据包括作战事件数据、实体状态数据，以及决策命令数据，重点关注参演部队的位置、行动及交战过程与结果相关的各类数据。

4. 实验结果数据

实验结果数据是实验过程数据运行的最终状态，广泛存在于综合研讨、仿真分析、兵棋推演和实兵实验的联合作战实验活动中。数据内容主要包括：

1）分析评估数据

分析评估数据主要是指基于方案描述指标、关键能力指标、作战效能指标等评估指标数据，在联合作战实验完成后形成的分析评估数据。

2）实验结论数据

主要结论数据主要是指基于分析评估数据结果，以及战损、战果等统计数据，凝练形成的实验结论数据。

5.2.2 联合作战实验数据收集过程

在联合作战实验数据的收集过程中,实验基础数据、实验想定数据、实验过程数据和实验结果数据涵盖红、蓝(绿、紫、橙、白)多方力量,从军事指挥视角到系统工程视角,从部队编成到武器装备,从战技性能到作战效能,不仅层次分明地描述和表征各层次的战争要素,而且与联合作战实验手段紧密耦合。

基于上述特点,联合作战实验数据收集过程包括分析数据收集需求、制订数据收集计划和实施数据收集活动三个步骤。

1. 分析数据收集需求

根据联合作战实验要求,结合联合作战实验方式,在已有数据资源的基础上,细致分析梳理数据缺口,汇总形成数据收集清单。具体应遵循以下原则:

一是要以实验目的为牵引。联合作战实验数据收集要经过一个自顶向下的严密论证过程:由作战实验目的决定需要什么样的评估内容,据此可以确定实验的评估层次和实验指标体系,从而决定在实验中需要采集哪些数据。因此,实验数据采集是军事需求与技术紧密结合的过程,必须在数据采集中发挥军事需求的牵引、指导作用。

二是要保持数据体系的完整性。联合作战实验数据具有层次性、关联性,是复杂多样的作战条件、情况和结果的数字化体现。在收集数据时,应注意数据的横向关联与纵向配套。一方面,在分析、评估实验结果时,体系化的完整数据才便于使用;另一方面,体系化的完整数据能够相互对照,及时发现反常结果,剔除不合理、不可靠数据。

三是要保证数据体系的客观性。联合作战实验数据具有一定的随机性,不可避免地会生成异常数据。因此,在必要时,要对所收集数据进行一定的处理,排除异常数据,保证所收集实验数据符合客观实际。具体的处理方法将在5.2.3 节"联合作战实验数据预处理"中讨论。

2. 制订数据收集计划

制订数据收集计划,一方面要基于数据收集需求分析的需求基础,另一方面要围绕数据分析评估的目标导向。因此,制订数据收集计划的关键步骤包括:一是规定联合作战实验待收集的数据内容;二是规定所有数据的收集机制;三是确定收集到每一项数据的可行方法;四是明确保证数据采集质量的方法;五是规定数据获取和归档工作流程;六是规定数据整编工作流程。

3. 实施数据收集活动

联合作战实验数据收集活动主要采用自动收集与人工收集相结合的方式。

一是自动收集，是指利用信息系统自动收集客观世界可直接获取的数据，以及联合作战实验系统运行过程中生成的结构化数据。其中，联合作战实验系统运行过程中的数据收集活动，主要面向仿真实验过程中各仿真模型和参与对抗推演的人员动态产生的动态实时数据，具有仿真步长推进快、仿真模型之间交互数据量大的特点，系统通常采用自动收集方式，且具备采样设置、实时收集、存储备份和监控管理等功能。以某兵棋系统为例，为满足数据多维度关联统计、可视化复盘回放等数据分析需求，系统支持在数据交换标准的约束下，面向系统运行过程中实时生成的作战实体状态信息、作战事件信息等动态数据进行自动收集，并对收集过程进行监控管理。描述作战实体状态信息的数据内容主要包括实时位置、机动状态、损伤状态、被发现状态、被干扰状态、任务完成度状态等；表征作战事件信息系统的数据内容包括作战事件的产生时间、行动执行主体、作战对象、作战(侦察、干扰、打击、保障)效果等。

二是人工收集，是指通过人工填写数据需求清单内容的技术手段。在实际的联合作战数据收集活动中，特别是在自动化数据收集程度不高的实兵演习中，往往要依赖专门的数据收集员通过现场收集实验过程数据。这种基于人工的数据收集方式虽然需要耗费大量的时间和精力，但是作为自动收集的必要补充方式，是不可或缺的。

5.2.3 联合作战实验数据预处理

联合作战实验采集的数据，由于不同作战实验方法在技术体制、数据格式、采集与运用方式等方面存在的差异，导致数据存在格式不一致、数据有异常、内容不完整等问题，一定程度上影响了联合作战实验分析效果。因此，在实验分析前，对数据进行处理是十分有必要的。数据处理主要目的是针对仿真模拟、兵棋推演、实兵演练以及综合研讨等不同联合作战实验方式产生的数据缺失、异常、冗余、冲突以及量纲不一致等问题进行处理，选取适当方法，使缺失数据完整化、异常数据正常化、冗余数据精简化、冲突数据一致化、数据量纲规范化，满足后续实验分析的数据需求。从实施步骤来看，联合作战实验数据预处理主要是通过数据清理、数据集成、数据转换等步骤，为实验分析提供较为干净、整齐、结构一致的数据输入，从而提升实验分析结论的真实性、有效性、准确性。其中，数据清理主要是对实验数据进行填补遗漏的数据值、识别或除去异常值；数据集成是将来自多个数据源(如数据库、文件等)数据合并到一起，消除合并过程中的数据冗余和数据冲突情况；数据转换是对数据进行规范化操作，将数据值统一转化至特定的范围之内。

针对不同的实验方法，数据处理的重点不同，如表5-3所列，综合研讨实更注重数据集成与数据转换,而仿真分析、兵棋推演、实兵实验则更聚焦于数据清理与数据转换。在数据集成中,仿真分析、兵棋推演数据自动采集程度更高,数据值冲突相对于实兵检验要少很多。但是,因为推演成本较低,会进行多次推演,导致数据量规模庞大,影响数据分析效率,因此需要进行数据冗余处理。

表 5-3 联合作战实验数据预处理方法

数据处理方法		实验方式			
		综合研讨	仿真分析	兵棋推演	实兵实验
实验数据清理	数据缺失值处理	×	√	√	√
	数据异常值处理	×	√	√	√
实验数据集成	数据冗余处理	√	√	√	√
	数据值冲突的检测与处理	√	×	×	√
实验数据转换	数据量纲规范	√	√	√	√

注:√表示需要进行此类处理,×表示不需要进行此类处理。

1. 实验数据清理

联合作战实验是一项复杂的军事系统工程,甚至是复杂巨系统问题,这导致实验收集的数据种类多且数据规模庞大。特别地,采集的数据有相当一部分是人员或设备直接记录的状态,这些数据可能因为人为操作不当和设备测量不精准等原因导致收集到的数据出现异常,甚至缺失的情况。因此,在数据分析前,首要步骤就是对收集到的实验数据进行数据清理,主要目的是填充缺少的值、剔除异常数据点、纠正数据的不一致性,提升联合作战实验数据质量,下面介绍两种主要的数据清理方法。

1) 数据缺失值处理

由于联合作战实验数据传输、存储或更新中不可避免地造成部分数据的遗漏和异常数据丢弃,导致收集实验数据存在缺失值情况,影响分析结果。针对上述情况,常用缺失值处理办法有以下几种:

方法一是忽略元组法,即直接忽略该条记录。该方法适合于仿真模拟、兵棋推演等场景,因为这几种形式产生的数据规模一般较大,成本较低,忽略该条记录不会对最终结果有较大影响。相反,对于实兵演练等组织和实施成本较大的场景,产生数据比较宝贵,需要谨慎使用忽略元组法。

方法二是人工填写缺失值,依靠人工经验,填写该数据。该方法很费时,需要耗费大量人力,对于数据集很大,缺少很多值情况时,该方法可行性不强,如仿真模拟、兵棋推演等场景。对于实兵演练以及综合研讨等场景,利用专家经验人工填写缺失值是比较高效的一种方法。

方法三是使用该属性的平均值填充缺失值。例如,当某条记录飞机的速度为缺失值时,可以采用平均所有样本速度属性的数值,代替缺失值。该方法一定程度上能解决缺失值问题,但是存在不够精确问题,特别是平均所有样本,导致该属性值受到其他类型样本的影响。例如,对于飞机速度记录的缺失值替换,不应该考虑平均水面舰艇、地面部队等其他类型样本的速度属性值。在此方法上,可以优化改为使用与给定元组属同一类所有样本的平均值。例如,在上述飞机速度缺失值的情况下,可以采用计算同种类型飞机样本的速度平均值,而不是所有样本的平均值。在仿真模拟、兵棋推演、实兵演练以及综合研讨中都可以广泛推广。

方法四是使用最可能的值填充缺失值。可以用多项式拟合、贝叶斯网络、神经网络等形式化方法推断填充缺失值。例如,对于上述记录中飞机速度属性存在缺失值,可以将该飞机前后数据记录按时间进行排序,通过拟合时间与速度的函数关系,推断该条记录所处时刻飞机的速度。该类型方法精确度优于方法三,但是需要有一定规模的数据进行支撑,对于数据规模较小的情况,难以做到精确推断填充值。

上述联合作战实验数据缺失值处理方法有各种特点,需要根据具体情况,选取采用适合的处理方法。方法一、三、四比较适合仿真模拟、兵棋推演等数据规模较大,获取数据成本较低的实验类型中。对于数据情况较少、数据成本较大的实兵演练中,利用专家知识采用方法二填补数据缺漏是一种有效的办法。

2）数据异常值处理

数据的准确性将直接影响联合作战实验的评估结果。因此,分析和剔除异常数据,保证数据准确性是数据分析前的一个重要步骤。常用的异常值处理方法有 Grubbs 准则法,它可有效定位测试数据中的异常值。Grubbs 测试（以 1950 年发表测试的 Frank E. Grubbs 命名）,也称为最大归一化残差测试或极端学生化偏差测试,是一种统计测试,用于检测数据集中的异常值。Grubbs 准则基于正态假设,也就是说,在应用 Grubbs 准则法之前,应首先验证数据是否可以通过正态分布合理地近似。Grubbs 准则的测试一次检测到一个异常值,就从数据集中删除该异常值,并且迭代测试直到没有检测到异常值。对 Grubbs 准则更深入的了解,读者可以参考相关统计分析书籍。

在联合作战实验数据预处理中,出于谨慎考虑,通常不会直接剔除算法检测出的异常值,而是需要详细分析产生这些异常值的原因,查看是否是环境、设备故障等影响因子再决定是否剔除。由于实验的复杂性、不确定性,异常值不仅数量多,而且产生原因也有很多类型。通常情况下,因人员训练水平欠缺、测试设备故障、传感器故障、极端恶劣环境、程序异常错误及其他不可抗拒因素所产生的异常值不纳入处理完后的联合作战实验数据中。值得注意的是,异常值有些情况并非是无用数据。相反,能从异常值中挖掘许多关键信息,这些信息将为评估作战方案、作战装备的人机适应性、环境适应性、编成适应性、保障适应性等适用性指标提供重要支撑。

2. 实验数据集成

数据集成是将多个数据源(数据库等)进行合并,统一存储在标准数据存储中。联合作战实验分析中通常需要合并多个实验子系统产生的不同数据进行分析,但是不同系统数据的多样性和异构性为数据集成带来了巨大的挑战。数据在内容上包含基础数据、作战方案数据等多种类型数据,在结构上包含储存在数据库中结构化数据和文本、音频、视频等非结构化数据。上述数据内容多样性和结构异构性,促使在数据集成中需要考虑数据冗余以及冲突等挑战。

1)数据冗余处理

数据冗余是数据集成中经常发生的一个问题。数据冗余处理主要有两个目的:一是减少数据属性维度;二是减少数据规模,实际中两种方式通常结合使用。例如,数据中一个属性(平均每批次飞机击落对方飞机数)可以从其他属性(每批次击落对方飞机数)中推演出来,那么这个属性就是冗余属性。

此外,利用相关分析可以帮助发现一些数据冗余情况。例如,给定两个属性,则根据这两个属性的数值分析出这两个属性间的相互关系。属性 A 和属性 B 之间的相互关系可以根据以下公式分析获得。

$$r_{A,B} = \frac{\sum(A - \bar{A})(B - \bar{B})}{(n-1)\sigma_A \sigma_B} \tag{5-1}$$

其中,$\bar{A}$ 和 $\bar{B}$ 分别代表属性 A 和 B 平均值;σ_A 和 σ_B 分别表示属性 A 和 B 的标准方差。若有 $r_{A,B} > 0$,则属性 A 和 B 之间是正关联,也就是说若 A 增加,B 也增加;$r_{A,B}$ 值越大,说明属性 A 和 B 正关联关系越密切。通过 $r_{A,B}$ 值的计算,可以分析两个属性的冗余性。当 $r_{A,B}$ 值越大时,两个属性之间冗余越大,这时可以考虑删除其中一个属性。除了检查属性是否冗余,还需要检查记录行的冗余,从而减少数据规模,分析方式与属性冗余类似,这里不再赘述。

2)数据值冲突的检测与处理

数据集成中,由于数据来源不一致,经常出现数据记录内容有冲突,其中一些数据冲突问题可以利用它们与外部的关联关系,人为地加以解决。例如,联合作战实验中,来自不同系统的某类装备的性能数据值不一致,发生冲突,一般可以通过对比装备性能指标原始手册加以纠正。此外,针对多个来源数据不一致的情况,可以采用投票形式,按照少数服从多数的形式,对数据冲突问题进行消解。

3. 实验数据转换

联合作战实验数据转换是将实验数据转换或归并构成一个适合实验分析的

数据描述形式。在实验数据转换中主要包含以下几种典型方法:数据平滑处理,帮助除去数据中的噪声;数据泛化处理,是用更抽象(更高层次)的概念来取代低层次或数据层的数据对象,如导弹射程的属性值,就可以映射到更高层次的概念,如近程、中程和远程;数据量纲规范处理,主要是将一个属性的取值范围投射到一个特定范围之内,以消除数值型属性因大小不一而造成联合作战实验分析结果的偏差,从而解决不同量纲数据综合分析时数量级和量纲不一致的问题。例如,对装备型号这一类数据,在表示的时间、性能等参数上需进行统一量纲规范处理。本小节主要介绍在联合作战实验转换中比较常用的数据量纲规范处理方法,对于数据平滑与泛化等其他实验数据转换方法,读者有需要可以查看相关数据挖掘书籍做更深入的了解。

对于数据量纲规范处理方法,可采用最小最大规范法、Z 分数规范法、小数定标规范法等常用规范化方法进行数据转换处理。

1)最小最大规范法

最小最大规范化是对原始数据进行线性变化,假设 $\min_A$ 和 $\max_A$ 分别为属性 A 的最小值和最大值。最小最大规范化通过以下公式计算:

$$v'_i = v'_i = \frac{v_i - \min_A}{\max_A - \min_A}(\text{new\_max}_A - \text{new\_min}_A) + \text{new\_min}_A \quad (5-2)$$

其中,把 A 的值 v_i 映射到区间 [new_min_A, new_max_A] 中的 v'_i。如果今后的输入实例落在的原数据值域之外,则该方法将面临"越界"错误。

2)Z 分数规范法

Z 分数规范法中,属性 $\overline{A}$ 的值基于 A 的均值(即平均值)和标准差规范化。A 的值 v_i 被规范化为 v'_i,由下式计算:

$$v'_i = \frac{v_i - \overline{A}}{\sigma_A} \quad (5-3)$$

其中,$\overline{A}$ 和 σ_A 分别为属性 A 的均值和标准差。$\overline{A} = \frac{1}{n}(v_1 + v_2 + \cdots + v_n)$,而 σ_A 用 A 的方差平方根计算 $\sigma_A = \frac{1}{n}\sum_{i=1}^{n}(x_i - \overline{x})^2$。当属性 A 的实际最小值和最大值未知,或者存在离群点左右了最小最大规范方时,可以选择 Z 分数规范化来代替最小最大规范化。

3)小数定标规范法

小数定标规范法是通过移动属性 A 的值中小数点位置进行规范化。小数点的移动位数依赖于 A 的最大绝对值。A 的值被规范化为 v'_i,由下式计算:

$$v'_i = \frac{v_i}{10^j} \quad (5-4)$$

其中,j 为使得 $\max(|v'_i|)<1$ 的最小整数。

经过数据规范化方法可能将原来的数据改变很多,特别是使用 Z 分数规范化或小数定标规范化。因此,在规范化过程中,注意的是有必要保留规范化前的参数(均值和方差),以便将来数据可以还原或者后续数据用其他方式进行规范化。在规范化中,具体采用哪种方法,不依赖于实验数据是来自仿真模拟、兵棋推演、实兵演练还是综合研讨,主要取决于联合作战实验中的评估算法。

5.3 实验分析方法

联合作战实验分析是一个对因果关系去伪存真、去粗取精、发现验证的过程,目的是回答实验问题。因为联合作战实验要回答的问题层次高,因果关系复杂,单纯的定量分析往往难以完成任务,所以特别强调定性与定量相结合的分析方法,即以专家的经验知识为指导,为定量分析方法提供指导,最终通过综合分析方法提炼形成较高层次的结论。

实验分析方法的分类有多种,如可以按照实验方法分为综合研讨分析、仿真分析、兵棋推演分析和实兵实验分析等,也可以按照实验阶段分为事前、事中和事后分析等。考虑到联合作战实验分析以数据分析为基础,以因果关系为核心,本书按照因果关系分析归属的不同层次,主要介绍统计分析、关联分析、溯源分析、综合分析、可视化分析 5 种方法。其中,统计分析侧重于分析数据本身,关联分析侧重于从更高和更多维度进行分析,溯源分析侧重于围绕作战问题运用多种工具分析,综合分析侧重于基于定量分析结果进行定性分析。考虑可视化分析也是分析和展示因果关系的一种方法,且在联合作战实验分析中应用广泛,因此也一并介绍。

5.3.1 统计分析方法

统计分析方法用于发现数据本身的统计学规律,主要是针对统计学范畴下的关联关系,如通过对作战行动的回归分析发现其在时间上的周期性。

1. 基本特征

统计分析是应用最广泛的联合作战实验分析方法之一。它是运用数学方式,对实验数据进行数理统计,对数据进行科学定量分析。通过分析研究对象的规模、速度、范围等数量关系,统计分析可以帮助分析人员更好理解实验结果,找出数据中蕴含的潜在作战规律。联合作战实验中的统计分析具备下列几个特征:

(1)直观性:联合作战实验场景是复杂多样的,其本质和规律难以直接把握。统计分析方法是通过分析数据的基本特征,通过均值、方差等量化数据及直方图、饼图、柱状图等形式直观展示,从而揭示联合作战实验数据中的潜在规律。

(2)可重复性:衡量分析方法质量的一个客观尺度。用统计分析方法分析的联合作战实验数据结果是可重复的。在相同的条件下,多次重复统计分析的结果应该是一致的。

(3)科学性:统计分析方法以数理统计理论为基础,具有严密的逻辑结构和较完备的理论证明。从提出假设、选取统计分析方法到得出结论,都必须按照一定的科学逻辑和标准。

2. 主要方法原理

统计分析一般可以分为基本统计分析和高级统计分析两大类。其中,基本统计分析方法主要聚焦一般性统计,是联合作战实验分析的基础,通过基本统计分析可以对联合作战实验问题的结果形成初步认识,为之后高级统计分析提供基础,常用的基本统计分析方法主要是描述统计和假设检验。高级统计分析方法是对实验数据的深度统计分析,帮助分析人员发现数据某种规律,并对有关证据进行深入分析,相比于基本统计分析方法,高级统计分析方法更加注重挖掘数据之间的相关性,也能够对数据发展趋势进行预测。典型的高级统计分析方法主要包括相关分析、回归分析等。本节只对相关典型方法做简要介绍,想要更深入了解相关内容的读者可以阅读统计分析相关书籍。

1)描述统计

描述统计是通过图表或数学方法,对数据资料进行整理、分析,并对数据的分布状态、数字特征和随机变量之间的关系进行估计和描述的方法。描述统计分为集中趋势分析、离中趋势分析两部分。

集中趋势分析主要靠平均数、中数、众数等统计指标来表示数据的集中趋势。例如,在作战仿真模拟实验中,验证某型导弹对某类大型舰艇的杀伤效果,计算平均消耗多少导弹摧毁该类目标,是正偏态分布,还是负偏态分布。正偏态分布是指曲线的最高点偏向于 X 轴左边,表示在重复的多次实验中,多数的实验结果摧毁该目标耗弹量小于平均耗弹量;负偏态分布是指曲线的最高点偏向于 X 轴右边,表示在重复的多次实验中,多数的实验结果摧毁该目标耗弹量大于平均耗弹量。对于验证不同导弹对某类目标杀伤性能来说,在摧毁目标耗弹量平均值相同下,呈正偏态耗弹量分布的导弹类型性能稍优。

离中趋势分析主要靠全距(最大值与最小值差距)、四分差(上四分位数 − 下四分位数)、平均差、方差、标准差等统计指标来研究数据的离中趋势。例如,想知道对比不同类型雷达对隐身飞机实际探测距离,评测哪个类型雷达探测性能更加稳定,可以通过查看对隐身飞机实际探测距离分布哪个更加不分散来判断。这时,可以用两种类型的雷达实际探测距离的四分差和百分点来比较。

2)假设检验

假设检验又称统计假设检验,主要用来判断样本与样本、样本与总体的差异是由抽样误差引起还是本质差别造成的统计推断方法。联合作战实验中许多的问题都可归纳为假设检验问题,如可以通过假设检验方法评定炸弹落点精度,通过提出原假设和备选假设,选取适当的统计量,给定显著性水平,即可判断炸弹精度是否符合假设。此外,在联合作战过程中,对目标探测与跟踪、目标识别、信息融合、作战决策等多个环节存在的判决问题,都可以通过运用假设检验工具来解决。

常用的假设检验方法,主要分为参数检验和非参数检验两种方式,参数检验是在已知总体分布的条件下(一般要求总体服从正态分布)对一些主要的参数(如均值、百分数、方差、相关系数等)进行的检验,如根据在目标探测中,根据传感器探测结果来判断"目标是否存在",运用参数检验方法。相反,非参数检验则不考虑总体分布是否已知,常常也不是针对总体参数,而是针对总体的某些一般性假设(如总体分布的位置是否相同、总体分布是否正态)进行检验。例如,对不同传感器得到的目标航迹判断是否属于同一个目标,可以考虑非参数检验的方法进行验证。

3)相关分析

相关分析是研究现象之间是否存在某种依存关系,对具有依存关系的现象探讨相关方向及相关程度,包括单相关、复相关、偏相关分析等方法。

相关分析探讨数据之间是否具有统计学上的关联性。这种关系既包括两个数据之间的单一相关关系,如预警探测装备数量与防空反导拦截效果之间的关系;也包括多个数据之间的多重相关关系,如预警探测装备数量、指挥系统响应时间与防空反导拦截效果之间的关系;既包括 A 大 B 就大(小), A 小 B 就小(大)的直线相关关系,也可以是复杂相关关系($A = Y - B \cdot X$);既可以是 A、B 变量同时增大这种正相关关系,也可以是 A 变量增大时 B 变量减小这种负相关关系,还包括两变量共同变化的紧密程度,即相关系数。实际上,相关关系唯一不研究的数据关系,就是数据协同变化的内在根据,即因果关系。

4)回归分析

获得相关系数有什么用呢?简而言之,有了相关系数,就可以根据回归方程,进行 A 变量到 B 变量的估算,这就是所谓的回归分析,因此,相关分析是一种完整的统计研究方法,它贯穿于提出假设、数据研究、数据分析、数据研究的始终。

回归分析是指确定两种或两种以上变量间相互依赖定量关系的一种方法。

它是一种预测性的建模技术,研究因变量和自变量之间的关系。按涉及的变量多少,可分为一元回归分析和多元回归分析。一元线性回归分析是只有一个自变量 X 与因变量 Y 有关,X 与 Y 都必须是连续型变量,因变量 Y 或其残差(因变量真实值 Y 与模型拟合值之间的差)必须服从正态分布。多元线性回归分析是分析多个自变量与因变量 Y 的关系,X 与 Y 都必须是连续型变量,因变量 Y 或其残差必须服从正态分布。

回归分析不仅可以拟合多个变量之间的关系,还可以根据拟合的关系,通过其中一个变量的变化,预测另一个变量的变化趋势。例如,在实兵演习中,对于联合火力打击实验,因为成本等原因对实验次数的限制,不可能做大量实验分析多次火力打击的效果。可以采用多项式回归的方法,对现有的实验结果进行拟合,从而得到在多次火力打击后的预期效果。

3. 典型应用

统计分析方法能够发现在不同实验条件下作战过程中存在的统计性规律,挖掘重要知识,在联合作战实验分析中的效果评估、影响因素分析等多个方面发挥着重要作用,下面结合具体案例进行说明。

1)基于描述统计的作战行动效果评估

由于作战过程中不确定因素多,作战行动效果数据表现出显著的随机性。为了探索作战行动效果数据背后隐藏的作战规律,可以采用基于统计分析的方法研究作战行动效果的评估问题。通过研究作战行动效果数据的统计特征,发现整体结果特征以及数据之间的量化关系,进而根据统计特征推断作战行动间存在的一般规律,最终达到评估作战行动效果的目的。

作战行动种类繁多,为了便于读者理解,本节聚焦讨论分队级作战进攻这一典型作战行动,初始想定如下战场地图大小 100×100,红方 100 人,蓝方 50 人,通过某战斗模拟系统产生多次仿真实验结果,探讨统计性规律,根据系统输入条件,确定红蓝双方范围属性,如表 5-4 所列。

表 5-4 红蓝双方范围属性

属方	侦察距离	火力半径	战斗欲望	机动速度
红方(健康)	16	16	8	2
红方(受伤)	8	8	4	1
蓝方(健康)	10	10	4	2
蓝方(受伤)	5	5	2	1

通过 100 次红方战斗模拟,采用描述统计分析方法,分析上述 100 次战斗结果。通过计算样本最小值、最大值、中位数、均值、方差,对上述模拟实验产生的

结果进行整体的集中趋势分析,可以得到表 5-5。从仿真结果可以看出,在健康人数等关键作战指标中,红方以压倒性优势超过蓝方。这符合实验假设预期,根据范围属性表设定,红方明显处于优势。此外,在多次实验中,利用描述统计方法,可以观测到样本均值与中位数比较接近,这说明离群点较少,仿真结果较为可靠。进一步,通过分析红方的健康人数和受伤人数样本方差大于蓝方,表明红方战损情况波动比较大。这充分说明作战过程中还存在很多不确定性,对于进攻优势的一方,在作战过程中应提高自身生存能力,以取得更好的作战效果。

表 5-5 基本统计结果

描述统计量	样本最小值	样本最大值	样本中位数	样本均值	样本方差
红方健康人数	69	93	81	81.01	23.4241
红方受伤人数	7	30	18	17.59	21.1736
蓝方健康人数	0	9	3	3.29	4.4706
蓝方受伤人数	1	13	5	4.48	6.3531

2) 基于相关分析的防空作战影响因素分析

防空作战分析系统中,要求分析红方力量规模 A、蓝方有无反辐射导弹 E、蓝方巡航导弹速度 C 三个因素与实验结果"拦截蓝方导弹数量"之间相关性的大小。其中,因素 A 给出"基本""基本+1""基本+2"三个水平,记为 A_1、A_2、A_3;因素 B 给出有和无两个水平,记为 B_1、B_2;因素 C 给出超声速和亚声速两个水平,记为 C_1、C_2。实验结果如表 5-6 所列。

表 5-6 拦截导弹数量

实验点	结果	实验点	结果	实验点	结果
$A_1B_2C_2$	41	$A_2B_2C_2$	52	$A_3B_2C_2$	56
$A_1B_2C_1$	0	$A_2B_2C_1$	0	$A_3B_2C_1$	0
$A_1B_1C_2$	31	$A_2B_1C_2$	38	$A_3B_1C_2$	40
$A_1B_1C_1$	0	$A_2B_1C_1$	0	$A_3B_1C_1$	0

为了更直观地分析它们之间相关性,采用均值比较分析法,分析两个因素的关联效益,得到图 5-1。通过图 5-1 可以看到(图中线段由上至下依次为 C_2、B_2、B_1、C_1 水平情况,其中 C_1 与横坐标轴重合),随着红方力量规模的增加,可以做出影响拦截蓝方导弹数量结果的两个因素"蓝方有、无反辐射,导弹"和"蓝方使用亚(超)声速导弹"的 4 条折线,比较折线斜率的大小,依次是蓝方使用亚声速导弹、蓝方无反辐射导弹、蓝方有反辐射导弹、蓝方使用超声速导弹。

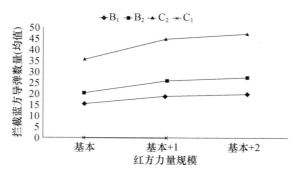

图 5-1 拦截导弹原因分析

根据结果,红方力量规模的增加将极大地提升对蓝方使用亚声速导弹的拦截效果。与此同时,"蓝方选择亚声速导弹还是超声速导弹"对结果"拦截蓝方导弹数量"的影响最大。然后是蓝方无反辐射导弹、有反辐射导弹,蓝方使用超声速导弹与红方力量规模的增加没有关联,也就是说,红方力量规模的增加对于蓝方使用亚声速导弹的情况影响最为显著,而只要蓝方使用超声速导弹,红方力量规模无论怎样增加对结果都没有效果。

5.3.2 关联分析方法

"关联而非因果"是进行海量数据分析的重要理念,相比于追溯海量数据中的因果关系,更可行和有效的方法是通过关联规则挖掘,查找各因素之间的关联关系,发现存在于大量数据中的相关性,从而找到现实中事物间的某些规律并指导工作实践。

现代战争复杂多变,战争的各因素相互交织,由此造成联合作战实验数据呈现出规模海量化、类型多样化、处理快速化等特征,传统实验数据分析方法存在分析能力和效果不足等问题。通过对海量作战实验数据的关联分析和关联规则挖掘,可以查找存在于问题集合或对象集合之间频繁出现的模式或规则,弄清实验因素之间的相关影响,发现隐藏在这些数据中的关联知识,确定联合作战体系中各要素之间的关联关系,从而辅助联合作战实验人员获取对作战行动的整体认识,把握作战行动的关键环节,为优化体系结构、规划项目建设、提升战斗力等提供决策信息。

1. 基本特征

关联关系不是一种严格的数量依存关系,不可能由一个变量值简单地求出另一个变量值。同时,关联关系不是确定的,只能进行推断和预测,因而对分析方法和手段也提出了更高的要求。具体而言,关联分析方法具有以下几个方面的典型特征：

一是分析数据海量。联合作战实验的要素众多，存在大量的关联关系，处理出的规则数据量相应也较多。同时，数据量大并不意味着数据价值的增加，相反，往往意味着数据噪声的增加。为了发现联合作战实验数据中隐藏的大量规则和价值，需要对实验过程中广泛存在和不断产生的海量数据进行关联分析和挖掘。

二是分析对象未知。在联合作战实验过程中采集的数据分布广泛且杂乱无章，实验因素众多且相互影响交织，大量有用的关系、规则、趋势等信息隐藏其中，分析人员往往无法提前明确知道分析对象是什么以及对象之间的关系是什么，许多关系可能找不到甚至根本就不存在，需要通过关联分析和挖掘来揭示。

三是分析手段复杂。传统的关联分析手段多是面向结构化的数据，存在一定的局限性。为了应对联合作战实验过程中产生的多源异构数据，需要面向大量半结构化或非结构化数据，借助分布式、并行计算和大数据的方法与技术，综合运用多种分析手段，这给数据的高效关联分析和挖掘提出了严峻挑战。

2. 主要方法原理

1993 年，美国 IBM 的科学家 Agrawal[①] 等首次提出关联规则挖掘，就是指从大型数据集中发现相关或关联关系的过程，也就是从数据集中识别出以较高频率出现的属性值集，即频繁项集，对象主要是数据库中的项目和属性之间存在的隐蔽联系，所发现的信息是不能通过数据库逻辑操作所能够得到的，往往出乎意料或预先未知。其最初的目的是发现交易数据库中不同商品之间的关联联系及其规则，以便对进退货款、库存统计、货架设计等进行科学的安排和指导。

在联合作战实验中，期望的实验结果存在一对一、一对多、多对多等不同对应关系，大量假设需要用双变量、多变量表达，因而同样需要充分结合大数据的特征，在多种技术支撑下，挖掘存在于海量实验数据中的关联关系，为揭示战争规律、提升战斗力提供指导。例如，在利用仿真系统进行航空兵突防效果仿真实验中，可以通过实验产生的大量突防方法与突防效果之间的关系数据，得到"实施远距离电子干扰""采用反辐射武器打击敌对空雷达阵地""运用远中近程空地导弹进行突防"等突防方法与突防效果"好"和"不好"的一系列关系，并通过分析可以得出"采用单一类型、单一弹道导弹"与"采用多类型、多弹道导弹相结

---

① Agrawal 是美国 IBM Almaden 研究中心（磁盘存储器和关系数据库都诞生于此）的科学家，1993 年与 Imielinski、Swami 一起在论文 *Database mining: A performance perspective* 中提出通过分析购物车中的商品集合，从而找出商品之间关联关系的关联算法，并根据商品之间的关系，找出客户的购买行为。Agrawal 从数学及计算机算法角度提出了商品关联关系的计算方法——Apriori 算法。沃尔玛超市后来尝试将 Apriori 算法引入 POS 机数据分析中，获得了巨大的成功。

合"的方式所达到的不同突防效果。

当前，应用较多的关联分析技术主要包括 Apriori 关联规则挖掘和频繁模式（Frequent Pattern，FP）增长算法关联规则挖掘。其中，Apriori 关联规则挖掘是利用逐层搜索的迭代方法找出数据库中项集的关系，进而找出所有的频繁项集，以产生强关联规则。这种方法可能产生大量的候选项集，为了克服这一缺点，FP 增长算法并不产生候选项集，而是采用分治的策略，将代表频繁项集的数据库压缩进频繁模式树（FP 树），然后将树分化成一些较小的条件数据库，再对这些条件库分别进行挖掘，可以显著降低搜索开销。但这些传统的算法都需要多次扫描数据库，输入输出负载过大，而且效率低，随着实验数据规模的增大，计算能力和存储容量成为关联挖掘的阻碍。为了克服传统单机环境下的挖掘瓶颈，针对海量联合作战实验数据进行关联分析，可利用大数据分布式计算框架，对已有算法进行分布式和并行化处理，结合分而治之与并行处理策略来提升计算效率、平衡计算负载。

此外，联合作战实验过程中收集的基于事件的数据都具有固有的序列特征，也就是说，在这种数据代表的事件之间存在某种序列关系，通常基于时间或空间的先后次序。例如，在空中交战中击落敌方飞机的事件序列：⟨｛发现敌方飞机｝｛跟踪敌方飞机｝｛锁定敌方飞机｝｛发射导弹｝｛敌方飞机被击落｝⟩。对于识别动态系统的重现特征，或预测特定事件的未来发生，序列信息可能是非常有价值的。

需要指出的是，在对联合作战实验数据进行关联分析时，所发现的某些频繁模式可能是虚假的，因为它们可能是偶然发生的，这时就需要建立广泛接受的评价关联模式质量的标准，对关联模式进行评估，以避免产生虚假结果。一种是通过从数据推导出的统计量来确定模式是否是有意义的；另一种是将主观信息加入模式发现任务中，如可视化方法允许领域专家在与数据挖掘系统交互过程中解释和检验被发现的模式；基于模板的方法则允许用户指定模板规则，从而限制挖掘算法提取的模式类型；主观兴趣度度量方法还可以基于领域信息来定义主观度量，以过滤那些显而易见和没有实际价值的模式。

在进行关联分析时，还可能因为其他没有包含在分析中的因素影响，使得某些关联关系出现或不出现，从而导致变量间联系的错误结论，这种现象就是所谓的辛普森悖论（Simpson's Paradox），有兴趣的读者可以查阅相关资料进一步了解。

3. 典型应用

关联分析方法是分析挖掘相关关系的基础，特别是对于分析那些隐含在海量数据中以及人的定性经验难以直接发现的间接关系和规律特别有效。下面结合联合作战实验中的体系贡献率分析、体系能力依赖分析进行说明。

1) 体系贡献率分析

体系贡献率分析是在给定条件下分析评估对象对联合作战体系完成特定任务所发挥能力和达到效果的贡献程度,一般来说,可以从是否增加能力类型、是否改进战技短板、是否提高运行效率、是否降低整体成本4个方面衡量体系贡献,其中任何一个方面的改变,都会认为对体系产生了贡献。

如图5-2所示,体系贡献率有多种不同模式,如关键作用模式、固定作用模式、比例非线性模式等。关键作用模式,又称为脉冲模式,是某一件装备的加入会对体系能力产生重大影响,极大程度提升体系的作战能力,如核武器、航空母舰等对体系的影响效果。固定作用模式,又称为线性模式,即体系能力随着装备数量的增加几乎呈线性增长,如常规导弹、主战飞机、主战坦克等对体系的影响效果。比例非线性模式,又称为非线性模式,即某系统的加入和数量增加对体系能力的影响呈非线性增长,如指挥控制系统对体系能力的影响效果。

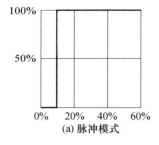 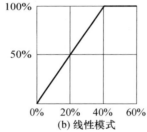 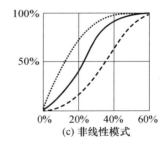

图5-2 三种体系贡献率模式

要通过体系作战综合效能和费效变化来表达体现体系贡献率,如测量观察"增""减""改"及"规模化"某装备后体系发生的变化,就需要根据实验结果数据进行关联分析,评估对象对体系内各个系统能力及体系效能的影响作用或涌现效应。

2) 体系能力依赖分析

联合作战体系中的关联依赖关系体现的是在网络信息体系支撑下,各级各类指挥机构、各种作战单元和不同武器平台之间的有机铰链。这种复杂的关联依赖关系,是形成体系的基础,是体系完成使命任务、实现体系能力涌现的关键,同时也会给体系运行带来一定的风险。一方面,联合作战体系中各类作战平台和作战单元通过彼此互联、互通、互操作,实现全域态势共享、自主协同联动、跨域跨网聚能,最终能够形成"1+1>2"的整体作战体系能力;另一方面,联合作战体系中始终存在激烈的对抗行动,某个或多个节点的性能水平降低、故障或资源冲突等,会产生一定的扰动,有可能通过网络间的关联依赖关系而传播出去,触发其他节点或网络的失效,这种影响会导致关键能力生成出现非线性降级甚至失效,甚至会引发整个体系的崩塌。显然,"1+1"可以大于2,也可以小于2,关键在于联合作战体系中的关联依赖关系如何发挥作用。体系能力依赖分析从作战机理层面对联合作战体系关联依赖关系进行分析,找出关键节点,发现节点复用和体系冗余情况,可以指导联合作战体系建设,降低体系的复杂性,提升体系的可靠性。

事实上,联合作战体系能力之间的依赖关系与能力支撑的作战任务或行动密切相关,作战任务关联能力、能力支持任务完成、任务完成过程中的交互等综合体现体系能力之间的关系。因此,可以在联合作战实验数据基础上,根据"使命任务→子任务→作战活动→能力需求→作战节点"的逻辑关系,通过作战过程中的交互活动,确定所隐含的能力依赖关系,进而定量分析具有依赖关系的能力之间的依赖程度,以及关键能力生成过程中关键指标之间、系统之间的相互影响,如图5-3所示。

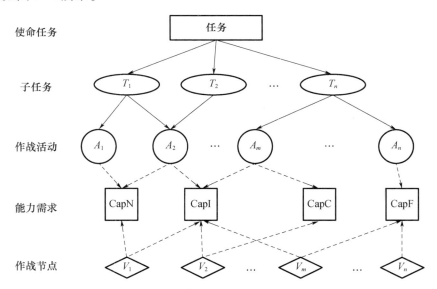

图5-3 "使命任务→子任务→作战活动→能力需求→作战节点"的逻辑关系示意图

联合作战体系的关键能力生成,可以归结为杀伤链的闭合,包括发现(Find)、定位(Fix)、跟踪(Track)、瞄准(Target)、交战(Engage)、评估(Assess)等环节以及支撑各环节的保障等行动。体系能力之间的依赖关系,直接影响着所执行的杀伤链能否最终实现闭合。从另一角度来看,杀伤链闭合情况也反映了使命任务完成过程中体系能力之间的关联依赖关系。

从具体方法上讲,体系能力依赖分析属于因果分析范畴。美国国家科学院院士、图灵奖得主朱迪亚·珀尔提出了"因果关系之梯",将因果关系划分为三个层次:第一个层级是关联(Association),涉及由数据定义的统计相关性,观察性研究正是依托这一层级实现的统计学方法;第二个层级是干预(Intervention),在观测数据的基础上,这一层级更想知道如果对观察对象做出干预行为会导致什么结果;第三个层级是反事实(Counter Factual),这一层级是对过去所发生的行为的溯因和思考,如"如果某个研究对象没有采取 A 操作,而是采取 B 操作,那么与现在得到的结果会有何不同?"从这一模型不难看出,数据关联分析是"因果关系之梯"的第一层,基于简单实验分析的因果分析是第二层,而带有策略设计的系列实验才会涉及第三层。体系能力依赖分析需要探索关键能力生成过程中的深层次机理问题,往往涉及多方面因素,通过实验分析对发生的行为进行溯因,找到关键变量,进而组织下一次实验,循环往复,直到将其中"因"和"果"搞明白。因此,在实践中需要的不是一次简单的作战实验,往往是系列实验,如同开展一场实验"战役",持果寻因,不断地发现问题、解决问题。

5.3.3 溯源分析方法

溯源分析是指针对联合作战实验过程中发现的问题,通过数据挖掘、探索性分析、联机分析处理、复杂网络分析等技术,对实验结果、作战过程、体系结构、能力生成机理等进行逆向分析,挖掘问题产生原因的分析方法。

相对于统计分析和关联分析,溯源分析更强调对作战问题的理解,如果对问题产生的可能因素有一定了解,就可以运用数据分析方法逐步追踪和取证,最终形成关于问题产生详细过程的认知,也是一种典型的定性与定量相结合的方法。其分析过程就是基于各种已知的作战规则和作战经验,结合关联分析的结果,查找作战结果产生的原因。例如,分析驱护舰为什么会被击沉,如果用遍历所有参数的方法,不仅计算量很大而且往往无从下手,但是结合作战经验可以从驱护舰的防空导弹和警戒雷达的工作状态、巡航导弹对舰艇的命中概率、防空导弹对巡航导弹的拦截概率等方面进一步分析,这样将会极大地减少计算量。以联合防空反导作战仿真实验中,分析对隐身飞机的拦截率较低的原因为例,简单介绍一下溯源分析的过程。首先,通过复盘回放对比导演方和己方态势,虽然从导演方视角能看见绿方飞机早已进入预警探测范围,但是红方就是没有发现,原因是敌方来袭飞机为隐身飞机,本来预警探测的范围就缩小了,又因为采用超低空飞行方式,所以预警探测能力大幅下降。此外,通过对作战行动时空分析,发现敌方隐身飞机穿透时,在同一方向有电子干扰机伴随干扰,导致红方发现概率降低,因此红方很难及时发现来袭飞机。

上述只是一个比较简单的案例,显然对于仿真实验,只需要使用各种分析系统和工具进行对比观察就能溯源,似乎用不着定量分析方法。但是如果采用综合研讨、实兵实装等实验方法,只能通过对人工和计算机记录的各种数据进行融合,重构作战过程,定性与定量分析的综合就显得尤为重要了。而且联合作战实验更多是针对全局性、跨领域的问题进行溯源,溯源的难度更大,定量分析的作用就凸显出来了。以联合火力打击毁伤效果分析为例,可能涉及作战目标的选择,远程炮兵、常规导弹和近距离空中支援等多种火力的协同,侦察与打击的协同,弹目匹配方案,敌方采取的机动防护、导航干扰等对抗措施。简单地复盘回放并不能得到有效的结论,弹目匹配的方案是否合适、多种火力协同效果如何、侦察与火力打击的衔接是否合适等,这些问题的解答都需要定量分析手段。

1. 基本特征

溯源分析的基本过程可以概括为确定分析问题、选取影响因素和指标、追踪结果产生的过程、分析比较因果关系证据、得出溯源分析结论 5 个步骤。联合作战体系的溯源分析过程通常具有以下三个特征:

一是综合性强。联合作战实验中溯源分析的问题综合性很强,涉及方案评估、体系能力分析和建设绩效评估等多种应用领域,侦察监视、预警探测、火力打击、兵力突击等不同领域的多种作战行动,作战指挥、战役战术、军事运筹等多个交叉学科。因此,分析时需要综合运用定性与定量等多种方法,定性经验可以为定量分析指导方向,定量分析可以为定性分析提供量化支撑。而且需要军事人员与分析人员的密切协作,否则离开军事人员的指导,分析人员将无从下手;离开分析人员的有力支撑,军事人员只能得出一些模棱两可、似是而非的结论。

二是形式多样。首先,溯源分析按照因果关系的类别可以区分为一果多因、多果一因、一果一因等多种形式,针对不同形式的因果关系需要采用不同的溯源路径,如针对一果多因的情况,原因和结果之间的关系是不确定的网状结构,可以通过相关性分析,从而确定多个因果关系之间的强弱关系;针对多果一因和一果一因的情况,每个结果都对应一个原因,是一个层次分明的树状结构,通过逐个比较,结合控制变量实验进行分析,就可以确定因果关系。其次,根据溯源分析的需求不同,可以将溯源分析分为深度分析和广度分析两种。深度分析是指对结果发生的过程进行逐级追踪求证,目标是形成与结果相关的完整证据链条,往往针对那些无法进行重复实验的重大问题。广度分析通常针对一果多因的情况,对比分析不同因果关系之间的强弱,确定究竟哪个因素影响最大,有时只需定性排序,有时可能还需要精确量化。此外,联合作战体系中的因果关系往往是动态变化的,如对于正常运转的机场来说,保障能力处于正常水平,飞机的起降基本与实时运输的物资关系不大,但是一旦物资出现短缺,飞机的出动率就会与实时运输的物资紧密相关。因此,溯源分析一定是具体问题具体分析,选取合适的溯源路径,巡路追踪求证。

三是与实验策略紧密相关。珀尔提出的"因果关系之梯"中将因果关系区分为"关联、干预、反事实"三个层次,对不同层次的因果关系进行溯源需要采用不同的实验策略。显然,第一个层次的溯源是基于已有的数据进行分析;但是后面两个层次的溯源分析,都需要调整控制变量来配合分析,才能得出可信的结论。

2. 主要方法原理

统计分析和关联分析的很多方法都可以直接应用于溯源分析,这里主要介绍数据挖掘(Data Mining,DM)、联机分析处理(On-Line Analytical Processing,OLAP)、探索性分析(Exploratory Analysis,EA)和复盘回放等方法。

1)数据挖掘

数据挖掘是指从大量的数据中自动搜索隐藏于其中的有着特殊关系性的数据和信息,并将其转化为计算机可处理的结构化表示,是知识发现的一个关键步骤。数据挖掘与数据分析的不同在于挖掘是通过机器学习或者是通过数学算法等相关的方法获取深层次的知识(如属性之间的规律性,或者是预测)的技术。5.3.2节介绍的关联分析方法是众多数据挖掘方法中的一种。

数据挖掘的两个高层目标是描述和预测。描述型任务是寻找、概括数据中潜在联系的模式,如聚类分析、关联分析、演化分析、序列模式挖掘。预测型任务是根据其他属性的值预测特定属性的值,根据预测或发现的知识类型不同,可以分为概念描述、分类、关联、聚类、预测、变化及偏差分析6类,此外,还有基于模式的相似搜索、序贯模式发现、路径发现等。数据挖掘的相关技术可以参考有关书籍。

2)联机分析处理

联机分析处理是使用户能够从多种角度对从原始数据中转化出来的、能够真正为用户所理解的并真实反映业务维特性的信息进行快速、一致、交互的存取,从而获得对数据更深入了解的一类分析技术。OLAP的基本概念包括维度(Dimension)、维的层次(Level of Dimension)、维的成员(Member of Dimension)、度量(Measure)等。维度描述与业务主题相关的一组属性,单个属性或属性集合可以构成一个维度,如时间、地理位置、飞机类型和军兵种等都是维度;维的层次表示数据细化程度,如时间维度分为年、月、日、时、分和秒等层次,飞机类型维可以是战斗机、歼击机、四代机等层次;维的成员是指若维是多层次的,则不同层次的取值构成一个维成员,部分维层次同样可以构成维成员,如"某年某季度""某季某月"等都可以是时间维的成员;度量表示事实在某一个维成员上的取值,如某炮兵营远程火箭炮有50发,就表示在部队类型、弹药射程、弹药类型三个维度上,弹药的事实度量。

OLAP 的操作是以查询数据库的 SELECT 操作为主的,但是查询可以很复杂,如基于关系数据库的查询可以多表关联,可以使用 COUNT、SUM、AVG 等聚合函数。OLAP 正是基于多维模型定义了一些常见的面向分析的操作类型,从而使分析人员能够从多个视角观察数据,并以图形、报表等多种形式展示,从而挖掘出隐藏在数据中的信息。OLAP 的多维分析包括以下 4 种典型:

一是钻取(Drill),能够帮助分析人员获得更多的细节性数据,逐层分析问题的所在和原因,不被海量的数据搞得晕头转向。钻取与维所划分的层次相对应,根据分析人员关心的数据粒度合理划分,包括上钻和下钻两类。上钻又称为上卷(Roll-up),是指通过一个维的概念分层向上攀升或者通过维归约在数据立方体上进行数据汇总,可以让分析人员站在更高层次观察数据。如图 5-4 中,可以按日期汇总战损数据,如把每小时的战损归约为每日战损,便可以得到沿时间维上钻的战损汇总。下钻(Drill-down)是上钻的逆操作,可以使分析人员对数据获得更深入的了解,也更容易发现问题本质,从而做出正确的决策。

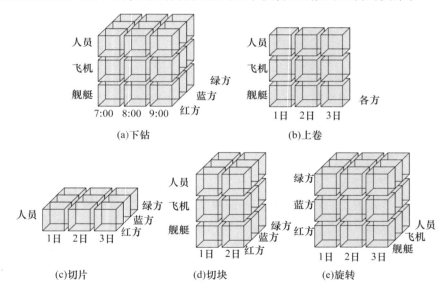

图 5-4 OLAP 的基本操作

二是切片(Slice),选择维中特定的值进行分析,如只选择人员的战损数据。

三是切块(Dice),选择维中特定区间的数据或者某批特定值进行分析,如选择 1 日和 2 日的战损数据。

四是旋转(Pivot),又称转轴,是一种视图操作,通过旋转变换一个报告或页面显示的维度方向,在表格中重新安排维的位置,如图5-4中通过旋转实现属方维度和战损类型维度的互换,这种对立方体的重定位可以得到不同视角的信息。

3)探索性分析

探索性分析方法是在传统基于数学模型的分析方法基础上发展起来的新方法。其基本思路是考察大量不确定性实验因子的不同实验输出结果,分析并找出复杂现象背后各类变量之间的联系,广泛地分析各种可能的结果。联合作战实验中的探索性分析仍然是以因果关系为主线,通过探索性分析研究多种不确定性因素对于实验问题的影响,将分析的对象逐步收缩到各种关键要素上,寻求满意解以及可能的调整策略。探索性分析具有以下三个特点:

一是着重解决不确定性问题。其主要针对参数的不确定性问题,如多因一果、多因多果等情况,将对实验问题的不确定性,转化为各种参数的不确定性,进而加深对实验问题的认识,而且对实验分析和实验活动的组织有较强的指导作用,可以极大地减少实验的工作量。

二是关注全局和宏观特性。与传统的基于模型的分析方法相比较,它更注重所研究问题的全局和宏观方面。通过大量的计算实验为分析人员提供更全面的信息,在问题的解空间中全面地分析其可行解、优化解和最优解,重在寻找被传统分析方法所忽略的、分析人员更需要的、对参数变化有更高适应性和效费比的优化解。

三是以因果变化为引导。传统分析通常是给定输入,研究输出结果,而探索性分析方法可以分析实验问题中输出结果对于输入变量的影响,还可以进一步在更广阔的范围内,通过大量的计算实验,研究分析在多种实验因子之间的相互关系,大大增强了分析解决各种复杂实验问题的能力。

探索性分析方法从影响实验问题的输入数据不确定性、结构不确定性等因素的特点出发,研究这些不确定性因素在模型中的表现形式(如离散变量、连续变量、概率函数、一般函数等)。根据不确定性因素的特点,探索性分析方法可以分为输入参数探索性分析、概率探索性分析以及结合两者的混合探索性分析三大类。其中,输入参数探索性分析是将输入参数定义为离散化的变量,通过调节输入参数内容使其构成输入参数的多种取值组合,多次运行模型,进行参数探索,对结果进行综合分析研究;概率性探索分析是对输入参数探索分析的补充,它将输入参数表示为具有特定分布函数的随机变量,运用解析方法或蒙特卡洛方法来计算结果,分析不确定性对结果的影响。混合探索性分析是前两者的混合,在使用不确定分布处理一些变量的不确定性后,将另外一些可控的关键变量用离散化的参数来表示。这在以作战行动效果和作战效能为主题的作战实验分析中得到了广泛的应用。

自 20 世纪 90 年代以来,探索性分析方法已有大量的方法和实践的研究。最有代表性的是兰德公司的多项战略分析和评价项目的定量化分析工作,如《大规模装甲部队入侵的空中打击问题》以及《地形、机动能力、战术和 C^4ISR 对远距离精确打击的影响评估》等。

4)复盘回放

复盘回放是推演系统中常用的方法,可以为作战实验提供事后反馈的机制,通过对实验过程中的战场态势、作战过程、作战效果等进行重演,并将实验过程中各种人员的表现情况以更加直观和透明的方式呈现出来,并发现作战或训练过程中存在的问题,也称为事后回顾或分析(After Action Review,AAR)。复盘回放的作用主要有以下三点:

一是便于从整体宏观层次溯源分析。联合作战实验分析强调对联合作战体系的整体分析,通常涉及多个领域的作战行动,以及指挥、侦察、通信、交战等多种相互关系,如多个作战阶段之间衔接是否密切、多个作战集团之间的协同配合如何等问题。这类问题通常比较宏观,没有固定的分析模式,直接从数据中进行分析非常困难。但是在各种统计分析和数据关联分析的基础上,运用复盘回放系统提供的战场全局、上帝视角、感知视角、评估数据等多种分析视角,能够很容易通过多域行动对比、行动与效果对比来发现和理解宏观层面的作战规律,特别是双方博弈的过程、战法的运用等问题。

二是便于在虚实空间交互中溯源分析。联合作战行动受到虚拟和现实空间中多种因素的制约,在以仿真推演为主的作战实验中如果缺少对实际作战过程的理解,单纯运用数据分析来挖掘因果关系,要从海量数据中找到影响作战行动和作战效果的关键因素往往效率很低。例如,防空反导作战对敌方的电子干扰行动非常敏感,如果分析人员直接分析防空反导行动的效能,很容易忽略敌方电子干扰的影响,但是如果运用复盘回放系统进行分析,很容易看到敌方电子干扰的范围是否覆盖了防空反导设施。类似地,空中交战受气象条件、飞行高度、飞行速度、相对位置、飞行员训练水平、弹药性能、电子干扰、预警机指挥等多种因素的影响,如果简单从飞机交战的结果数据分析交换比,得出的数据往往只能说明某种机型和弹型的大致性能,具体到某一次空战行动效果的原因往往说不清楚。复盘回放系统中一般对虚拟空间中的电子对抗、指挥控制,以及物理空间中的相对位置、气象环境等多种因素进行可视化,能很容易发现空间位置、飞行速度、气象条件、电子对抗等方面的原因,虽然这些问题也可以通过数据分析得到,但是运用复盘回放分析效率更高也更直观。

三是便于对人的行为进行溯源分析。联合作战体系之所以复杂,很大一部分原因来自各级指挥员的指挥控制和协同配合,即人的因素。联合作战实验中分析人的因素对作战进程、作战效果的影响需要将人的行为数据、作战行动、作战效果进行关联分析,通过复盘回放系统中提供的重大事件回放、杀伤链闭合分析等功能,将人的指控行为数据和战场态势、作战行动、作战效果等进行综合可视化分析,可以很容易发现指挥得失。

3. 典型应用

在某次兵棋推演实验中,红方在先期对蓝方目标地域进行联合火力打击结束以后,接着进行制空权争夺。推演发现争夺制空权效果不佳,红方飞机战损较大,制空权争夺的效果并不理想。对该问题进行溯源分析时,因为事先并不了解具体情况,只能从结果开始逐步进行溯源分析。

1) 飞机战损结构分析

在制空权争夺过程中,飞机战损的原因通常包括空战损失、地空损失和海上防空损失。需要对该阶段参与制空权争夺的飞机战损情况进行统计分析,歼击机在制空作战中损失结构如图5-5所示,可以发现飞机在制空权争夺中来自地面防空设施的战损达到67%。

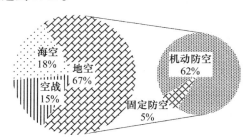

图5-5 红方飞机战损结构

专家基于这个分析结果,结合作战计划,提出质疑,为什么在第一阶段的联合火力打击结束以后,蓝方地面防空力量还能正常发挥作用?通过对红方飞机的战损情况进行切片分析发现,地面防空造成的损失可以区分机动防空设施拦截和固定防空设施拦截,其中机动防空设施拦截占62%,固定防空设施拦截占5%,显然造成飞机战损的主要原因是机动防空。

2) 红方对蓝方机动防空力量联合火力打击的毁伤效果分析

通过对红方打击蓝方地面设施的战果数据进行切片分析,表面上看红方对蓝方地面设施打击效果很好,但是对机动防空力量这一类目标的效果并不好,数据显示红方对蓝方机动防空力量损毁率仅有25%,剩余75%,并没有达到预期的毁伤要求。那么,为什么毁伤效果不好呢?

3)红方对蓝方机动防空力量打击弹药毁伤效能分析

基于红方打击蓝方地面设施的战果数据,从战损维度旋转到打击事件维度,发现红方主要使用三种弹药,通过对不同弹药打击蓝方机动防空设施的打击事件进行下钻分析,发现三种弹药对蓝方机动目标的命中率分别为20%、16%和18%,三种弹药总的命中率为17.5%,实际上弹药在预定距离上的命中概率设计为90%,那么,是什么原因导致弹药实际命中概率这么低?

4)对蓝方机动防空力量行动分析

采用复盘回放系统,通过对红方联合火力打击阶段蓝方机动防空力量的状态进行复盘,发现蓝方在红方进行火力打击前对机动防空力量进行了有效防护,并且进行了间歇式机动转换。那么机动转换的过程中红方为什么没有及时侦察到?

5)红方对蓝方机动防空力量侦察时效性分析

基于红方对蓝方各型目标的侦察情报数据,对蓝方机动防空力量进行切片分析,发现红方对蓝方机动防空力量的侦察情报更新周期平均为30min,而蓝方机动的间歇时间一般为12~18min。红方仅依据火力打击前的空中侦察情报进行打击,而机动防空力量作为时敏目标不仅进行了有效防护,而且处于间歇式机动状态,红方侦察的时效性不足,导致红方火力对蓝方机动防空力量的圆概率误差显著增大。

6)红方对蓝方机动防空力量的侦察力量运用情况分析

基于红方对蓝方机动防空力量侦察的数据,从侦察时间维度旋转到运用的平台维度,数据显示红方对蓝方机动防空力量的侦察主要运用了某型侦察机,其侦察的频率不高,导致侦察情报的时效性不高。而且红方在联合火力打击以后,未能及时派出毁伤评估的力量进行毁伤效果评估。

通过上述分析过程,可以基本看出溯源分析的过程主要依赖专家的经验进行,综合运用统计分析、联机分析处理和复盘回放分析等方法,最终形成关于红方对蓝方制空权争夺一个完整的溯源链路。

5.3.4 综合分析方法

综合分析方法通常是指基于领域专家的经验和知识,从更深层次或更大范围洞察因果关系的过程,这种因果关系往往因为范围较大、整体性更强、隐藏得更深,单纯依靠数据分析很难发现,这也是"因果关系之梯"中干预和反事实分析的基础。同时,综合分析也是基于经验知识验证因果关系的重要方法,以及形成最终实验结论的基础。

综合分析是在统计分析、关联分析、溯源分析等定量分析的基础上,基于不同领域专家的经验知识,通过多维比对、综合评价、专家研讨等方式,逐步收敛形成关于问题的主要结论,是揭示作战实验结果数据背后隐含的军事意义和规律的关键环节,也是直接影响作战实验结论产生的重要环节。综合是指通过军事与技术、定性与定量、专家知识经验与实验数据等多个角度的综合,形成相对合理和科学的实验结论。

按照综合分析的过程特点,综合分析可以大致分为迭代式和顺序式两种模式。迭代式分析是按照定量分析和定性分析相互结合、迭代深入的分析模式开展分析,主要针对比较复杂的实验问题,需要反复实验,逐步聚焦到对应的因果关系上。顺序式分析是按照先定量分析,然后专家基于定量分析的结果形成结论的模式开展分析,一般用于将定量实验分析结果提炼形成关于作战问题的认识的过程,以及基于大量实验结果汇总形成实验结论的情况。

1. 基本特征

一是综合性强。联合作战实验针对的联合作战体系是复杂系统,往往因为问题层次高,影响因素多,很难使用一种方法或者通过一次单独的作战实验活动达成实验目的,因此需要运用多种方法或者进行多次实验来综合分析,主要用来探索分析军事问题内部组成部分之间以及组成部分与环境之间的复杂交互关系,协调实验过程可以对所研究的问题进行全面的研究,从而得到满意的解决方案。此外,由于作战问题的不确定性,单纯依赖人或机器很难得出令人信服的结论,必须借助各种分析工具,由人来进行综合分析,实现专家群体智慧的集成。

二是迭代聚焦。对联合作战问题的认识和理解是一个逐步的过程,需要根据作战实验中的发现,不断抽丝剥茧、去粗取精、总结规律,最终达到实验的目的。特别是对较高层次的问题,实验开始之前要有一个大致的目标和想法,一般按照三个步骤来进行迭代聚焦分析:首先要还原场景,深入细节,回归本质,根据实际的作战场景对需要研究的问题逐步剖析,大胆假设,根据结果寻找规律;其次,要跳出繁杂的细节,分析预想的规律与实际数据之间的差距产生的原因,逐个验证总结出的规律是否正确,根据实验结果,不断修正规律;最后,厘清关联,交叉验证,通过更广泛的实验,验证实验中发现的规律的适用范围。

三是深入洞察。联合作战实验的目的不是评判好坏,得出一个实验结果就结束了,而是重在发现规律,要针对研究的军事问题,发现体系结构、能力和效能上的关联关系,加深对体系复杂性机理的认知,从而为体系建设决策提供辅助支撑。这不仅需要对实验数据本身的分析,还要从军事问题的角度对实验数据进行深入分析,形成军事方面的洞察。例如,根据兵棋推演实验中,红方初始指挥网络呈严格树状结构,随着作战进程的推进,指控网络的聚集系数显著增大,平均层级显著减少这个实验数据,可以根据"抱团"特性推断出"按任务编组",根据层级减少可以对应到扁平化体制,将单纯的数据问题转化为作战方面的理解。

2. 主要方法原理

1) 多维比对

多维比对是对实验的结果和过程数据按照多个维度进行比较,观察不同输入情况下的不同实验结果,并通过一定的方式进行比对分析。多维比对主要包括全局与局部比对、行动与效果比对、多案比对、多时刻比对等多种方式。通过全局与局部比对,能够发现局部变化对全局的变化影响大小,如分析预警侦察范围的变化对防空反导拦截率的提高;行动与效果的比对可以发现行动与效果之间的关联关系,如分析采用不同电子干扰方式比对分析干扰的效果;多案比对可以发现不同方案之间的效费比、风险性的优劣;多时刻比对可以在时间维度描述指标的演化过程,进而发现指标的异常变化等。

2) 综合研讨

综合研讨是支持综合分析的主要方法之一,分为协作式研讨和对抗式研讨两类。协作式研讨通常由一个军事专家群体,以研讨会议的形式,针对实验中发现的问题,结合实验过程和结果数据,通过相互交流、协作的方式展开面对面的集体研究与分析,以达成同一目标。对抗式研讨,即多方对抗性研讨,将研讨人员分成两方或多方,展开自由研讨与争论,通过多种研讨以及对不同对策的集结,组合可能的结果,进行研讨分析,提出新对策,深化对问题的认识。本书第4章已对综合研讨的概念、方法和步骤进行了详细介绍,这里不再展开讨论。

3) 综合评价

综合评价是指对以多属性体系结构描述的对象系统做出全局性、整体性的评价,即对评价对象的全体,根据所给的条件,采用一定的方法给每个评价对象赋予一个评价值,再据此择优或排序。由于影响评价有效性的相关因素很多,而综合评价的对象系统也常常是社会、经济、科技、教育、环境和管理等一些复杂系统,综合评价是一件极为复杂的事情。综合评价的基本要素有评价对象、评价指标体系、评价专家(群体)及其偏好结构、评价准则(评价的侧重点和出发点)、评价模型、评价环境,各基本要素有机组合构成一个综合评价系统。对某一特定的综合评价问题,一旦相应的综合评价系统确定之后,则该问题就完全成为按某种评价准则进行的"测定"或"度量"问题。综合评价常用的方法包括专家评价法(德尔菲法、分等方法、加权评分法及优序法等)、经济分析法(效费比分析、效用分析等)、运筹学和其他数学方法(多属性决策、数据包络分析、层次分析法、模糊综合评判等)。

5.3.5 可视化分析方法

可视化将不可见或难以分析的数据转化为可感知的图形、符号、颜色、纹理等,可以帮助人们发现隐含在数据内的趋势和关系,从而提高数据识别和信息传递的效率。研究表明,人眼对视觉符号的处理速度比数字或者文本快多个数量级。正所谓"一图抵千言",面对大量数据和它们之间的复杂关系,可视化不仅是最为有效的表达方式,也是一种有意义的分析方法。在大数据时代,数据可视化成为人们洞察数据内涵、理解数据蕴藏价值的有力工具。

联合作战实验中,通过可视化技术将各类信息以视觉形式展现在实验的组织者、参与者和数据分析者面前,可以直观展示战场态势的动态演化过程,有助于把握作战实验全局情况,解决实验中的信息淹没问题,建立对实验信息的共同理解,也有助于对实验结果的综合分析。

在联合作战实验过程中,可视化通常包括三个方面的内容:一是问题描述的可视化,即以可视化的手段对联合作战实验所研究的问题(如背景、目标、要求、约束条件等)进行描述;二是实验过程的可视化,即以可视化的方法展示联合作战实验过程中涉及的作战构想、行动方案、态势演化等过程;三是实验结果的可视化,即以可视化的手段对联合作战实验的结果数据及统计数据进行展示。

早期,可视化主要是通过图形或表格来显示信息,目的主要是真实、准确、全面地展示数据。随着数据变得越来越复杂,人们开始将可视化与数据挖掘、图形学、虚拟现实等技术结合起来,以辅助用户从大尺度、复杂、矛盾甚至不完整的数据中快速挖掘出有用的信息,以便有效做出决策,并由此衍生出一门新的学科——可视分析学。此时,可视化不仅是对数据的呈现和表示,更重要的是揭示数据的本质、关系和规律。正如《交互式数据可视化》(*Interactive Data Visualization*)一书作者马修·沃德(Matthew Ward)所言,可视化的终极目标是洞悉蕴含在数据中的现象和规律,这包含发现、决策、解释、分析、探索和学习等多重含义。

从联合作战实验分析的角度来看,不论是早期通过简单的图表展示数据,还是现在利用可视化技术分析数据,可视化的主要对象都是数据,关键问题都在于如何结合数据特征选择合适的可视化方法和技术。因此,本节将首先介绍数据可视化的基本原则和基本类型,在此基础上,再举例介绍作战实验数据可视化的基本方法。

1. 基本原则

为了最大限度地发挥数据可视化在联合作战实验过程中的作用,在进行可视化分析时,需要遵循以下几个基本原则:

1) 理解实验数据的特点

可视化的第一步是将数据中的对象、属性和联系映射成可视的对象、属性和联系,因此,理解数据的特点是进行联合作战实验数据可视化表达的前提。

2) 明确数据可视化目的

成功的数据可视化需要将数据(信息)转换成可视的形式,提供真正的价值,解答重要的作战问题,如用于跟踪作战行动和展示装备的性能,以便能够借此分析或报告数据的特征和数据项或属性之间的关系,因此,在对联合作战实验数据进行可视化分析前需要明确希望可视化的特征以及要传达的数据信息。

3) 合理选择可视化方法

不同的可视化方法具有不同的特点和侧重点,正确选择对象和属性的可视化表达是基本要求,从而以最准确的方式呈现数据,让数据更容易理解。因此,需要根据表达的内容,采用合适的数据可视化方法。

4) 设计驱动可视化表达

联合作战实验数据可视化要求清晰、准确、真实、有效传递实验结果,因此,简单直观、注重比较、平衡设计、突出重点等基本设计方法在联合作战实验数据可视化表达中至关重要。

2. 基本类型

根据不同的分类标准,有不同的可视化表达分类方法。对于不同类型的联合作战实验数据,根据要侧重表达的内容,可以将联合作战实验数据可视化表达的类型分为数据分布型、数据关系型、类别比较型、时间序列型、地理空间型以及高维数据型六大类。

1) 数据分布型

数据分布型可视化主要显示数据集中的数值及其出现的频率或者分布规律,通常可以采用柱形图、条形图、统计直方图、密度曲线图等。其中,柱形图最为简单、常见,由一系列高度不等的纵向条纹或线段表示数据分布的情况,一般用横轴表示数据类型,纵轴表示分布情况。

例如,图 5-6(a)、(b)所示分别为用柱形图、条形图表示兵力的数量统计情况,同时可直观显示不同类型兵力数量的比较情况。

2) 数据关系型

数据关系型可视化分为数值关系型、层次关系型和网络关系型三种类型。其中,数值关系型主要展示两个或多个变量之间的关系,可以采用最常见的散点图、气泡图、曲面图、矩阵散点图等;层次关系型着重表达数据个体之间的层次关系,主要包括包含和从属两类;网络关系型主要面向那些不具备层次结构的关系

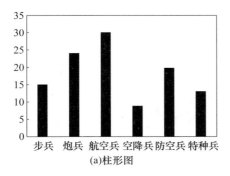
(a)柱形图
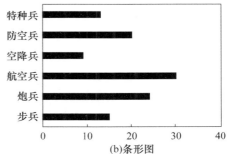
(b)条形图

图 5-6　数据分布型可视化

数据,与层次关系型数据不同,网络关系型数据并不具备自底向上或自顶向下的层次结构,表达的数据关系更加自由和复杂。

例如,可通过散点图分析舰艇发出的噪声与航速、被探测时间之间的关系,在图 5-7(a)中,横轴表示舰艇航速,纵轴表示噪声,通过采集大量的数据,可以发现舰艇发出的噪声大体上是该舰艇航速的线性函数;而在图 5-7(b)中,用圆形和方形分别表示两种类型的舰艇,横轴表示航速,纵轴表示舰艇被探测的时间,由于被探测时间与噪声之间以及噪声与航速之间都呈线性关系,通过这些数据可以呈现这两种类型的舰艇在处理噪声方面的不同水平。

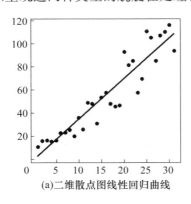
(a)二维散点图线性回归曲线
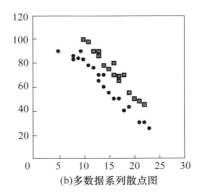
(b)多数据系列散点图

图 5-7　散点图

3)类别比较型

类别比较型用于比较数据的规模或装备的能力,可能是相对规模或能力(显示哪一个比较大),也可能是绝对规模或能力(显示精确的差异),通常可以采用雷达图、箱形图等。

例如,飞机性能可以用航程、航速、飞行高度、载弹量、载油量、雷达反射截面积等指标来表示,图 5-8 选取了其中的 5 种典型性能指标,对两型飞机进行了比较,可以直观看到不同类型飞机在性能上的优劣。

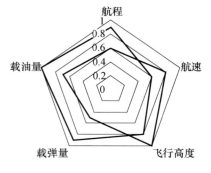

图 5-8 雷达图

4) 时间序列型

时间序列型用于强调数据随时间变化的规律或趋势,通常可以采用折线图、面积图、雷达图等。其中,折线图是用来显示时间序列变化趋势的标准方式,非常适用于显示在相等时间间隔下数据的趋势。

例如,图 5-9 显示了不同时间空中交战双方在空飞机架数变化情况,通过分析这些数据,在一定程度上可以反映双方空中交战状态以及指挥控制、飞机起降、飞机维修等方面的能力情况。

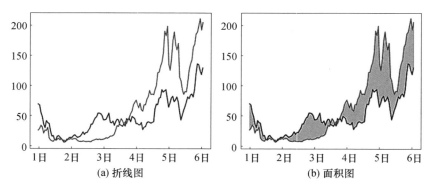

图 5-9 折线图和面积图

5) 地理空间型

地理空间型主要展示数据中的位置信息和地理分布规律,如带散点的地图。通常采用纬度和经度来描述位置信息,结合地理坐标系将位置数据映射至地图显示。

例如,将抽象、复杂、多变的海量战场信息表示为形象、简洁、动态的战场图像,并通过二维、三维方式展现在地图上,可以帮助分析人员实时跟踪和监测各方作战实体的位置、姿态、动作、关系以及关键事件等数据,从不同时间、空间、层级结构等维度对作战态势信息进行分析和挖掘,洞悉复杂数据背后的关联关系。

6) 高维数据型

高维数据泛指高维和多变量数据,高维非空间数据中蕴含的数据特征与二维、三维空间数据并不相同。其中,高维是指数据具有多个独立属性,多变量是指数据具有多个相关属性。

联合作战实验过程中广泛存在且不断产生高维数据。与常规的低维数据可视化方法相比,高维数据可视化面临的挑战是如何呈现单个数据点的各属性的数据值分布,以及比较多个高维数据点之间的属性关系,从而提升高维数据的分类、聚类、关联、异常点检测、属性选择、属性关联分析和属性简化等任务的效率。

常用的高维数据可视化方法包括:基于点的方法,即以点为基础展现单个数据点与其他数据点之间的关系(相似性、距离、聚类等信息);基于线的方法,即采用轴坐标编码各个维度的数据属性值,体现各个数据属性间的关联;基于区域的方法,即将全部数据点的全部属性,以区域填充的方式在二维平面布局,并采用颜色等视觉通道呈现数据属性的具体值;基于样本的方法,即采用图表或者基本的统计图表方法编码单个高维数据点,并将所有数据点在空间中布局排列,方便分析人员进行对比分析。

3. 典型应用

1) 二维态势可视化分析

二维态势可视化主要利用图标、文字、线条、标记、热图等多种可视化方法,对实验数据进行二维可视化显示,包括平台信息、目标信息、探测信息、干扰信息、统计数据等。

图 5-10 所示为平台基本信息可视化,可在二维地图上用图标表示平台的类型,图标的位置对应平台的实际位置,图标的转角对应平台的朝向角度。同时,可将存在指控关系的两个平台用一条直线连接起来,从而构成一个指控关系网。

图 5-11 所示为探测器探测参数可视化,可以平台位置为中心显示平台挂载的探测器的朝向角、水平角、探测距离等信息;还可用不同颜色表示探测器类型(如雷达、被动、红外等)。

图 5-10 平台基本信息及指控网拓扑可视化

图 5-12 所示为干扰线及干扰器参数可视化,可以平台位置为中心显示平台所挂载的干扰器的朝向角、水平角、干扰范围等信息。

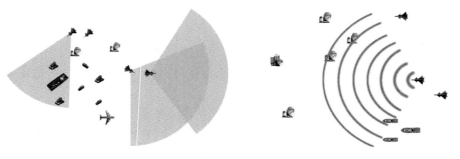

图 5-11　探测器探测参数可视化　　　图 5-12　干扰线及干扰器参数可视化

2)三维态势可视化分析

由于二维态势可视化不够形象逼真,可以逐步进入三维态势可视化,形成立体的、全方位的战场态势,如可以利用三维虚拟地球上的图标、文字、线条等可视化方法,对实验数据进行三维可视化显示,包括探测范围、运动轨迹等。

图 5-13 所示为平台基本信息可视化,可用三维虚拟地球上的图标表示平台的类型,图标在地图上的位置对应平台的实际位置,图标的转角对应平台的朝向角度,在图标旁边显示平台的名称。同时,将导弹和飞机平台的各仿真步长位置用线条连接起来形成三维曲线,可以显示历史运动轨迹。

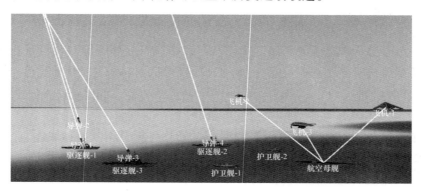

图 5-13　三维态势下平台基本信息显示

图 5-14 所示为三维态势下传感器探测范围可视化,可立体展示平台挂载的探测器的朝向角、水平角、探测距离等信息。

3)逻辑拓扑可视化分析

逻辑拓扑可视化可以向分析人员提供基本的逻辑拓扑网络分析功能,主要

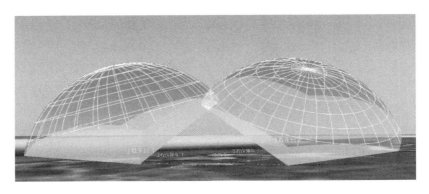

图 5-14　三维态势下传感器探测范围显示

包括对联合作战实验中的指控关系网、通信关系网等进行逻辑拓扑图可视化显示。

图 5-15 所示为指控关系网逻辑拓扑图,可用上级指挥平台到下级指挥平台的箭头表示平台间的指控关系,实际中,还可用不同的线条颜色表示平台的分方,用平台间的箭头表示战损关系。

图 5-15　指控关系网逻辑拓扑图

图 5-16 所示为通信关系网逻辑拓扑图,用两个平台图标间的边代表平台间存在通信链路,用边的线条类型(实线/虚线)代表链路状态(联通/断开),线条颜色对应平台的分方。

4)实验指标可视化分析

按照前述可视化的基本类型,可以对实验数据中的各项性能和评价指标进

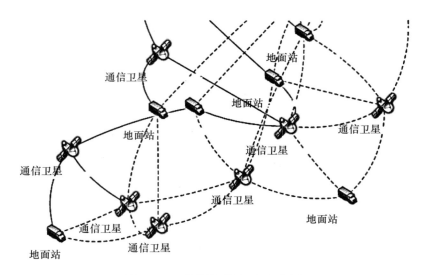

图 5-16 通信关系网逻辑拓扑图

行对比及关联可视化分析。

如图 5-17 所示，体系指标动态可视化用于在仿真实验过程中，以折线图、饼图、仪表盘等多种方式，对关键的测量类体系指标数据进行动态显示。

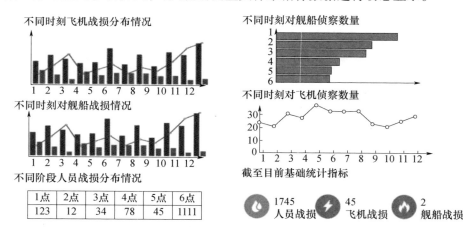

图 5-17 体系指标动态可视化

如图 5-18 所示，体系指标对比分析可视化用于在仿真回放分析过程中，以折线图和雷达图的方式，对多个体系指标进行对比分析。

如图 5-19 所示，体系指标关联性分析可视化用于在仿真回放分析过程中，对体系指标取值之间的关联性进行分析。选择 M 个想定和 $N(N>1)$ 个指标，并对这 N 个指标进行两两组合，每个组合对应一个图表，每个组合中的两个指标分

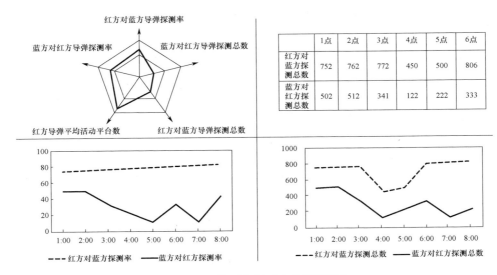

图 5-18 体系指标对比分析可视化

别对应图表的 X 坐标轴和 Y 坐标轴。图表中显示的是 M 个想定中两个指标数值的散点图,其中每个点对应某个想定在某个仿真步长下两个指标的取值(X 坐标轴和 Y 坐标轴分别对应两个指标的取值),不同的想定用不同的颜色加以区分。

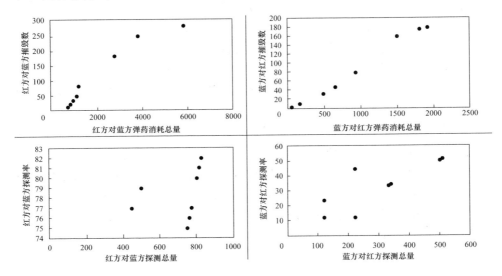

图 5-19 体系指标关联性分析可视化

如果两个指标间具有线性相关性,则散点图中一个想定的所有点应当大致在一条直线上;如果两个指标间具有指数相关性,则散点图中一个想定的所有点应当大致在一条指数曲线上。因此,可以直观地从图表中看出哪些指标数值之间存在相关性。

5.4　本章小结

　　本章主要围绕联合作战实验分析的概念、实验数据收集与预处理、实验分析方法三个方面进行了探讨。首先,联合作战实验分析的目的是发现和验证因果关系,具有分析对象整体涌现、分析工具综合集成、分析结论深入洞察等特点,应以复杂系统理论、从定性到定量的综合集成、军事与技术融合等理念为指导。其次,实验数据收集与预处理是实验分析的准备工作,从实验的基础数据、想定数据、过程数据和结果数据等方面介绍了数据收集的内容,在此基础上,介绍了数据收集需求分析、计划制订、活动实施等过程以及实验数据清理、集成、转换等预处理方法。最后,从基本特征、主要方法原理和典型应用案例等方面对统计分析、关联分析、溯源分析、综合分析、可视化分析5种实验分析方法进行了介绍。

　　在实际的联合作战实验中,具体选用哪种实验分析方法需要结合具体的实验问题和实验方法进行选择。例如,在实兵实验中,实验数据通常分散在各个系统平台上,采集的难度较大,而且缺少人的行为数据,通常只能采集到基础的统计数据,选用统计分析方法和综合分析方法可能更多一些,要做深度的关联分析和溯源分析往往比较困难;对于仿真分析而言,因为仿真系统采集的数据相对完整,可以选用的方法就更多一些;对于兵棋推演分析而言,可能需要根据具体的推演依托平台选用不同的方法,如果是使用手工兵棋,同样因为采集的数据量不大,通常只能做统计分析和综合分析,如果使用计算机兵棋推演,则就和仿真分析比较类似了。

　　联合作战实验分析以数据分析为基础,数据是否可信、分析方法是否科学等对实验分析的成功至关重要。近年来,大数据、人工智能、复杂网络等理论和技术的发展,推动了联合作战实验分析技术和方法的演化发展,如从结构化数据到非结构化数据、从抽样数据到全量数据、从因果关系到相关性分析等,但是这些仅是"器"的层面的变化,实验分析人员所持的定性指导下的定量分析理念才是联合作战实验分析的"道",这一点始终未曾改变。

第6章 联合作战实验系统

联合作战实验系统是实施实验的支撑条件,从联合作战实验的全过程来看,它是联合作战实验设计的载体和平台,是联合作战实验分析工具的提供者。单个联合作战实验系统可以支撑多类联合作战实验,一次联合作战实验也可能由多个联合作战实验系统来支撑。根据实验目的、实验对象和实验方法不同,合理选择恰当的实验系统是有效开展联合作战实验的关键步骤。本章主要针对综合研讨、仿真分析、兵棋推演、实兵实验和LVC综合实验等不同类型的联合作战实验方法,对其涉及的各类系统功能、特点进行讨论,并介绍相关的典型系统,便于读者更好地理解和体会。

6.1 概 述

联合作战实验系统主要是指可支撑开展联合作战实验的各类软件环境。联合作战实验系统有多种类型,各类联合作战实验系统在支撑联合作战实验的实验方法、实验问题层次、系统或环境实现难度等方面都有所不同。

6.1.1 联合作战实验系统界定

联合作战实验系统泛指以系统/平台为支撑的联合作战实验环境,包含两层含义:一是指具备开展联合作战实验的大型仿真推演系统/平台。这类系统/平台通常是一些体系层级、领域层面的仿真推演系统/平台,作战行动能够覆盖联合作战领域多个方面,较为典型的系统有美军的联合战区级仿真系统(Joint Theater Level Simulation,JTLS)和扩展防空仿真系统(Extended Air Defense Simulation,EADSIM)。二是指具备开展联合作战实验的综合实验环境。这种综合实验环境由实装、模拟器、研讨平台、数据采集工具、实验场地等构成,尽管每个系统功能都有限,但是组合在一起却能够支撑开展联合作战实验。较为典型的综合实验环境有综合集成研讨环境,以及开展实兵实验所依托的一些训练中心或者试验基地,如美国欧文堡国家训练中心。

一个实验系统或实验环境能否成为联合作战实验系统,关键是看能否单独依托该系统或环境开展联合作战实验。一些战术层面或者军兵种业务领域的仿真推演系统,或者一些军兵种的训练中心和试验基地,他们虽然在某些方面功能很强大,但是并不能独立开展联合作战实验,不具备单独开展联合作战实验的能力,因此不能成为联合作战实验系统。一些相对较小的仿真推演系统,或者功能较强的分析工具,可以与其他系统进行互联或者配套使用,共同支撑联合作战实验,成为联合作战实验系统的有机组成部分。

6.1.2 联合作战实验系统作用

联合作战实验系统是实施实验的支撑平台,为实验人员提供想定编辑与模型开发、行动推演与仿真计算、数据采集与分析评估、研讨交流与群体决策等多种功能,使其能够利用实验系统开展实验、获取数据、分析实验结果等活动。

1. 提供想定编辑与模型开发手段

根据第3章中的设计实验内容,通过联合作战实验系统的想定编辑与模型开发功能,可将设计的实验内容具体转化为实验系统中可执行的模型和仿真想定。一是面向模型开发人员提供专业的模型开发工具和平台,对模型体系中涉及的装备模型、行动模型进行开发、测试与调试,确保模型的准确性;二是面向实验人员,提供可视化想定编辑平台,能够根据实验设计方案快速编辑想定,生成系统可运行的仿真想定。

2. 提供行动推演与仿真计算手段

依靠实验系统中的模型体系,为实验人员提供联合作战行动对抗推演与仿真计算手段和平台。仿真分析系统可提供"人不在回路"的大样本作战仿真计算,支撑开展关键装备、力量与行动对联合作战影响的探索性仿真分析;兵棋推演系统可提供"人在回路"的多方体系对抗推演,有效模拟指挥机构指挥作战力量运用武器装备进行体系层次的联合作战对抗。

3. 提供数据采集与分析评估手段

实验过程中会产生海量数据,联合作战实验系统能够根据实验人员需求,辅助采集实验过程中的重要数据,并对这些数据进行管理,如装备的状态数据、作战事件数据等,用于后续作战实验分析。同时,一些体系能力分析系统也能提供战略能力评估、体系能力分析评估等工具,为实验人员开展实验分析提供实用、管用的分析手段。

4. 提供研讨交流与群体决策手段

一是针对与会专家可能分布在远程异地的情况,提供视频会议研讨手段以满足集体研讨需求;二是研讨过程中,针对快速聚焦会议主题、实现集体表决等需求,提供实验流程描述与决策分析工具。

6.1.3 联合作战实验系统类型划分

联合作战实验系统可从多个视角进行划分,从系统模型层次上可分为战略、战役、交战、系统平台4个层级,从系统运用方式上可分为研讨、仿真分析、兵棋推演、实兵实验、LVC综合实验5种类型,从使用领域上可分为陆、海、空、天、电、网、核等作战域系统,从系统用途上还可分为作战概念开发与验证、作战方案计划验证与评估,以及重大装备和技术能力需求论证等不同应用系统,如表6-1所列。

表6-1 联合作战实验系统的分层与分类

模型层次	运用方式				
	综合研讨	仿真分析	兵棋推演	实兵实验	LVC综合实验
战略级	★★★	★	★	★	★
战役级	★	★	★★★	★★	★★★
交战级		★★★	★★	★★★	★★★
系统平台级		★★★	★	★★★	★★★

注:★表示该类系统在该层级应用的程度,星越多表示应用越广泛。

1. 按模型层次划分

根据实验系统的模型规模、模型层次和建模粒度,可以将联合作战实验系统划分为4个层次,即战略级系统、战役级系统、交战级系统和系统平台级系统。

1) 战略级系统

战略级系统主要是针对战争指导、战略筹划等方面从宏观上构建领域模型,重点支撑战略决策的研究论证,包括战争计划分析、战略决策训练、武器装备发展战略论证等诸多方面,也可以包括战略武器的研究。战略级系统利用作战模拟技术,构建起虚拟国家安全环境,可锻炼国家和军队领导层对战略决策问题的研究评估和预测,帮助高层决策人员进行战略决策和思维的训练,确定军事战略方针、武器装备发展战略等。

2) 战役级系统

战役级系统主要是对联合战役、军种战役等方面从联合作战指挥层面构建领域模型,重点支撑联合战役问题的研究论证,包括联合作战概念开发、联合作战方案评估、联合作战对抗推演等。战役级系统是在战法、装备、人员、教育、训练、条令条例等多种因素下的体系整体对抗,涉及诸军兵种和各种武器系统,重点突出联合作战指挥与运筹、多武器系统综合运用,以此达到战役决策与作战方案分析、首长机关指挥训练、多武器装备的综合运用效能评估等目的。

3) 交战级系统

交战级系统涉及联合作战体系的范围,较战役级小一点,侧重建立作战指挥与体系仿真相关领域模型,重点支撑联合作战体系中某一方面或某一领域的研究论证,突出该领域内装备体系、装备作战运用和具体战法的研究。

4) 系统平台级系统

系统平台级系统主要是从物理原理、作用机理等方面对联合作战有较大影响的武器装备系统、指挥系统等重点装备构建精细粒度的仿真模型,突出武器装备系统及平台关于技术、性能和使用方面的分析模拟以及周围环境的刻画,包括物理特性、动力学特性、外表表现等,必要时也可以直接接入实物、半实物的武器装备系统。

2. 按运用方式划分

按照实验系统的运用方式,联合作战实验系统大体上可分为综合研讨系统、仿真分析系统、兵棋推演系统、实兵实验系统和 LVC 综合实验环境。

1) 综合研讨系统

综合研讨系统是一个可供专家发表意见、交流互动、意见表决的综合研讨环境,由研讨工具、会议系统、辅助分析工具等组成。综合研讨系统通常以研讨推演形式对一些难以量化的重大战略决策问题进行研究。典型的研讨工具主要有问题定义工具、头脑风暴工具、SWOT 分析工具、观点聚类工具、研讨流程管理工具等。例如,德国开展的"跨州演习"等国家战略危机管理演习,美国在网电领域开展的"赛博风暴""网络冲击波",在能源领域开展的"石油风暴",在经济安全领域开展的"经济大战",在太空领域开展的"施里弗"演习等,都有相应的综合研讨系统作支撑。

2) 仿真分析系统

仿真分析系统以建模与仿真为主要形式,强调模拟的准确性和客观性,反映作战战法、力量运用、兵力部署、装备体系、战场环境等对联合作战的影响。仿真分析系统通常是以各种大型仿真系统的形式存在,能够支撑战役级、交战级和系统平台级等多个层次的仿真应用,常用于作战概念开发、作战方案论证、体系能力评估等方面。仿真分析系统需要有一个完整的作战背景和作战过程作为输入,系统一旦启动,实验人员将不再干预系统运行过程,而是等待实验结果进而详细分析数据。可以通过有计划地改变实验中的联合作战力量及其目标、战法、战场环境等条件,深入考察各种因素对联合作战进程、效果的影响,挖掘联合作战规律和制胜机理。例如,美军的扩展防空仿真系统 EADSIM、联合作战仿真系统(Joint Warfare System,JWARS),都是典型的仿真分析系统。

3）兵棋推演系统

兵棋推演系统通常以联合战役层面大型对抗推演系统的形式存在,主要支撑战役级、交战级体系对抗应用,常用于作战概念开发、军事训练、作战方案验证等方面。兵棋推演系统能够为实验人员提供一个联合作战背景,然后由各个实验人员在此背景下根据预设的角色进行自由对抗,根据态势进行判断、制订下一步行动计划,由系统来负责裁决行动结果。典型的兵棋推演系统主要有美军的联合战区级仿真系统(JTLS)、现代空海一体战(Command：Modern Air/Naval Operations,CMANO),以及国内的"红山"联合作战兵棋系统、"龙盘"推演系统等。

4）实兵实验系统

实兵实验是以真实兵力操作真实作战装备或者半实物模拟器为主要形式,在实验可控条件下研究分析实兵、实装在联合作战中的实际运用与效能发挥,以便于检验装备体系效能、部队训练水平,以及验证作战理论与作战方案的可行性。联合作战层面的实兵实验系统,通常不是单个计算机软件系统或者半实物模拟器,而是为开展实兵实验活动而构建的一套实验环境,通常由实装系统、半实物模拟器、环境模拟器、实兵交战模拟器、数据采集工具和辅助分析工具等构成。由于实兵实验通常结合部队演训和实装演练活动,主要依托一些大型训练中心或者试验基地开展,因此,本章中的实兵实验系统将以联合作战层次的大型训练中心或者试验基地为主进行介绍。美军常年开展大规模实兵实验,如美军在"环太平洋2022"演习中,投入了无人机、无人艇、水下无人潜航器等大量无人装备,测试了无人装备搭载自主控制系统、电子战、ISR、反潜战和其他任务模块的作战效能。

5）LVC综合实验环境

LVC综合实验环境泛指仿真分析系统、兵棋推演系统与实兵实验系统之间的相互组合运用,是一个由多系统构成的联合作战综合实验环境。由于综合平衡了系统之间的便捷和实效性,LVC已成为和平时期最主流的联合作战实验方式。根据系统之间的耦合程度,可以分为松耦合与紧耦合的联合作战实验综合环境。

一是松耦合的联合作战实验综合环境。由多个物理上独立的实验系统组成一个实验综合环境,各系统虽然都是独立运行的,且系统之间也没有互联互通,但是通过多个系统的配套使用,可以分阶段、分步骤、分系统来完成联合作战实验的相关步骤,达到共同支撑联合作战实验的目的。

二是紧耦合的联合作战综合实验环境。通过异构系统互联等技术,将不同层次、不同用途、不同手段的多种系统进行互联,实现多系统之间的互联互通互操作,构建跨层级、跨领域、跨地域的联合作战实验环境,支撑开展规模更大、范围更广、功能更强的联合作战实验。典型的异构系统互联技术,主要有 DIS 体系架构、HLA 体系架构、TENA 体系架构、CTIA 体系架构和 LVC 架构,前四种体系架构主要实现特定领域、特定应用场景的异构系统互联,而 LVC 架构则是兼容由 DIS、HLA、TENA 和 CTIA 等不同体系架构构建的集成环境,实现更大程度的系统互联,是一个"体系架构群的架构"。

6.1.4 联合作战实验系统应用分析

根据实验的具体目的、对象和方法,需要选择合适的实验系统。表 6-2 是 5 种联合作战实验系统之间的通用对应关系,分别从开展联合作战实验的实验方法、实验问题层次、系统典型应用、系统或环境实现难度等方面进行对比分析。

表 6-2 联合作战实验系统对照表

项目	综合研讨系统	仿真分析系统	兵棋推演系统	实兵实验系统	LVC 综合实验环境
实验方法	研讨法	仿真分析	兵棋推演	实验实验	LVC 综合实验
问题层次	战略级、战役级	交战级、系统平台级	战役级、交战级	战役级、交战级、系统平台级	战役级、交战级、系统平台级
典型应用	指挥决策能力训练、重大战略问题研究	作战概念开发、作战方案论证、体系能力评估	作战概念开发、军事训练、作战方案验证、联合作战体系能力评估	检验装备体系效能与部队水平,验证作战理论与作战方案	作战概念开发与验证、作战方案计划评估、重大装备和技术能力需求论证
实现难度	简单	一般	较难	难	最难

一个理想的联合作战实验系统,应该是将综合研讨系统、仿真分析系统、兵棋推演系统和实兵实验系统结合在一起,实现跨域多级多分辨率的系统联合运行。该系统具有统一的数据来源,保证数据的唯一性、准确性和时效性;多个子系统之间能够互联,实现不同分辨粒度下的场景快速切换与大规模仿真推演;能够接入实兵实装,可对核心系统、关键平台和重点装备进行重点研究论证。

6.2 综合研讨系统

综合研讨系统是集成运用分布式网络、计算机支持协同工作、决策树等多种技术,具有信息交互、决策支持、会议管理等多种功能的研讨分析环境,主要应用于研讨推演类作战实验活动。

6.2.1 系统功能与特点

综合研讨系统,具有"研讨、辅助分析、决策"等功能,具有"环境逼真、沉浸研讨、信息支撑、模型辅助,人机结合、以人为主"等特点。

1. 系统分类

根据研讨环境中信息系统支撑的程度,可以将综合研讨系统划分为高、中、低三个层次。最低层次的研讨系统,可能不需要信息系统支撑,仅仅依靠会议场所和一些会议设备也能正常进行;中间层次的研讨系统,由一些专用信息系统或专用工具来支撑,如战略决策模型可以辅助研讨专家对决策方案进行分析,趋势预测分析系统可以辅助分析研讨专家制定的经济策略对未来经济趋势的影响,态势显示系统能够帮助研讨专家对当前态势形势有一个直观的感受,头脑风暴、SWOT 分析和观点聚类等研讨工具可以快速进行观点聚类、意见表决、统计分析等;最高层次的研讨系统,是钱学森所提出的"人-机结合、以人为主,从定性到定量的综合集成研讨厅体系",实现专家体系、机器体系和知识体系三者的有效融合。

2. 系统功能

综合研讨系统一般具有"研讨、辅助分析、决策"等功能。

1) 研讨功能

研讨功能主要是为各类专家参加群体研讨、表达意见、讨论交流而设置的,具体包括视频会议功能、意见表达与展示功能、协同作业功能等。

(1) 视频会议功能。视频会议功能主要是为各与会专家异地参与研讨和决策过程提供手段支撑。为满足协作式研讨和对抗式研讨的需求,考虑参加研讨专家可能分布在全国各地,集中一地开展研讨不现实的实际情况,通过视频会议,一是能够将远程异地的专家组织起来进行网上研讨,交换意见、集中表决、达成共识;二是能够针对一些需要成员内部商讨的情况,可以依靠会议系统召开小型会议,如针对一些研讨过程中的重大问题,可以单独组织几个重要专家召开内部高层会议进行小范围研讨。

(2) 意见表达与展示功能。通过大屏幕投影、电子白板、触摸屏,甚至一些带有草图功能的系统,方便专家快速表达与展示自己的主要观点、主要意图和构想方案,并与其他专家进行讨论、交流。

(3) 协同作业功能。解决联合作战层次决策问题的有效方式之一就是多人协作研讨。综合研讨包括协作式研讨和对抗式研讨两类,而协作的方式按照时间和地点的不同可分为 4 种组合,即同一时间同一地点方式,如集中会议研讨;同一时间不同地点方式,如远程视频会议研讨;同一地点不同时间方式,如工作流协作；不同地点不同时间方式，如电子邮件方式。协作强调的是专家之间的分工、协调与合作，通常会提供电子邮件、工作流、电子白板、电子公告牌、应用程序共享，以及专门的结构化研讨工具，快速将群体中的意见、想法进行整合、梳理，形成一个形式化的描述，得到逻辑清晰、结构合理的研讨脉络，便于群体之间达成共识，实现研讨专家之间的协同作业。

2）辅助分析功能

辅助分析功能主要是为方便专家在研讨和决策中而提供的一些辅助工具，具体包括仿真推演分析功能、专题资料查询与推送功能和研讨过程的记录与回放功能等。

（1）仿真推演分析功能。综合研讨系统会提供一些有针对性的仿真推演分析功能，如在战略决策综合研讨中，常常会提供一些预测模型来支持对各种策略进行粗略的分析，如经济预测模型、民意走向预测模型等，通过分析政策制定后对经济趋势和民意支持趋势的分析，辅助分析该政策是否合理可行。

（2）专题资料查询与推送功能。综合研讨系统提供多种途径的检索方式，供专家实时查询研讨问题的所需资料；同时，会议主持人也能够将预先准备好的专题资料，方便快捷地推送给研讨专家，如可将一些战场态势信息转换成视频方式，通过虚拟新闻发布的方式呈现给各与会专家。此外，系统也可以链接到外部的专题信息系统，便于查阅专题资料。

（3）研讨过程的记录与回放功能。记录综合研讨全过程的录音、录像、截屏、文字等原始材料，特别是研讨过程中研讨专家发表的各种意见、观点、相关论据，以及决议的过程数据和形成的结论，并可对记录进行实时分类存储及随机回放。

3）决策功能

决策功能主要是为方便专家对一些重大决策问题进行意见的表决，并快速进行统计分析决策结果而设置的，具体包括层次分析法、专家调查法、模糊综合评判法、名义小组法等群体决策理论工具。群体决策是为了支持各领域专家在同一环境下共同参与分析与集体决策的过程。群体中成员针对各个方案都有各自的选择，这就需要一种机制，可以把各个成员的选择合理地集中起来形成群体的选择。常用的规则有以下两种：一是全体一致规则，也称为"一票否决制"，决策方案需要通过群体所有成员同意后才能通过。全体一致规则充分照顾到每一个成员的利益偏好和要求，但是有时很难达成决策目的，尤其是在非合作性群体决策中，往往是议而不决。二是简单多数规则，也称为"少数服从多数"，是指进行方案投票时，得票最多的即为决策方案。简单多数规则，操作容易、决策迅速，是群体决策中最常用的规则。

3. 系统特点

1）环境逼真、沉浸研讨

为激发专家思维、产生灵感,能够设身处地考虑决策问题,综合研讨系统通常会营造一个较为逼真的实验环境,创建一种"沉浸式"的研讨氛围,使研讨专家有较好的"角色沉浸""过程沉浸"和"思维沉浸",能够以所扮演角色身份思考问题,而不受参演者自身国别、军种、身份、职务等约束,激发参演者的问题思考。

2）信息支撑、模型辅助

由于联合作战实验层次高、范围广,涉及陆、海、空、火、天、网、电等作战领域相关知识,以及政治、经济、军事、外交、舆论等多个方面的国内外数据,一些领域专家很难全面掌握这些情况,在研讨过程中需要不断地查询、查阅各种资料,有时还需要一些专用的模型来辅助支撑。为此,综合研讨系统往往会预先构建一个领域全面、资料翔实、方便检索的知识库和模型库,为专家参与研讨提供信息和知识服务。

3）人机结合、以人为主

综合研讨系统的主体始终是人,机器主要起辅助和支撑研讨的作用。将专家群体的经验和智慧,结合实验系统中的数据、模型和知识,形成一个群体协作、人机结合的智能体系,通过深入研讨、反复分析,实现对复杂问题从定性到定量的分析,深刻理解和全面把握问题,从而获得较好的解决方案。

6.2.2 典型系统

本小节将重点以"决胜"系统为例,对综合研讨系统主要功能、系统组成等方面进行介绍。

1. 基本情况

"决胜"系统由国防大学研制,是我军第一个系列化战略训练模拟系统,开创了我国战略决策训练模拟的先河。该系统既是一种"沉浸式"的战略决策训练模拟系统,也是一个战略博弈研讨系统,利用计算机技术构建面向高层战争问题研究与决策训练的支持环境,可以支持开展多方多角色对抗式综合研讨实验。系统通过"角色扮演、环境暗示、过程模拟、效果反馈"等方式,营造一个接近真实景况的虚拟战略时空。在该环境中,决策人员能以接近自然的方式获取战略信息和情报,结合相关的辅助决策工具进行战略决策,组织指挥战略行动,通过后台模型推演子系统驱动战略态势演化,然后通过虚拟新闻、虚拟互联网信息以及高层决策态势等方式将各方决策后的综合态势反馈给决策人员,使其承担决策成功和失败的后果,进而使决策人员产生强烈的"环境沉浸"与"决策过程沉浸",最终达到"意识思维的沉浸"。

2. 主要功能

"决胜"系统具备营造逼真战略决策环境、提供各类分析辅助功能、支持多种不同层次的战略决策问题研究、支持多种研讨方式等功能。

(1)营造逼真战略决策环境。系统通过国旗、徽章、胸牌、臂章等形成演习角色暗示,通过世界时钟系统营造决策时间压力,通过虚拟新闻、综合态势、危机事件、统计图表、信息网站等获取战略情报,通过新闻发布、决策处置、观点陈述等创造博弈舞台,从而形成一个接近真实的战略决策环境。

(2)提供各类分析辅助功能。这些功能包括基于互联网的信息检索、战略情报分析与可视化;各类战略决策所需数据查询、统计和分析;各类模型分析、仿真实验以及综合效果评估。

(3)支持多种不同层次的战略决策问题研究。系统能够支持国家安全战略、军事战略、军种战略等不同层次,危机处置、装备论证等不同领域以及东南沿海、东北亚、中印、南海等不同战略方向的各类战略问题的研究。

(4)支持多种研讨方式。系统能够支持个人作业、分组作业、单方推演、多方对抗推演等不同的研讨方式,可以实现人-机对抗、人-人对抗及混合推演的工作模式。

3. 组成结构

"决胜"系统经过多代升级改造,已经有了很多版本。下面以"决胜"V系统为例进行介绍,可划分为10个主要功能系统,包括演习作业系统、演习设计系统、演习导控系统、演习文电分发系统、演习世界时钟系统、协作研讨系统、模型与仿真推演系统、综合态势系统、虚拟新闻系统、战略情报综合服务系统等,其逻辑关系如图6-1所示。

1)演习作业系统

演习作业系统为参演人员提供了一个决策作业平台,在这个作业平台上,用户可以进行决策作业,输入自己的决策方案,保存、浏览、修改自己的决策方案,同时具有较高权限的用户还可以对决策方案进行归并和整理。

2)演习设计系统

演习设计系统支持对一次研讨活动和演训的设计,对参演人员进行分组,对支持的各类数据、信息、模型资源进行配置,也包括对前台用户的交互与显示方式进行定制。

3)演习导控系统

演习导控系统主要支持导演部在演习中对推演进程以及各方状态与决策方案的管理与控制,可以通过事件诱导和专家裁决评估来影响专家研讨和对抗推演的走向。

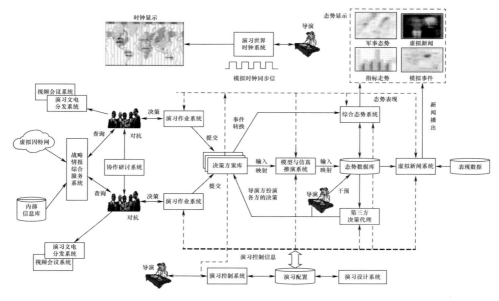

图 6-1 "决胜"V 系统组成结构示意图

4）演习文电分发系统

演习文电分发系统用于对抗各方之间、对抗各方与导演方之间互相收发各类文件。既是各方进行磋商交流、协调立场的一种补充手段，同时也是导演方下发情况、进行导调干预的一种辅助手段。

5）演习世界时钟系统

演习世界时钟系统用于构建全球的地理和时间参照系，一方面通过作业室中的时钟墙上时间显示的变化为各方营造决策时间压力；同时也为其他各分系统的协调运行提供统一的时钟同步信号。

6）协作研讨系统

协作研讨系统是利用各类基本的协作服务和工具为决策组织与决策用户的研讨协作与群体决策提供支持。

7）模型与仿真推演系统

模型与仿真推演系统包括模型管理与服务、推演引擎以及军事和非军事模型等部分，主要是为演习系统提供各类决策后模拟的机制和模型仿真服务。

8）综合态势系统

综合态势系统对各方的决策以及对决策模拟推演的结果进行表现，以比较直观的方式反馈给参演人员，促使各方不断做出或调整决策。

9)虚拟新闻系统

根据各方决策产生的各类事件,自动生成相关的新闻报道,并反馈给决策各方,使参演人员可以以比较自然的方式获取信息、感知态势。同时,导演方也可以根据演习的需要以新闻的形式插入各类突发事件,引导参演人员决策。

10)战略情报综合服务系统

根据真实互联网信息、想定背景、各方决策方案、导演方干预信息等自动、动态生成一系列虚拟常用网络信息,模拟因特网的信息组织结构及表现模式,为参演人员营造具有沉浸感、交互性强的虚拟网络信息环境,并在此基础上为参演人员提供情报的决策辅助工具,包括情报信息的采集与处理、情报信息的分析算法以及可视化分析与可视化模型等。

6.3 仿真分析系统

仿真分析系统是以相似性原理为基础,运用建模仿真、网络信息等技术对现实世界中的事物或系统建立数字仿真模型,实现事物或系统之间的行为、交互等仿真过程,并以作战方案评估、装备论证等分析为目的的软件系统。仿真分析系统支持采用"人不在回路"的方式开展作战实验。

6.3.1 系统功能与特点

仿真分析系统具有"装备体系仿真模型构建、大样本仿真实验、体系级分析"等功能,具有"高精度高可信作战仿真模型、规则驱动的作战仿真、可重复可控制的作战实验"等特点。

1. 系统功能

仿真分析实验也称为"人不在回路"的仿真实验,实验人员选择实验系统输出参数后,启动并运行系统,中途不再人为干预实验,只对结果进行记录和分析。为了满足作战方案分析与评估、武器装备体系关键能力分析与短板弱项查找等需求,仿真分析系统通常具有以下功能:

1)装备体系仿真模型构建功能

为适应联合作战仿真分析,仿真分析系统会构建一套以网络信息体系为核心的联合作战模型集,基本覆盖或者部分覆盖陆、海、空、火、天、网、电等作战领域,能够从系统平台层面描述典型作战装备,以及装备的典型运用,能够模拟C^4ISR的作战流程与战场管理,能够模拟指控网、传感网和通信网的信息传输过程,实现"侦、控、打、评"的杀伤链闭合。

2）大样本仿真实验功能

为体现战争迷雾带来的不确定性认识和实验方案中关键因素对实验的影响,仿真分析系统往往会提供基于蒙特卡洛的大样本仿真实验功能,一方面能够模拟作战过程中的各种不确定性因素,另一方面能够在相同条件下分析多个关键因素在多个实验水平下的不同影响。联合作战实验分析问题的结果不能只以一次运行结果为依据,这不能代表问题的整个结论,需要对其进行大样本实验,通过统计分析大样本仿真实验结果才能得出具有统计意义上的结论。在仿真实验过程中,仿真运行时间是一个不得不考虑的因素,如若完成 10 变量 10 水平 10min 实验需要 19 万年,这是人们无法接受的。大样本仿真实验功能,能大大缩减仿真运行时间,使一些参量空间巨大的实验方案也变得可行,如在联合作战背景下分析导弹部队对某区域的拒止能力,则可以进行大样本仿真分析,将某区域划分为数万个小区域,然后对每个小区域进行多次仿真测试,形成一张区域拒止能力图谱。

3）体系级分析功能

为支持实验分析人员对仿真运行结果进行不同层次细节、不同时间/空间/能力等各方面的分析,仿真分析系统一般都会提供强大的仿真后分析功能。一是仿真过程数据信息记录详细,系统会记录各个仿真实体的属性、状态和交互情况,不仅能记录各类仿真实体的状态、位置、毁伤、弹药消耗等属性数据,还能记录仿真模型运行过程中的指控事件、探测事件、通信事件、交战事件等信息。二是提供一套体系级仿真分析工具集,功能全面、针对性强,可有效缩短分析时间,以提高实验分析的效果和效率。

2. 系统特点

1）高精度高可信作战仿真模型

仿真分析系统对模型精度、可信度有较高的要求,虽然模型总是近似的,不可能完全与现实一样,且随着模型精度、可信度的提高,模型建模难度、系统计算复杂度会大幅提升。仿真分析系统通常是定位于联合作战层次的问题分析需求,明确典型装备体系和作战行动的建模粒度,模型必须经过验证、校核与确认(Verification,Validation and Accreditation,VV&A),使模型达到较高的精度和可信度。

2）规则驱动的作战仿真

仿真分析系统可依据使用的模型、采取的规则来驱动仿真推进,不需要人的干预。例如,当探测到敌机飞来时,会根据敌机的类型(战斗机、轰炸机等)、敌机距离、飞行轨迹等因素,判断该飞机对我威胁程度,进而决定在某机场起飞多少架某型飞机进行拦截。当然,这种智能的程度还很有限,一般都是基于作战规则的"如果……那么……"模式,离智能化的判断、决策、行动、评估等功能还有较大差距。

3) 可重复可控制的作战实验

仿真分析系统不受场地、人员和武器装备的限制,不需要在现地进行复杂的计划与协调,只需要计算资源足够,就可以重复进行实验,直到得出满意结果。重复实验的过程和结果仅与仿真想定和随机因素有关,避免了人为因素的干扰,保证实验过程与结果的客观性。既可以针对同一个想定进行反复多次实验,以消除随机因素对作战过程的影响;也可以在某一想定基础上,通过调整关键装备性能参数、典型作战行动、重点力量部署位置等方式进行实验,以分析关键因素对作战的影响。

3. 主要类型

根据仿真分析系统所处的层次和级别,通常可将其分为战役级、任务级、交战级和工程级4类。各类仿真分析系统所关注的目标不同,采用的建模方法与建模粒度也不同,所能支撑的联合作战实验问题研究也不相同。图6-2是美空军主用仿真系统的分布情况。在联合作战实验中,一些大型的战役级、任务级仿真分析系统,其作用发挥尤其明显,表6-3是美军典型的大型仿真分析系统。

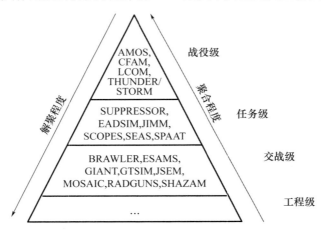

图6-2 美空军主用仿真系统分布

表6-3 美军典型大型仿真分析系统

序号	系统名称	主要描述
1	联合作战系统(Joint Warfare System,JWARS),2006年更名为联合分析系统(Joint Analysis System,JAS)	战役级的军事行动模型,提供联合作战仿真,包括作战计划与实施、兵力评估研究、系统采办分析及概念与条令开发

续表

序号	系统名称	主要描述
2	联合仿真系统(Joint Simulation System,JSIMS)	提供与一体化联合作战空间之间的交互,形成一个近似实战的联合训练环境
3	联合建模与仿真系统(Joint Modeling and Simulation System,JMASS)	提供可重用的建模与仿真库,开发一个标准的数字化建模与仿真体系结构和有关工具集
4	扩展防空仿真系统(Extended Air Defence Simulation,EADSIM)	集分析、训练、作战规划于一体的多功能仿真系统,能够有效描述空战、导弹战、空间战等领域的作战行动
5	联合半自动生成兵力系统(Joint Semi–automated Force,JSAF)	美军联合作战实验和训练的重要工具,能够表示真实世界的地形、海洋、天气条件,生成高逼真度的仿真环境,包括城市地形的细节
6	战士仿真系统(Warfighter's Simulation 2000,WARSIM2000)	在联合作战或合成作战的想定下,能够为营到战区级的指挥员和参谋人员提供一个比较真实的仿真训练环境
7	网络战仿真系统(Network Warfare Simulation,NETWARS)	用于检验和评估美军战术、战役与战略三个层次通信网络的信息流运行状态与安全性、可靠性
8	OneSAF仿真系统(One Semi–Automated Forces,OneSAF)	计算机生成兵力(Computer Generated Force,CGF)系统,可对单兵、单作战平台到营层次的作战行动、系统与控制过程进行仿真,能够描述部队的C^4I指挥流程和作战与保障相关行动

1)战役级仿真分析系统

战役级仿真分析系统定位于战役层面,直接服务于联合作战行动分析的需要,模拟联合部队在战区内为期数天到数月的作战行动,以支持联合作战方案的分析与联合作战计划的制订。例如,美军的联合作战仿真系统(JWARS)、海军的海军仿真系统(Naval Simulation System,NSS)、陆军的概念评估模型(Concepts Evaluation Model,CEM)系统、空军的THUNDER系统,都是战役级仿真分析系统的典型代表。

2)任务级仿真分析系统

任务级仿真分析系统定位于使命任务层面,服务于联合作战体系中部分子体系,模拟作战力量或武器装备体系的作战行动,时间通常在数分钟到数小时之间,以评估力量体系或装备体系对联合作战体系的效能。例如,美军扩展防空仿真系统(EADSIM)、系统效能分析仿真系统(System Effectiveness Analysis Simulation,SEAS),都是任务级仿真分析系统的典型代表。

3) 交战级仿真分析系统

交战级仿真分析系统定位于交战层面,服务于联合作战体系中关键平台的研究与论证,模拟单平台及其武器系统的作战行动,时间范围在数秒到数分钟之间,以评估单平台或武器系统对联合作战的影响。

4) 工程级仿真分析系统

工程级仿真分析系统定位于系统工程层面,主要是根据物理学原理对单武器系统、分系统或组件进行建模仿真,以分析评估其性能以及与性能相关的影响。

6.3.2 典型系统

本小节将以美军 EADSIM 为例,从基本情况、主要功能、系统结构、典型应用等方面进行重点介绍。

1. 基本情况

美军扩展防空仿真系统(EADSIM)是一个集分析评估、训练、作战规划于一体的系统级作战仿真系统,由美国特利丹·布朗(Teledyne Brown)公司于 1987 年开始研制开发,经过持续改进,目前最新版本为 19.0,该系统能够满足以 C^4ISR 为中心的导弹战、空战、空间战以及电子战等作战样式的需求。

2. 主要功能

EADSIM 的功能主要通过其作战模型来体现,包括任务/功能领域模型、物理模型和 C^3I 模型,如图 6-3 所示。其中,任务/功能领域模型主要包括防空行动模型、突击行动模型、电子战模型、进攻性空中行动模型、支援行动模型。物理模型包括机动模型、传感器模型、通信模型、武器模型、地形/环境模型等。其中,机动模型支持模拟固定翼和旋转翼飞机、巡航导弹、弹道导弹、舰船、卫星和地面等平台的机动;传感器模型能够模拟雷达、红外、人力情报、信号情报等 9 类传感器模型;通信模型能够模拟信道级的消息传输过程;武器模型能够模拟空对地、地对空、地对地、空对空等武器交战过程;地形/环境模型能够模拟地形、环境和气象能力,对联合作战产生多种影响。C^3I 模型是通过灵活的规则集来构建,系统内置了战斗机、空军基地等 38 类作战规则集,可根据平台的功能选择相应的规则集,以及设置各阶段行为参数,建立敌我双方所有战场实体的指挥、控制、通信、智能决策等模型。

EADSIM 通过任务/功能领域模型、物理模型和 C^3I 模型,能够模拟实现防空、突击、电子战、空中进攻性行动、支援等作战行动。

第 6 章 联合作战实验系统

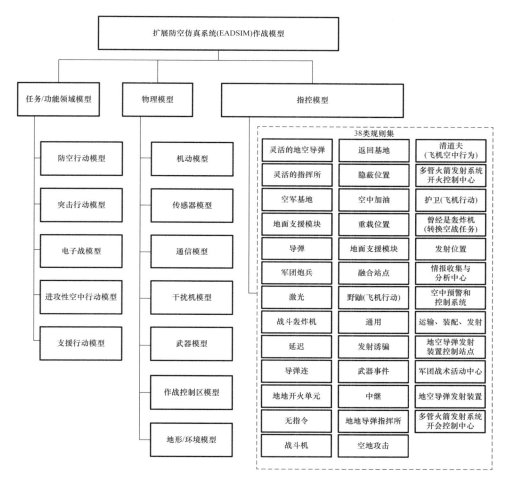

图 6-3 EADSIM 作战模型组成结构

1）防空行动模型

防空行动模型能够模拟地对空交战、防御性防空任务、空对空交战、进攻性与防御性指挥控制和空中态势生成与发布等作战功能。其中，地对空交战功能包括防空交战功能和反导交战功能，模拟防空部队通过指挥控制节点分派目标，并在多个跟踪目标中自主选择目标进行攻击。防御性防空任务功能包括空中格斗和战术导弹交战功能，模拟己方对敌飞行编队实施防御性防空策略。空对空交战功能，可根据敌方目标的飞行航线、编组情况等因素，自行决定己方的火力运用、指挥方式、机动战术、目标分配等内容。进攻性与防御性指挥控制功能，可根据指挥层次的需要进行灵活配置，为用户设置不同的指挥控制策略，进而影响所能够采取的作战行动。空中态势生成与发布功能支持航迹处理、目标识别，并能够在多个平台间实现航迹共享。

2）突击行动模型

突击行动模型能够模拟攻击行动,可根据敌方目标重要性进行排序,引导改变监视的目标对象,以及对目标实施火力打击。突击行动模型包括三个功能:飞机攻击功能,能够模拟飞机从机场临机起飞执行任务;搜集情报与分析情报功能,为攻击行动提供情报支撑;导弹攻击功能,能够模拟导弹的运输、起竖、发射过程,以及隐蔽、发射和装载等战术行动。

3）电子战模型

电子战模型能够模拟电子进攻、电子防御和电子支援等行动,可对传感器和通信设备进行干扰,电子欺骗蒙骗敌方,搜集发射机等电子设备的情报信息。

4）进攻性空中行动模型

除了以上突击行动功能,系统还能够模拟进行性防空任务、特殊任务近距离空中支援保障行动、敌防空压制(Surpression of Enemy Air Defense,SEAD)任务、进攻性空中行动指挥控制等进攻性空中行动。

5）支援行动模型

支援行动模型能够模拟支援保障和后勤保障战斗任务,包括空中加油、空军基地管理、空军基地毁伤与修复、燃料消耗保障、武器库存消耗保障等功能。其中,空中加油能够模拟计划加油、临机加油等功能,空军基地管理能够模拟对机场飞机临机起飞和按计划起飞的管理功能,空军基地毁伤与修复能够模拟机场遭受打击后对飞机起飞的影响,燃料消耗保障、武器库存消耗保障能够为己方作战力量提供后勤保障。

3. 系统结构

EADSIM 系统结构如图 6-4 所示,其主要由仿真设置模块、仿真运行模块、仿真结果分析模块和外部接口组成。

仿真设置模块提供了创建和管理仿真想定数据的功能,包括基本参数设置、实体设置装配、运行配置管理和辅助工具。基本参数设置是对仿真想定相关的地图、关联文件、仿真时间、仿真模式、全局参数等的设置;实体设置装配主要是为仿真想定装配作战实体,并设置相关属性;运行配置管理是对作战区域、通信网络、航迹规划的管理;辅助工具支持飞行轨迹预览、传感器作用范围预览、防御分析预览等功能。

仿真运行模块用于执行用户制定的仿真想定。其中,指控模型负责作战平台的指控决策、跟踪、消息、交战等行为处理;轨迹处理模型负责运维战场作战平台的运动状态;探测模型负责传感器的探测情况;传播模型负责模拟网络联通情况,以此决定消息是否能够正常传输。

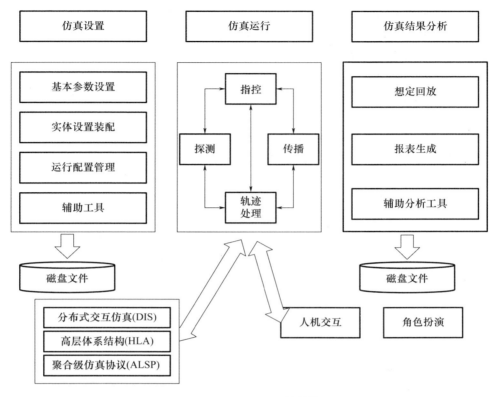

图 6-4 EADSIM 系统结构

仿真结果分析模块能够对仿真过程数据进行统计和分析,并提供复盘回放功能。统计报告主要包括交战统计、通信统计和探测统计等;系统输出主要包括作战平台位置信息、状态信息、指控信息、作战事件、毁伤结果等信息。

EADSIM 提供了较为丰富的外部接口,用于与其他仿真系统或模拟器联合运行。系统支持 DIS、HLA、ALSP 等协议,以及自定义的 Socket 接口、兵力交互任务变更环境(Force Interaction Request Environment,FIRE)模块等。

4. 典型应用

EADSIM 应用领域涵盖作战方案分析与规划、武器装备论证与作战效能评估以及军事训练与战法研究等。

在作战方案分析设计方面,美军曾利用 EADSIM 对海湾战争最初 18h 的空袭战斗过程进行仿真,并以此修订作战计划;在"沙漠盾牌"和"沙漠风暴"行动中,利用该系统对战斗损耗、防空压制、加油作业进行了仿真与分析;美军第 32 陆军防空司令部使用 EADSIM 分析以色列和土耳其境内"爱国者"导弹的部署位置,取得了满意的效果。

225

在装备研制论证方面,美国海军利用 EADSIM 对一种新型对地攻击导弹(Land Attack Missile,LAM)进行作战仿真评估,以不同威胁为实验变量,评估各种威胁下的导弹生存能力,辅助论证 LAM 的效能。

在作战实验与战法研究方面,美军利用 EADSIM 实现了对高能战术激光武器的体系作战能力评估。EADSIM 使用高能激光端对端作战仿真系统提供的数据,在典型作战想定中考虑了平台高度、目标高度、作战平台运动速度和激光系统的视线状况 4 个因素,评估了高能战术激光武器针对来袭巡航导弹的空对空防御能力,实验结果揭示了影响防御能力的主要因子和提高其效能的设置参数。

6.4 兵棋系统

兵棋是运用表示战场环境的棋盘和军事力量的棋子,依据战争经验积累形成的规则,对作战双方或多方对抗活动进行模拟推演的工具。兵棋系统作为一种特殊的作战模拟工具,使得从实验室中分析战争、设计战争、研究战争成为可能,因此也在联合作战实验中得到了越来越广泛的应用。

6.4.1 系统功能与特点

本小节首先介绍兵棋系统的分类,然后以大型计算机兵棋系统为例,介绍此类典型系统的主要功能和主要特点。

1. 系统分类

按照使用兵棋的类型,兵棋系统可分为计算机兵棋和手工兵棋两类。两者在推演、裁决上存在明显的差异。计算机兵棋可进行实时推演,推演过程、态势呈现和裁决由计算机自动完成,而手工兵棋一般是非实时式推演,态势的显示和行动的裁决要依托人工方式,推演节奏通常较慢。

1)手工兵棋

传统手工兵棋主要由 4 部分组成:

一是棋盘。兵棋的棋盘通常是经过六角格(或方格)概略量化和有地理状态标志的地图。一个单元格,表示一定的距离和面积,同时可以定义不同的地理状态信息。一个单元格内是一种地形,便于推演时,依据地形属性对处于格内的部队行动进行裁决和修正。

二是棋子。棋子包括兵力棋子、目标棋子和事件棋子等。兵力棋子用来表示不同的作战力量,通常标有代表作战单位类型、级别、兵种的图形;目标棋子用来表示大型武器平台、目标设施等,通常标有武器平台型号、数量和主要作战能力数值;事件棋子用来表示推演中发生的事件。棋子的分辨率根据推演层级和训练对象的需要,以及参战单位和武器平台的情况确定。

三是规则。规则包括行动规则、裁决规则、走棋规则等,通常以裁决手册(表)的形式出现。规则是兵棋的核心要件,是按照作战基本规律和依据经验总结出的规则,而提炼总结出来用于规范和驱动兵棋推演,裁决双方作战行动的具体规定。

四是骰子。在传统手工兵棋中,骰子是裁决对抗双方作战行动概率结果的工具。兵棋推演中,每个作战行动都要确定一定的概率,通过掷骰子来裁决行动结果。用掷骰子来裁决战场上的对抗行动结果,可以用简单的方式省略许多复杂的计算,代表了战争中的偶然性和不确定性。

兵棋推演自产生发展以来,出现了很多经典的手工兵棋,如著名的《海湾战争》手工兵棋。这是一部模拟现代战争的战略级兵棋,共模拟了美国、伊拉克、科威特、英国、法国、沙特阿拉伯等19个主要有关国家及其军队的军事行动。它配备了300个棋子(其中单位算子200个,事件算子100个),36页英文规则;使用两个骰子;地图规格110cm×76cm,每个六角格模拟实地30km,每轮模拟天文时间7天。

2) 计算机兵棋

计算机兵棋是指推演双(多)方利用网络信息系统进行对抗,并且由计算机依据量化规则模型进行裁决的兵棋,主要是通过信息化手段进行软件开发,实现手工兵棋计算机化,并以计算机软件为基本载体。

计算机兵棋是从20世纪70年代开始发展的,随着计算机技术和人工智能技术水平的不断提高,计算机兵棋在美国等西方发达国家已广泛应用,目前已经成为现代兵棋的主流形式。虽然计算机兵棋本质上也是对手工兵棋的传承,两者内在原理、推演规则和基本功能大致相同,但借助于计算机强大的运算和图形化显示能力,计算机兵棋与手工兵棋相比,表现形式和裁决方法以及运用方式都发生了很大的变化。计算机兵棋以屏幕显示地形图,取代手工兵棋的棋盘;以图形符号显示军队标号,取代手工兵棋的棋子;以计算机自动裁决,取代手工兵棋人工查表、掷骰子裁决。此外,计算机兵棋的出现,不仅简化了人工大量的查表、计算和记录工作,而且使兵棋增加了许多新的功能和使用方式。例如,可用大屏幕显示二维或三维战场环境,实时报告战损与态势,对推演过程进行记录与回放等功能。

西方国家有深厚的"严格式"手工兵棋的基础,计算机所具有的强大记忆和运算功能优势得以充分发挥。因此,西方国家手工兵棋计算机化的过程发展得很快,而且效果也比较好。

随着科学技术的飞速发展,战争形态急速演变,信息化条件下的联合作战成为战争的主要形态,利用计算机兵棋系统推演联合作战成为战争研究的迫切需求,因此,计算机兵棋系统也朝着大型化、复杂化、网络化方向不断发展。相比较以推演局部战争、战术行动等小规模作战场景的兵棋系统,大型计算机兵棋系统可以模拟全域多维战场空间,能够推演的行动类型多、兵力规模大、推演支持要素与流程全、体系结构复杂、技术指标要求高,能够很好地满足大规模联合作战实验的研究推演需求。下面的内容以大型计算机兵棋系统为主进行讨论。

2. 系统功能

作为联合作战实验的重要支撑平台,大型计算机兵棋系统通常具备以下几个方面的功能:

1)战场环境描述功能

兵棋系统基于数据描述多维战场环境,构设近似实战的虚拟战场空间,能够较为逼真地刻画战场复杂自然环境、电磁环境和网络环境。系统基于六角网格(或方格)来量化描述大规模地形、海洋等自然环境,电磁频谱、电磁辐射等电磁环境,以及通信、传感、指控、卫星等多种网络环境,能够较为真实地反映各种环境因素对联合作战的综合影响效果。

2)演习指挥作业功能

兵棋系统能够适应不同层级、不同要素的指挥对抗推演需求,提供态势显示、信息查询、要图标绘、计划拟制、指令下达等多种指挥作业功能,为指挥推演活动提供有效支撑。系统可支持多级指挥机构依据兵棋态势上下联动,分析判断情况,定下决心方案,制订作战计划,形成兵棋行动指令,再输入系统与其他方进行对抗推演,并支持根据推演情况实施临机指挥控制。

3)联合行动推演功能

兵棋系统能够覆盖陆、海、空、火、天、网、电多维战场空间,支持陆战、海战、空战、导弹战、信息作战、特种作战、心理战以及情报侦察、后装保障、反恐维稳等多种作战样式和多种作战行动的联合推演,可支持联合作战指挥机构实现全系统、全要素、全过程的对抗演习,为全域多维联合行动推演提供功能支撑。

4)导调控制裁决功能

兵棋系统可以基于导调指令实现对演习情况、灵活情况调理和实时演习监控,依托数据和规则可实现对作战效果的量化评估与裁决。系统支持海量数据的收集、处理与管理,并提供可视化的演习过程回放和复盘分析功能。为解剖战局、完善战法、评估行动、比对能力、衡量效费提供支撑,满足兵棋推演过程多维复盘回放分析需求。

3. 系统特点

1)模型驱动

虽然战略、战役、战术等不同层级的兵棋系统各有侧重,但所有兵棋系统的核心都是模型。战略层更侧重决策模型,战役层更侧重指挥模型,战术层更注重行动模型。模型是战争经验的描述,是军事规则的升华,是战争规律的总结。兵棋系统正是在各种模型的驱动下,将"人在回路"的对抗博弈以及指挥人员的分析、判断、决策和指挥,变为物理域、信息域、社会域、认知域中不同实体之间的交互和影响,进而发展演化,形成关于战争演进的脉络和过程。

2) 量化裁决

兵棋系统对任何作战行动的裁决都是建立在数量化基础上的。因此,对任何作战或保障行动每一步产生的结果,都应该以战场环境(棋盘)情况、作战部队(棋子)能力、作战行动过程等作为依据,加以比较、计算和修正后做出的合理裁决。例如,部队的战斗力指数大小、道路对机动的影响系数、侦察感知的情况等,都是裁决依托的重要基础数据。这些数据既可以来源于科学规律,也可以来源于作战经验。兵棋特别强调对历史经验的总结,而这种总结最后也要转化为数据才能使用。这与简单的定性评估、大而化之的数量比较是截然不同的。

3) 整体模拟

兵棋系统从整体上模拟一场战役或战争,得到的是人员、装备、指挥、战法、保障等各类要素综合作用形成的概然性、总体性、体系性效果,反映的是作战整体进程、趋势、问题和规律,而不过分强调某一具体行动的细节和精确结果。兵棋系统不能用来预测战争结果,它更强调过程,并主要通过推演战争过程,从中获取经验教训,体会指挥得失,从而获得对于战争复杂性、规律性和科学性的认识,以启发思维、获取新知识,而不是"一机一舰"的局部得失和一次推演的具体结果。

6.4.2 典型系统

本小节将以美军 JTLS 为例,从功能、结构、应用模式等方面进行介绍。

1. 系统概述

JTLS 由美国罗兰公司研发,是一种主要用于训练和分析目的的交互式作战模拟系统。系统主要功能是逼真模拟战区级联合作战行动,可以支持联合空中、地面、海上、两栖和特种部队作战等多种样式联合行动推演,还可以与指挥信息系统和仿真系统互联对接,实现远程异地大规模分布式推演。在 1983 年至今的 40 年发展历程中,JTLS 经历了多次功能和系统升级,其中在 2005 年 5 月发布了 JTLS 3.0 版,提供了 Web 功能,可实现基于浏览器的对抗推演;2011 年 10 月,升级的 4.0 版重新设计了数据库;在 2016 年 11 月升级为 5.0 版,改名为联合战区级仿真系统 - 全球作战(Joint Theater Level Simulation - Global Operation,JTLS - GO),采用了多级全球格栅地形系统、全球非密数据库,并全面实现了地面单元和空中任务指令计划;2020年8月升级的6.0版由Oracle数据库改为PostgreSQL;目前,最新版本为2022年4月15日发布的6.1.4.0版。

经过多年的发展,目前JTLS已在全球20多个国家,30多个单位使用,是全球运用范围最为广泛的兵棋系统。美军的参联会、战区、各军兵种和北约均运用该系统进行作战方案的推演论证与指挥演练,日本、韩国、印度、巴基斯坦、印度尼西亚、泰国、马来西亚等都是该系统的用户。在伊拉克战争前组织的"内窥03演习"中,美军依托部署在美国本土的JTLS兵棋系统,采用实际作战方案和真实数据,通过参战的美军及联军指挥机关和指挥员,推演了伊拉克战争全过程。达到了既检验和修正作战计划,又训练所有参战指挥机构的目的,使得所有的指挥军官和参谋人员事先得到了宝贵的战争体验,并影响了后面实际的伊拉克战争进程。

2. 主要功能

JTLS可用于模拟美军通用联合任务清单所定义的战役级常规联合作战和合同作战,通过系统构设的复杂联合作战仿真推演场景,提供的兵力控制、陆战、海战、空战、后勤以及指挥、控制、通信和情报6个方面功能,可辅助确定联合作战实验的影响因素和边界条件,为联合指挥训练、联合作战方案推演评估和战法创新等实验研究探索提供系统平台支撑。

1)兵力控制功能

JTLS的兵力控制功能主要用于精确控制推演行动,包含指挥权限、各方关系和交战规则三个方面。JTLS支持是指基于指挥权的精确化指挥,通过指挥权限分配,各方可为参演的下属分配指挥权并实施管理。每一方参战部队都可以自主确定与其他方之间的关系,包括敌对、中立、友好、存疑4种。JTLS在地面交战、地对空交战、空对空交战方面提供了交战规则设置功能,使每个作战部队对每个参演方都可以设定不同的交战规则。

2)陆战模拟功能

JTLS提供了丰富的陆战行动和效果的模拟,主要包括:一是火力打击行动,包括各种直瞄、间瞄火力打击等;二是合同作战行动,包括机动、进攻、防御、警戒、撤退等;三是地雷战行动,包括布雷、扫雷等;四是工程保障行动,包括架桥、装备维修等;五是特战分队行动,包括特战侦察、特战破袭等;六是兵力编组行动,包括单位的配属、分遣与重组行动等。

3)海战模拟功能

JTLS提供了单舰和编队级海战模拟功能,主要包括:一是海上进攻行动,包括舰炮、舰导、鱼雷攻击行动;二是海上编队行动,包括创建编队、解散编队、编队机动;三是基于航空母舰的空中作战行动,包括舰载机行动;四是海上运输行动,包括海上物资运补等;五是两栖作战行动,包括两栖装载、两栖突击等;六是潜艇作战行动,包括潜艇上浮、下潜控制、雷达声纳控制等;七是水雷战行动,包括水上布雷、扫雷行动等。

4) 空战模拟功能

JTLS 提供了各类空中行动的模拟,包括:一是空中进攻行动,包括对地突击、压制敌方防空、空中游猎、空中多目标突击等;二是空中防御行动,包括空中巡逻、空中侦察、空中反潜行动等;三是空中预警与指挥控制行动;四是空中电子战行动,主要包括雷达干扰、通信干扰等;五是空运空投行动,主要包括空运空投部队和空运空投物资;六是空中任务调整,包括各类空中任务区域、航线、时间等参数的调整。

5) 指挥、控制、通信和情报模拟功能

在 JTLS 中,同一方部队中的所有作战单元都能共享战场态势信息,任何一个单元获取的情报都能为本方所有部队所用,从而使指挥员能有效掌握敌情,制订周密、及时的计划,有针对性实施军事行动。情报源包括地面情报、空中情报、太空情报、特战情报等。

6) 后勤模拟功能

JTLS 能够模拟后勤对联合作战的影响,并提供以下后勤行动和效果模拟:一是补给行动,包括临机补给行动、定期补给行动;二是后勤运输功能,包括公路、铁路、海运运输补给;三是输油管线作业功能;四是保障关系调整,支持调整单位的保障部队;五是运输网络,支持对铁路、公路路网和交通枢纽(如桥梁、隧道)模拟。

3. 系统结构

JTLS 的系统总体结构如图 6-5 所示。

1) 想定准备和支持工具

JTLS 想定准备和支持工具用于读取 ASCII 初始化数据文件,并按一致性和有效性的相关要求处理数据,然后生成新的 ASCII 数据文件。由数据准备和系统设置与初始化程序之间的接口提供给模拟系统,专业人员也可以使用任意文本编辑器来读取这些初始化文件。

2) 系统设置和初始化程序

系统设置和初始化程序包括想定初始化程序(Scenario Initialization Program,SIP)和接口配置程序(Interface Configuration Program,ICP)等。其主要用于将准备好的初始想定数据文件加载到 JTLS 中,从而便于执行。

3) 战斗事件程序

战斗事件程序(Combat Events Program,CEP)是 JTLS 系统的核心程序。它

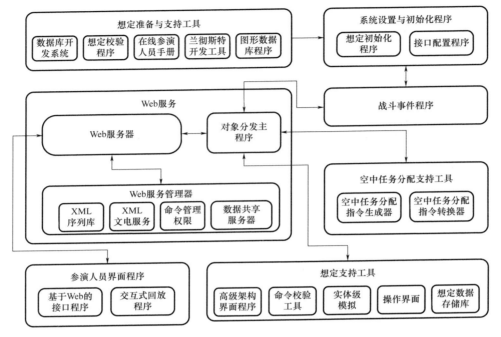

图 6-5 JTLS 系统的总体结构

是数字化的军事规则，CEP 根据加载的想定数据和用户推演过程的输入，产生不同的交战事件，并基于模型规则计算各类行动之间的交互效果，并将处理结果通过态势、报告等形式反馈给参演用户。

在任一想定中，战斗事件程序最多能模拟 10 个参演方。每方可单独定义与其他各方之间的交战关系。在 JTLS 应用中，一个战斗事件程序只能运行一个特定想定。

4) Web 服务

JTLS 通过基于 Web 的设计，旨在降低模拟支持的联军、联盟及联合训练的实施成本，最大限度减少人员和装备的使用。操作人员基于 Web 连接或现有的广域网和局域网，可通过个人计算机上的 Web 浏览器登录模拟系统，并在该计算机上运行参演人员界面。这种设计显著缩短了准备时间，降低了训练成本。

5) 参演人员界面程序

参演人员界面程序主要提供用户与 JTLS 系统交互的图形界面，从而为作战模拟提供交互支撑。其主要包括基于 Web 的接口程序和交互式回放程序。

基于 Web 的接口程序主要提供了与推演人员交互的图形界面，如图 6-6 所示，交互式回放程序使用户能够以透明的视角回放分析推演的整个过程。

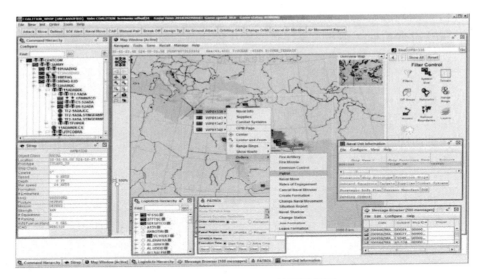

图 6-6　JTLS 基于 Web 的图形界面

6）想定支持工具

想定支持工具包括 JTLS 高级架构界面程序（JTLS HLA Interface Program, JHIP）、命令校验工具（Order Verification Tool, OVT）、实体级模拟（Entity Level Simulation, ELS）、JTLS 操作界面（JTLS Operational Interface, JOI）、想定数据存储库（Scenario Data Repository, SDR）等。其主要用于支持基于 HLA 的仿真系统互联、兵棋指令校验以及推演过程数据存储等功能。

7）空中任务分配支持工具

空中任务分配支持工具包括空中任务分配指令生成器和空中任务分配指令转换器。其主要用于快速生成系统推演的空中任务指令。

（1）空中任务分配指令生成器（Air Tasking Order Generator, ATO-G）。空中任务分配指令生成器用于协助空中要素人员创建攻击与防御空中任务指令，便于用户以最少的操作快速生成任务行动指令。参演人员需要为选定的空中任务分配任务周期并指定目标区域、目标优先级、可用的飞机资源以及所预期效果。空中任务分配指令生成器根据参演人员的输入、基于战场感知以及当前的后勤补给，自动创建一组协同的空中指令。

（2）空中任务分配指令转换器（Air Tasking Order Translator, ATO-T）。ATO-T 可以将空中行动参谋下达的空中任务命令，转换为 JTLS 可以识别执行的空中任务指令。ATO-T 支持将美军文电格式的空中任务分配命令直接转换成 JTLS 的空中任务行动指令。

4. 应用模式

JTLS 的典型应用模式主要包括以下 4 种：

一是研究式推演。研究式推演主要由相关领域问题专家构成的专业团队组织。此外，还需要一个熟悉 JTLS 操作的专业小组，负责输入系统推演指令集，执行战役推演的一个分支计划，再以"批处理模式"高速运行系统推演，直至达到预先设定的分支点，或者达到预定的时间节点。专业小组再将运行结果提交给研究式推演团队，为其推演决策者提供支持。决策者根据推演结论做出新的关键决策，再由专业操作小组将新的指令输入兵棋系统中进行快速推演，如此循环往复。

二是开放式推演。开放式推演是主要决策者作为受训人员置身于模拟训练环境之中，直接操作 JTLS 兵棋系统，向系统输入指令，同时从兵棋系统中查询相关数据，获得推演结果。在这种推演模式中，系统对所有参训人员开放。其优点是，不需要再安排额外的兵棋推演操作人员辅助兵棋推演和指令输入。其缺点是参训人员可能会因为过于关注兵棋推演的模拟细节，而弱化对训练目标和决策过程关注。

三是封闭式推演。在参训人员与模拟训练设备之间，设置一个类似战术执行小组，用于执行参训人员命令。在此模式中，参训人员只需要制定出符合标准格式的作战命令，不用操作兵棋系统。执行小组会将这些作战命令转化为 JTLS 推演指令输入。系统模拟运行后，执行小组监控兵棋系统产生的各类信息报告，审查并确认无误后通过指挥控制系统反馈给参训人员。参训人员以此做出新的指挥处置决策，并下达给战役战术执行小组，如此循环。

四是分布式推演。此模式主要将兵棋系统与现有的 C^4I 系统对接。系统推演时，主要决策者和其他参训人员通过标准的指挥控制系统下达命令，并对其推演结果进行监控。其命令会由战役战术执行小组转化为兵棋系统所需的推演指令。兵棋系统输出的结果通过指挥信息系统直接传输给所有参训人员。此模式需要在 JTLS 与标准的战场管理系统之间建立一个数据接口，实现 JTLS 与现有 C^4I 系统直接的连接。其优点是可以为演习训练提供强大而灵活的支持。其缺点是，由于各国军队的 C^4I 系统各不相同，需要专门开发与 JTLS 的互联接口。

6.5 实兵实验系统

实兵实验系统是支撑开展实兵实验活动的一套实验环境，通常由实装系统、半实物模拟器、环境模拟器、实兵交战模拟器、数据采集工具和辅助分析工具等构成，能够模拟复杂战场环境，以及实兵对抗交战过程。

6.5.1　系统功能与特点

实兵实验系统具有"复杂战场环境模拟、实兵交战、数据采集"等功能,具有"实验环境的真实性、武器装备的体系性、作战行动的对抗性"等特点。

1. 系统功能

1)复杂战场环境模拟功能

实兵实验系统能够为实验人员提供贴近实战的复杂战场环境,这通常是通过自然地形、电磁环境、战场氛围来共同完成的。在自然地形上,可以根据实验需要选择合适的训练基地来开展实验。美军现有 100 多个大型训练基地,如美陆军的刘易斯堡火力训练中心、波尔克堡联合备战训练中心、欧文堡国家训练中心(National Training Center,NTC),海军在圣地亚哥有战术训练群,海军陆战队在匡提科的训练中心等,覆盖陆、海、空域,涵盖了高寒地区、热带丛林、山区或沙漠戈壁等地的多种地形。在电磁环境上,通常是通过多个专用模拟器或者信息发生器来完成的。例如,美军内利斯空军训练基地有一套电子模拟系统,能够同时模拟 100 多个辐射源,可设置敌方电磁压制、自然电磁现象、民用电磁设备干扰和自身电磁设备的互扰所形成的多维复杂电磁环境。在战场氛围上,一些训练基地通过为战场添加特有的声音、烟雾、火光、气味以及人员伤亡、断肢、残垣等场景,来增加环境的逼真度。

2)实兵交战功能

在实兵实验中,实兵正常交战是最基本的功能,通常由实兵交战系统来完成。实兵交战系统是开展实兵实验的关键和灵魂,以武器装备性能模拟和战场环境模拟为重点,通过综合运用"以光代弹""以数代弹"和"仿真交战"等方式,以激光模拟、武器仿真、数字传感、无线通信和计算机仿真等技术手段,模拟敌我双方武器装备的火力打击性能,体现联合作战行动的力量运用、装备运用和战法运用,以及联合作战行动后的综合效果,同时也在避免人员伤亡情况下保证联合作战实验的顺利进行。例如,美军实兵对抗演习中常常使用的"MILES"系统,先在武器上安装激光发射器,当射击到实兵佩戴的传感器时,就会发出声响,以此判断实兵阵亡或受伤,传感器也可以安装在其他装备或系统上,模拟被坦克、火箭弹击中。

3)数据采集功能

实兵实验组织保障复杂、消耗较大,不可能像仿真推演实验那样可以反复进行,因此,为了便于后续评估与分析,需要强大的数据采集功能,涉及实验环境数据、过程数据和结果数据等。一方面是自动采集数据,主要是对利用自动化数据采集终端设备采集作战实体的位置、机动状态、工作状态、损伤状态等信息;另一方面是人工采集数据,主要是对一些难以通过自动采集完成的数据,以人工采集方式来完成。例如,美军欧文堡国家训练中心集成了 GPS 电台系统,能在 20km 内跟踪 520 套电台和 274 台车辆,并将其信息传输至导控中心。

2. 系统特点

实兵实验是在模拟环境下有真实兵力参加的联合作战实验活动,通常结合部队演训和实装演练活动实施。支持实兵实验的系统,通常具有实验环境的真实性、武器装备的体系性、作战行动的对抗性等特点。

1) 实验环境的真实性

实兵演习是与实战联系最密切、最直接的一种作战实验形式。以贴近实战要求为出发点,实兵实验环境的真实性表现在作战环境上,通常在作战区域内尽可能模拟目标区域的地形、地貌等自然环境,也会采用多种信号模拟器模拟复杂电磁环境,战场的现实体验程度高。例如,在一些实验环境设置中,构建了包括自然电磁环境、自然环境、雷达环境、通信环境、光电环境、电子对抗环境、民用电磁环境等,还考虑了电磁信号的密度、强度、样式和分布特征等要素的设置。

2) 武器装备的体系性

依托实兵实验系统开展联合作战实兵实验,都有一套相对独立完整的联合作战武器装备体系,这可能是由实装构成,也可能是由实装、半实物模拟器或者仿真系统综合构成的,通常是部队正在使用的主用装备或系统。有时,为了贴近对手的作战思想、作战行动和装备体系,还会专门为实验人员提供对手的装备或者半实物模拟器,在典型装备或系统的功能和性能数据上基本保持一致,使实验结果真实、可信。

3) 作战行动的对抗性

实验人员一般以红蓝双方进行背靠背对抗。以满足实战要求为出发点,以现实军事斗争准备为依据,红方通常都是真实的部队,大部分都是以实际职务参与实验;蓝方由专业蓝军扮演,能够有效体现对手的作战思想、作战条令条例、作战战法、武器装备体系。双方在完整的联合作战体系支撑下开展体系对抗。

6.5.2 典型系统

本小节将以美军欧文堡国家训练中心为例,主要从基本情况、实验环境、假想敌队伍和实验系统等方面进行介绍。

1. 基本情况

欧文堡国家训练中心是美陆军最大的实战模拟训练基地,1981 年建成,地处美国加利福尼亚州南部巴斯托市东北 60km 处,面积超过 3000km^2。欧文堡国家训练中心的主要任务是:组织驻美国本土的重型师、旅和营级部队在高强度作战环境中进行艰苦的和近似实战的诸兵种合成训练,同时从参训部队中收集和分析反馈的训练信息,为陆军的训练、作战理论、编制和装备的改进提供第一手资料。该中心每年训练时间为10个月,全年可训练约8万人。欧文堡国家训练中心的训练内容繁复多样,从常规作战到平叛行动,从实兵对抗到非战争军事行动。

在欧文堡国家训练中心,美军开展了大规模的作战实验活动。例如,美军于1992年起围绕建设数字化部队开展了一系列的"高级作战实验",从而使其诞生了第一个数字化师;海湾战争前,美军在欧文堡国家训练中心进行了多场沙漠作战的实兵对抗演习实验,详细论证了作战方案和战法,为美军在伊拉克战场上的胜利奠定了基础;2022年美陆军在欧文堡国家训练中心开展了"会聚工程"2022(Project Convergence 22,PC22)实验,美国、英国、澳大利亚等数千人进行了实兵演习,实验了战术无人机、机器人自主车辆、无人机和以网络为中心的多项技术。在实验活动结束后,欧文堡国家训练中心会为参与实验的部队,提供数十小时的录像带和数百页的书面材料,用于部队对实验过程的事后分析,以此进行改进和完善。

2. 实验环境

在实验环境上,为了贴近实战,积极营造逼真的战场环境。欧文堡国家训练中心虽然地处沙漠中,但是更类似于沙漠边缘的戈壁和山谷,地形非常复杂,包括山脉、岭、山谷、沙地、丘陵、湖泊(干涸)等多种地形,可攻可守。整个训练区域划分为三个部分:北区为实弹演练、中区和南区为对抗演练。在社会环境构设上,美军曾为伊阿战场形势的需要,用集装箱拼出13个"伊拉克/阿富汗村庄",为使"材质"更真实而在集装箱表面辅以石雕贴花工艺,还请专业化妆师和造型师布置炸点、化妆伤口等,"复制"出伊拉克、阿富汗战场的语言、文化和风俗环境。

3. 假想敌队伍

美军于1977年要求所有军事基地都必须实行"假想敌"实兵对抗训练演习制度。欧文堡国家训练中心的第一支假想敌部队是第32近卫摩步团,约1200人。该部队从着装、设备、作战思想和战略战术上模拟苏军,甚至按苏军起床号作息,以"同志"互称,吃俄式早餐等,收集了大量战场上缴获的俄制坦克,以此达到较好的模拟效果。在担任"假想敌"任务中,这支部队取胜率超过90%。后来,该任务由第117独立装甲旅担负,约1500人。1994年以后,"假想敌"由当时号称"世界上训练最好的陆军部队"的第177装甲旅精锐第11装甲骑兵团担任,人数超过2500人。第11装甲骑兵团曾与美军第1个数字化旅进行过8次对抗演习,该数字化旅的信息化程度很高,但是在对抗中仍然非常吃力,对抗演习结果是第 11 装甲骑兵团 6 胜 1 平 1 负,可见这支专业红军的非凡战斗力。

4. 实验系统

欧文堡国家训练中心拥有多套实验系统,共同组成了一个功能强大、技术先进的作战实验环境,主要体现在战场环境模拟、实兵交战模拟和战场数据采集等方面。

1) 战场环境模拟

使用气味模拟器,能够模拟熔化的塑料、腐烂的尸体以及臭水沟的气味,营造逼真的战场环境。

2) 实兵交战模拟

实兵交战模拟包括先进自动化瞄准和杀伤系统、空中武器平台交战仿真系统和辅助型多功能综合激光交战训练模拟系统(Instrumentable – Multiple Integrated Laser Engagement System,I – MILES)。其中,先进自动化瞄准和杀伤系统是一种带有 AI 算法的火控系统,能够辅助识别目标,模拟系统中自动与智能化的武器与弹药选择。该系统集成了光电红外传感器瞄准系统、辅助目标识别算法、可选载人自动装填炮塔以及智能化火控系统,来缩短地面战车的交战时间,使端到端的交战时间比原有系统显著减少,增加作战人员在同一时间内可攻击目标的数量。空中武器平台交战仿真系统,模拟陆航飞行员对目标实施打击,记录对地打击效果,交战数据可下载用于事后分析和复盘总结。辅助型多功能综合激光交战训练模拟系统是一种实兵交战系统,运行在一个实时、虚拟的集成架构内,支持联合作战相关行动。该系统主要由作战车辆战术对抗仿真系统、单兵武器系统、战术车辆系统、肩射式弹药和通用/微型控制设备 5 个部分组成。其中,作战车辆战术对抗仿真系统,能够真实模拟战斗车辆直瞄火力交战效果,可安装在"布莱德利"步兵战车和"艾布拉姆斯"主战坦克等装有火控系统的装甲车辆上,也可以安装在桥梁、建筑物上模拟固定建筑损毁效果,各组件之间通过无线网络相连,可向驻地提供伤亡与战场损伤评估;单兵武器系统是一套单兵穿戴式系统,用于直瞄火力对抗训练,可提供实时伤亡效果,训练数据可下载用于事后分析与训练评估;战术车辆系统,涵盖无线独立目标系统,包含多种斯特赖克车型、战术轮式车辆、履带式/大型车辆的配置,并提供火力对抗后的实时伤亡效果;肩射式弹药主要是给地面单兵使用,能够模拟出真实的单兵地对空导弹发射时的图像、音频和信号特征,并记录实时伤亡效果,可训练飞行员应对地空导弹威胁;通用/微型控制设备,实现对 MILES 设备的管理控制。

3) 战场数据采集

战场数据采集包括集成 GPS 电台系统和战斗训练中心控制系统。其中,集成 GPS 电台系统用于跟踪安装了 MILES 交战系统的车辆位置信息,并实时传输到导控中心,形成态势图。该系统最大跟踪范围超过 20km,最大跟踪目标为 274 台车、520 套电台。战斗训练中心控制系统,通过各种工作站、通信网络设施、语音电台、数据存储等设备,可为作战实验提供语音、图像、视频和数据存储等服务,可支撑 1 万人、10 万个仿真实体的数据采集、报告、存储、处理和显示,满足各级实验部队的态势感知、数据分析和复盘总结的需要。同时,该系统还具有与其他外部系统通过分布式交互仿真(DIS)、高层体系架构(HLA)等协议进行互联互通的能力。

6.6 LVC 综合实验系统

随着联合作战实验对实装系统、半实物系统、仿真推演系统等资源集成需求的逐步提高,迫切需要将多靶场、多仿真推演系统、多武器平台协同起来,实现跨领域资源集成,LVC 技术应运而生。LVC 技术可以支持仿真系统中同时集成实况仿真、虚拟仿真和构造仿真,满足异构仿真系统之间的互联互通和互操作。作为一种可以将物理域和数字域混合使用的手段,LVC 技术的应用有助于构造一体化的综合实验环境。

6.6.1 系统发展与特点

本小节围绕 LVC 综合实验系统的发展与特点,从建设发展、关键技术和系统特点方面进行介绍。

1. 建设发展

LVC 最早由美军面向训练领域提出,其从概念产生到在联合作战实验领域广泛应用,大致经历了三个阶段:

1) 概念形成阶段

由于利用计算机模拟系统进行实验在节约经费、保护环境、减少伤亡等方面具有独特的优势,美军从 20 世纪 70 年代开始大力发展计算机模拟系统,研发了一系列的计算机模拟器和作战仿真系统。随着联合作战概念的提出以及网络技术的发展,美军将部分模拟器和部分作战仿真系统分别互联用于不同层次的联合实验,构建了一系列的综合实验环境,并逐渐发展形成了一系列的分布式仿真协议和标准,包括 DIS、ALSP、HLA 等。但是,无论是模拟器互联还是作战仿真系统互联,都存在一个明显的缺点:与实际作战脱节,即实验环境中各级作战人员使用的系统(装备)与实际作战时使用的系统(装备)不一致。同一时期,美军也尝试了将模拟器与实际装备进行互联,取得了良好的效果。于是,美军将这种理念进一步扩展,将实兵系统、模拟器和作战仿真系统三者互联在一起进行实验,这样既能发挥模拟系统节约经费的优势,又能提供贴近实战的战场环境,最终形成了 LVC 综合实验系统的概念。

2）初步发展阶段

2002 年 7 月至 8 月，美军进行了具有里程碑意义的"千年挑战 2002"（MC2002）演习。此次演习中，美军对 LVC 关键技术进行实验验证。"千年挑战 2002"是一次典型的联合作战实验，参演兵力有美国陆军、海军、空军、海军陆战队 1.35 万人，以及计算机生成的 7 万人虚拟部队。实验中，美军通过 LVC 技术将分布在不同地方的 9 个实际靶场和 18 个模拟靶场连接起来，共使用了 50 个作战仿真系统，演习中首次采用 TENA 技术，成功地将物理靶场数据、真实作战传感器感知数据和仿真数据进行融合集成，来实时呈现整个演练的态势。"千年挑战 2002"是 LVC 技术初步发展阶段的代表之作，通过实验，美军发现 LVC 技术能够将地域分散的部队、模拟器和仿真系统进行互联整合，为一体化联合作战实验提供近似实战的战场环境。此次实验，也为 LVC 技术的广泛应用奠定了良好的基础。

3）广泛应用阶段

"千年挑战 2002"演习后，联合国家训练能力（Joint National Training Capability，JNTC）项目开始推动以 LVC 训练方式进行演习，大力支持 JLVC 联邦建设。除了在联合训练领域，美军也开始利用 LVC 技术进行装备实验鉴定、战术战法推演、作战概念验证等方面进行作战实验探索。2017 年 5 月，"北方利刃"（Northern Edge）演习期间，海军利用 LVC 技术将远程轰炸机、预警机、指挥机等模拟器纳入演习，生成了友军和敌军的武器系统，增强了作战场景真实度，更是首次联合空军的 LVC 设施进行演习。2018 年，海军空战中心飞机分部提出了"基于能力的试验鉴定"（Competency Based Test and Evaluation，CBTE）概念，将 LVC 技术作为支撑这一概念落实的首要技术。2021 年 5 月，在利用 LVC 技术支撑下，美国空军第 16 航空队在新墨西哥州普拉亚斯信息战训练基地举办了信息战"融合作战"概念验证活动。

2. 关键技术

为了构建 LVC 实验环境，需要综合利用数据模型、网关、中间件等多种技术手段。需要说明的是，这些技术的出现并不是因为其先进，而是"演化"出来的无奈之举。随着实验需求的不断扩展，原有各自独立开发的仿真模拟系统已经无法满足联合作战实验集成融合的需求，为了充分利用现有系统资源，只能通过各种技术手段，解决异构系统之间互联与集成问题，这一点，在 LVC 数据模型中表现得尤为突出。

1）LVC 数据模型

LVC 技术架构中主要采用公共对象模型技术提供各异构系统之间数据交换

的标准格式,达到异构系统之间语义、语用甚至是概念层次的可组合,然后再解决多系统之间的互联、互通和互操作问题。

LVC 仿真技术发展过程中,一共出现了 5 类数据模型技术:一是高层体系结构对象模型模板(HLA – OMT)技术,主要解决基于 HLA 的各联邦成员之间的公共数据交换问题;二是实验与训练使能体系结构逻辑靶场对象模型(TENA – LROM)技术,解决采用 TENA 架构下逻辑靶场中各种资源之间的数据交换问题;三是基本对象模型(BOM)技术,主要提高 HLA 联邦成员数据交换的灵活性;四是模块化对象模型模板(高层体系结构加强版)技术,主要解决 HLA 原标准规范重用性差、不支持 Web 服务、互操作难等问题;五是技术体系无关的中性数据交换模型(Architecture Neutral Data Exchange Model,ANDEM),主要是建立一个通用对象模型库,解决 DIS、HLA、TENA 和 CTIA 多种技术体系并存下,LVC 综合实验环境中的数据交互问题。

2)LVC 中间件

中间件是 LVC 系统的核心组件之一,其作用是相当于一条"总线",连接所有的实装系统、模拟系统、仿真系统,为异构系统之间消息分发传递、数据交互提供一致的信息表示,即统一的数据模型,所有消息的传输都要通过中间件进行传递。例如,一架真实飞机或者模拟器的位置数据,通过 LVC 中间件消息传递功能路由到相应的数字仿真飞机。LVC 中间件还支持"发布/订阅"功能,允许数据通过系统进行目标路由。

3)LVC 网关

LVC 网关是异构系统之间实现互联的桥接器,可实现通信协议与数据格式转换。一方面,网关将系统需要公布的信息转换成中间件要求格式一致的数据包,通过底层信息传输设施发送出去;另一方面,网关从底层信息传输设施接收系统订购的信息,将其转换成系统可识别的数据格式并发送给该系统。例如,基于 HLA 的 LVC 系统,HLA 应用不需要借助网关,可直接与运行时基础结构(Run – Time Infrastructure,RTI)进行互联,非 HLA 应用则需要通过网关与 RTI 互联,这是各类系统进行互操作的一种网关应用方式。

3. 系统特点

利用 LVC 技术架构,可以将实兵实验系统、虚拟实验系统和仿真实验系统互联集成,形成综合实验环境。基于 LVC 技术构建的综合实验系统具有以下突出特点:

1)多系统互联

利用 LVC 仿真中的 DIS、HLA、TENA、CTIA 等技术架构,可以基于中间件技术和网关技术,将各种实兵系统、模拟系统和构造仿真系统互联,充分利用现有各类系统的模型、数据和仿真资源,实现不同类型系统之间的互联、互通和互操作,从而大幅降低作战实验的费用与时间成本,提升联合作战实验的效率。信息化、智能化战争研究已由单装、单平台性能转向整体作战效能。体系化实战演训牵涉的装备数量多,演练装备的磨损、人员的损伤等使得演训成本极高。而利用 LVC 技术构建的多系统互联复杂实验场景,可以降低实体装备实验带来的风险和不确定性,节约人力、物力和时间,大幅降低演训效费比。

2) 虚实相结合

实兵系统和虚拟仿真系统各有优长,利用 LVC 中的仿真代理技术,可以将实兵实装引入模拟仿真环境,实现实兵场景和虚拟仿真有机融合,有助于构建逼真的战场环境。LVC 技术通过构建虚实结合的实验环境,能够有效结合实兵实装演训和虚拟仿真训练的优势。一方面,可以组织人员利用实装进行实验;另一方面,依赖硬件可通过半实物方式模拟,同时,各类复杂的作战场景也可由计算机生成,能够提供逼真的实验检验环境,更可靠的检验人员的能力素质和装备的性能是否满足实际作战需求。

3) 一体化集成

单一的仿真系统或者模拟器只具备单一的功能,无法满足未来信息化战争联合作战和体系对抗的需求。利用 LVC 技术,通过对可互操作的训练场地和节点进行网络化聚合,实现不同类型资源之间的共享、重用,创建联合作战实验条件,从而打通不同领域、不同层次、不同手段、不同用途仿真系统之间的隔阂,实现实兵实装、虚拟仿真和构造仿真系统一体集成,从而构建起能满足训练、作战、实验等多用途的一体化联合仿真环境。

6.6.2 典型系统

JLVC 联邦是美军基于 LVC 技术开展联合实验的典型应用,本小节将以美军 JLVC 联邦为例,从体系结构和 JLVC2020 未来发展框架等方面进行介绍。

1. JLVC 联邦概述

为了支持基于 LVC 技术的联合作战实验,美军联合部队司令部(JFCOM)提出构建 JLVC 联邦作为联合实验的基础支撑环境。JLVC 联邦是由多个构造仿真系统、C^4I 系统、接口以及模拟器组成的分布式系统,可以将实兵系统、虚拟仿真系统和构造仿真系统互联起来运行,构建一体化联合实验环境。

为了进一步提升联合实验支撑能力,JLVC 联邦做了大量的改进升级工作。其主要包括:一是将真实 C^4I 系统作为联邦的一部分加入,提供近似实战的演训环境;二是将各军种主要仿真系统加入 JLVC 联邦,构建综合仿真模拟平台;三是将各种武器模拟器进行集成,构建一个虚实结合的战场空间;四是将各邦员建立在分布式架构基础上,使得系统具有良好的灵活性和自由组合性。

JLVC 联邦最初只用于联合国家训练能力(JNTC)组织的展示性演习,随着应用的不断深入,JLVC 开始支撑美军各级各类实验演习活动,包括:JNTC 举行的"西部靶场"联合演习(Western Range Complex)、联合"红旗"军演(Joint Red Flag);中央司令部组织的"统一进取"(Unified Endeavor)系列演习;欧洲司令部发起的"严峻挑战"(Austere Challenge)系列演习以及北美防空司令部和北方司令部联合举行的"北方利刃"等演习。

2. 体系结构

1)概念模型

JLVC 联邦概念模型是指导 JLVC 联邦开发的基础。在 JLVC 概念模型中,描述了 JLVC 联邦与所依赖的数据服务、组织机构、各项标准以及认证等模块关系,也描述了 JLVC 联邦和各种数据消息标准与基础技术集成体系的关系,另外,还包括 JLVC 的各项组成。JLVC 概念模型如图 6-7 所示。

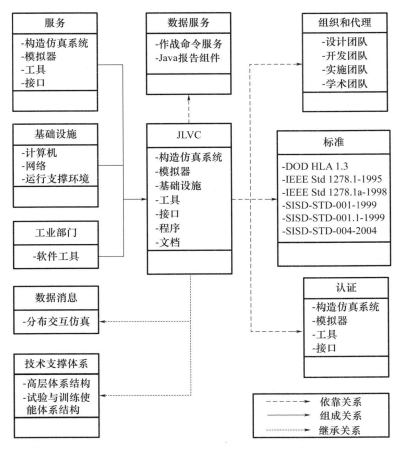

图 6-7 JLVC 概念模型

可以看出，JLVC 联邦是由构造仿真系统、模拟器、基础设施、工具、接口、程序和文档共同组成的综合性支撑环境；在实现上依靠各种设计团队、开发团队、实施团队和学术团队的共同支持，参考了一系列的公共标准和领域认证，并遵循了 DIS、HLA 和 TENA 等技术体系标准。

2）联邦组成

JLVC 主要由负责各军种各领域仿真的构造仿真系统、分布式仿真支撑技术、实兵演习环境、基础网络通信设施、C^4I 系统接口以及核心仿真系统及支持工具箱组成。如图 6-8 所示。

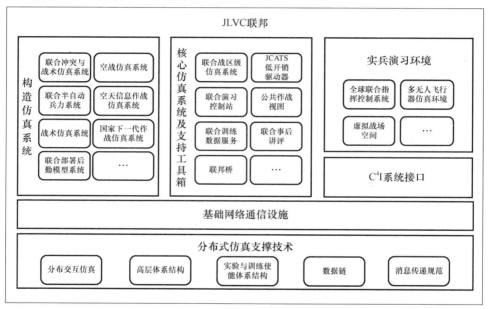

图 6-8　JLVC 联邦组成

（1）构造仿真系统。目前，JLVC 联邦集成了美军各军种的部分构造仿真系统成果，包括：联合冲突与战术仿真系统（Joint Conflict and Tactical Simulation，JCATS），负责对地面作战和特种行动作战仿真；空战仿真系统（AWSIM），负责空战行动仿真；联合半自动生成兵力系统（JSAF），负责海战行动仿真；空天信息作战仿真系统（Air and Space Couaborative Environment Information Operations Suite，ACEIOS）、战术仿真系统（Tactical Simulation，TACSIM）和国家下一代作战仿真系统（National Wargaming Simulation Next G，NWARSNG），负责情报相关行动仿真；联合部署后勤模型系统（Joint Deployment Logistics Model，JDLM），负责后勤行动仿真。通过这些模型的联合运行，构建一个虚拟综合战场空间，当指挥员在指挥所通过真实的 C^4I 系统输入作战命令后，由这些仿真系统共同完成各种行动在虚拟战争空间的推演计算,然后将结果通过 C^4I 系统反馈给指挥员。

(2)分布式仿真支撑技术。为实况、虚拟、构造仿真系统进行互联互操作提供技术支撑、统一通信协议和一致的消息标准格式。JLVC 联邦吸纳了各种技术体系,包括 HLA、DIS、TENA、Link16、USMTF。通过这些协议连接各种系统,共同支持训练。

(3)实兵演习环境。实兵演习环境区分联合战役指挥层面和战术行动层面。JLVC 联邦中,联合战役指挥层面有全球联合指挥控制系统(Global Command Control System, GCCS)、武器平台方面包括多无人飞行器仿真环境(Multiple Unmanned Aerial Vehicle Simulation Environment, MUSE)和虚拟战场空间(Virtual Battlefield Space, VBS)等,在战术行动层面有陆、海、空各军中战术训练靶场的激光交战系统和各种武器装备模拟器。

(4)基础网络通信设施。基础网络通信设施为 JLVC 训练提供基础的网络通信硬件支撑环境。依靠网络通信设施,JLVC 联邦将分布异地的各种仿真系统和指挥系统连接起来。

(5)C^4I 系统接口。JLVC 联邦中集成 C^4I 系统,目的是为指挥员提供真实的指挥平台。通过与 C^4I 系统的接口,JLVC 联邦中的模型与 C^4I 系统连接起来,共同支撑演习训练。与 C^4I 系统接口主要包括各种不同系统之间的数据转换接口、通信接口以及不同技术体系交互的网关。

(6)核心仿真系统及支持工具箱。核心仿真系统及支持工具箱包括联合战区级仿真系统(JTLS),联合冲突与战术仿真系统(JCATS),联合演习控制站(JECS),公共作战视图(COP),支持想定生成的联合训练数据服务(JTDS)、联合事后讲评(JAAR)和 JLVC 联邦桥等。

3)系统特点

从特点上,可以说 LVC 是一种技术架构,用于整合实兵、虚拟和构造仿真的三种系统架构,而 JLVC 是一种具体的技术应用框架,它可用于跨军兵种的协同训练,强调不同军种、多国之间的协作和协调,以提高联合作战能力。可以从技术和应用两个方面来看其特点。

(1)技术方面。一是实时数据融合,可支持跨军种协同训练对实时数据传输和共享的要求,保证指挥、协同和通信的通畅;二是高质量虚拟环境构建,可模拟现实世界多种情况,如地形、作战行动等,提高训练的真实感;三是人机交互,采用先进人机交互技术,提高训练者的沉浸感和参与度;四是多层次建模和大规模计算,可支持复杂战争场景中多场景的模拟和训练。

(2)应用方面。一是跨军种协同,可支持陆、海、空、天等跨军种协同训练,强化联合作战指挥能力;二是跨领域训练,覆盖指挥控制、电子战、网络战等领域,提高参训者综合技能;三是复杂环境模拟,针对各种战场环境和突发情况进行模拟,增强应对实战的能力;四是国际合作与交流,通过多国部队参与联合训练,提升国际合作水平和协同作战能力。

3. JLVC2020

面向未来联合作战实验,美军提出了JLVC2020发展框架。其核心在于云使能模块化服务(Cloud Enabled Modular Service,CEMS),基本思想是使用松散的、小型化和模块化的功能服务单元取代庞大的集成系统,通过降低系统单元之间的耦合性,形成灵活高效的仿真模拟体系架构。

基于云使能模块化服务的JLVC2020由许多特定功能的模块化服务单元构成,框架构成包括云使能模块化服务(CEMS)、想定管理工具(Scenario Management Tool,SMT)、虚拟训练接口(Virtual Training Interface,VTI)、相关数据层(Correlated Data Layer,CDL)和权威资源数据源(Authoritative Source Data,ASD),JLVC2020的框架示意图如图6-9所示。

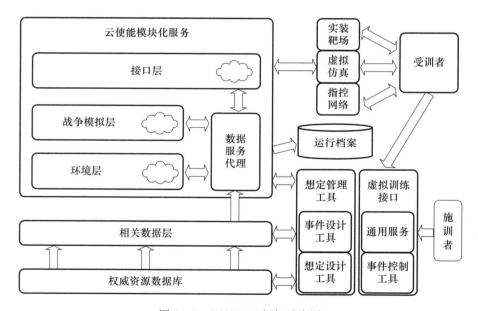

图6-9 JLVC2020框架示意图

1)云使能模块化服务

云使能模块化服务主要由数据服务代理、环境层、战争模拟层和接口层4部分组成,其框架示意图如图6-10所示。

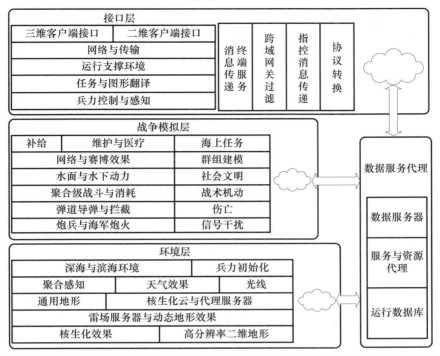

图 6-10 云使能模块化服务框架示意图

（1）数据服务代理。数据服务代理是 JLVC 的核心引擎，是模块化服务层和数据活动的连接部件，是仿真交互的数据交换中心，主要由数据服务器、服务与资源代理和运行数据库组成。

（2）环境层。环境层的主要功能是应用资源存储仓库的数据建立仿真环境，包括环境的时间、地形、天气和模拟兵力等要素。对任何给定的训练项目，环境层都能创建一个存储于运行数据库中的特定仿真环境。

（3）战争模拟层。战争模拟层的主要功能是依据训练需求，项目设计人员从众多的仿真模型、工具和服务单元选择适当的模块来进行交互，以支持训练目标的实现。

（4）接口层。接口层的主要功能是为 LVC 训练提供通信、协议转换和显示服务，如通过国防信息系统代理（Defense Information Systems Agency，DISA）提供网络与传输服务，通过运行支撑环境实现数据交互、运行时间协调和分布式仿真的可扩展能力，接口层还提供二维和三维客户端显示接口等功能。

2）相关数据层

云使能模块化服务概念的关键是建立一个触角深入现实世界数据源的单一

数据层。美军计划通过对现实世界的数据进行收集整理与确认,建立一个包括兵力结构、武器效能、地理资源、后勤和作战条令等数据的权威资源数据库,并建立相关数据层,以支撑模块化服务来解决训练仿真系统中存在的数据冗余、问题数据和数据不一致等问题,如图6-11所示。

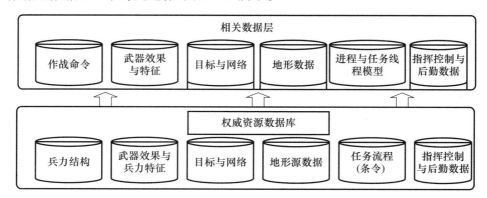

图6-11 相关数据层和权威资源数据库构成示意图

3)想定管理工具

想定管理工具主要包括事件设计工具(Event Design Tool, EDT)和想定设计工具(Scenario Design Tool, SDT),如图6-12所示。

图6-12 想定管理工具构成示意图

想定管理工具的功能是依据训练需求快速搭建训练环境,并能在大型训练项目开发中节约时间、人力等资源,缩短项目周期,是实现JLVC2020灵巧性和可组合性的关键构成部分。想定管理工具能帮助所有训练人员在没有建模与仿真专业人士指导的情况下,通过快速理解训练目标,进而设计一个预期的想定背景。其在针对训练项目搭建一个预期的仿真实例时,如进行批处理文件一样,在训练仿真准备时请求调用特定的模块化服务单元和必要的数据。这种方式能够通过对训练项目的优化和预测每个训练项目加载到数据服务代理的提前时间等预处理方式,来支持同时进行多个仿真训练项目时的资源共享管理。

4)虚拟训练接口

虚拟训练接口由通用服务(General Service,GS)和事件控制工具(Event Control Tool,ECT)组成,如图6-13所示。

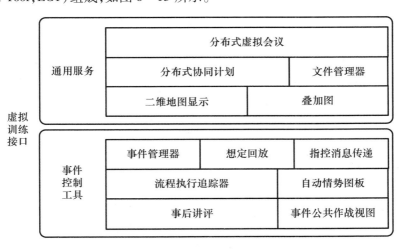

图6-13 虚拟训练接口构成示意图

虚拟训练接口作为训练者与模拟仿真系统之间的交互接口,是实现JLVC2020可接近能力和可发现能力的部件,功能包括协助训练者使用想定管理工具,组合训练环境,并控制模拟仿真系统的输出等。

虚拟训练接口是设计模拟仿真实例的关键部分,其也将担任计算机辅助演习管理角色,允许训练者或管理者在仿真活动中监视JLVC2020的运行状况,并用虚拟训练接口中的事后讲评(AAR)系统支持训练人员的学习。虚拟训练接口还能提供管理C^4ISR仿真和指挥控制消息的能力,从而实现对C^4ISR仿真的影响。

6.7 本章小结

联合作战实验系统是指具备开展联合作战实验的大型仿真推演系统/平台和综合实验环境,系统是联合作战实验实施的支撑条件。本章对综合研讨、仿真分析、兵棋推演、实兵实验,以及LVC综合实验等不同实验方法的联合作战实验系统进行了介绍。

综合研讨系统是一个可供专家发表意见、交流互动、意见表决的综合研讨环境，主要以研讨推演形式对一些难以量化的重大战略决策问题进行研究，具有研讨、辅助分析与决策等功能，具有"环境逼真、沉浸研讨、信息支撑、模型辅助，人机结合、以人为主"等特点。

仿真分析系统强调模拟过程的准确性和客观性，系统运行过程中不需要实验人员的干预，常用于作战概念开发、作战方案论证、体系能力评估等方面，具有装备体系仿真模型构建、大样本仿真实验、体系级分析等功能，具有仿真模型高精度高可信、作战仿真规则驱动、作战实验可重复可控等特点。

兵棋推演系统重点强调指挥过程的模拟，可在联合作战背景下实现多方多角色自由对抗，常用于作战概念开发、军事训练、作战方案验证等方面，具有推演环境构设、战场态势呈现、指挥对抗作业、联合行动推演、复盘分析评估等功能，具有模型驱动、量化裁决、整体模拟等特点。

实兵实验系统是指为开展实兵实验活动而构建的一套实验环境，具有模拟复杂战场环境、实兵交战和数据采集等功能，具有实验环境的真实性、武器装备的体系性、作战行动的对抗性等特点。

LVC 综合实验系统是一个由多系统构成的联合作战综合实验环境，已成为和平时期最主流的联合作战实验方式，经历了概念形成、初步发展和广泛应用三个建设发展阶段，涉及 LVC 数据模型、中间件、网关等关键技术，具有多系统互联、虚实相结合与一体化集成等实验环境特点。

理想情况下，联合作战实验系统可将综合研讨、仿真分析、兵棋推演和实兵实验等系统结合在一起，实现多系统联合运行，综合研讨系统支撑战略战役层次问题研究，兵棋推演系统支撑特定背景下的联合作战指挥问题研究，仿真分析系统支撑特定作战环境下的体系能力边界研究，实兵实验系统对以上结果进行检验验证，支撑实验实施过程不断迭代交互，达到实验预期效果。

第 7 章 作战实验应用及案例

作为研究战争、设计战争的工具和手段,作战实验可以用于军队现代化建设和备战打仗的方方面面,以探索新的颠覆性技术和概念、现有能力的新应用和新出现的威胁所产生的未知关系和结果,使人们可以更加深刻地认知战争、驾驭战争。作战实验是新军事变革的产物,其方法、技术和实践活动已经充分融入军事力量建设和运用的关键环节,在支撑作战体系构建、优化作战体系配置、创新军事理论、验证作战条令、评估作战方案、设计战术战法、提高训练效益、论证发展规划、培养军事人才,以及新技术、新装备和新能力的开发、实验和应用等方面开展了大量实践,并取得了较好的效果。本章针对开发作战概念、评估作战方案、论证装备体系能力三个联合作战实验的典型应用领域,结合外军作战实验典型应用案例,分析和讨论了作战实验在三类不同应用领域的具体流程和方法手段,并结合案例对各类作战实验应用的关键流程步骤进行举例说明。

7.1 作战概念开发实验案例

作战概念向上承接军事战略,向下支持需求开发,是用于指导备战打仗、牵引建设发展的有效手段,是加强作战理论创新、实现由被动适应战争向主动设计战争转变的有效途径。作为对未来战争的总体设计和抽象凝练,作战概念是用于指导备战打仗、牵引军队建设发展的有效手段,是加强作战理论创新、实现由被动适应战争向主动设计战争转变的有效途径。美军概念(Concept)一词的含义很多,还有方案、方针、观念、原则、原理等含义,之所以将其翻译为"概念",主要是指一种针对未来的理念,或是针对未来的一种畅想。美参联会主席指令《联合概念开发与执行指南》指出:"联合概念提出了新的方法,以应对当前或预想中的紧迫挑战。现有方法和能力或无效、或不足、或不存在,因此需要我们重新审视运用和建设联合部队的方式。"

7.1.1 作战实验在作战概念开发中的应用

美军非常重视作战实验在联合作战概念设计开发中的作用发挥,明确了作战实验对作战概念实施评估和验证评价的作用与流程规范,通过综合运用桌面推演、兵棋推演、实兵实装演习等类型的系列作战实验,重点测试作战概念可行性和有效性。美国国防部以及众多智库围绕作战概念开发与验证展开的系列实验过程,很好地说明了联合作战实验的支撑作用。通过作战实验不断探索未来的不确定性,不断增强作战概念开发与验证的科学性,才能确保提出的未来作战概念能够应对潜在威胁和挑战。如图 7-1 所示,从作战概念形成的全过程看,可以将作战概念开发和验证划分为需求探索、形成方案、提炼细化、迭代完善和确认发布 5 个阶段。

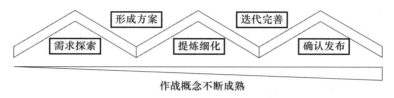

图 7-1 作战概念开发与验证过程

从作战概念开发中作战实验的作用看,如图 7-2 所示,可以划分为提出作战概念、开发作战概念和验证作战概念三个阶段,不同形式的联合作战实验在不同的阶段发挥着不同的作用,更多的是多种形式的综合运用,但总的趋势体现了由定性为主到注重定量再到实战检验的阶段特点。在作战概念开发中应用作战实验的基本模式包括发现型实验模式、验证型实验模式和演示型实验模式。可以应用的作战实验手段包括研讨、兵棋推演、仿真分析、实兵实验及 LVC 综合实验等。

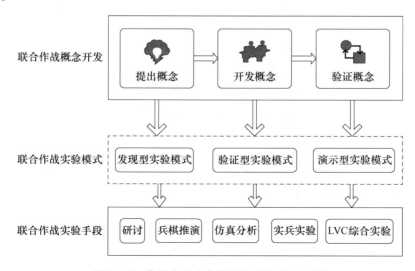

图 7-2 作战实验在作战概念开发中的应用

北约颁布了《概念开发与实验手册》(《NATO Concept Development and Experimentation Handbook》),明确规范了依托作战实验进行作战概念开发的具体流程,明确了作战概念开发的不同阶段所使用的各类实验工具和手段。与其他领域实验一样,作战概念开发实验也是一种干预实验,核心是通过控制变量,进一步理解和细化原因,探索潜在预期和意外影响,分析原因和效果的关系,达到辅助探索作战概念、确认或颠覆假设认知、验证或证伪解决方案的目的。在作战概念开发的每个阶段,实验都包括两方面的工作:一是实验活动管理,二是实验活动实施。实验活动管理是负责作战概念开发相关的资源集成和管理,规划作战概念开发活动;实验活动实施是依据本阶段的目标,按照特定的实验模式,采用各类作战实验方法和手段,支持进行作战概念开发。下面以北约为例,说明从提出作战概念、开发作战概念到验证作战概念三个阶段开展的各类作战实验活动。

1. 作战实验支撑提出作战概念

提出作战概念阶段,根据待开发的作战概念层次、作战域和潜在影响,定位作战概念需要解决的问题,分析问题存在的原因,明确问题的范围、性质、影响和意义,如图7-3所示。该阶段实验活动管理完成的主要工作包括与最高盟军转型司令部保持联络、开发资源需求、范围确认、建立核心团队、确定发起人、与高层领导交流、与利益相关者简短概述、确认和动员利益相关者等,产品是初步概念开发计划,该计划主要由所需资源评估结论(包括实验与兵棋推演需求)、高层利益相关者的原始需求分析结论两项内容构成。实验活动实施完成的主要工作包括方案准备、探索问题或机会、定义范围、问题陈述、确定能力不足(差距)、技术创新、确定相关的概念和现有的解决方案等,产品是概念开发方案,该方案需经战役督导委员会批准,内容包括作战概念相关问题陈述、概念开发方案的准备等内容。

提出作战概念要紧盯现实军事需求,科学设计未来战争,才能更好地牵引备战基础夯实。提出作战概念往往涉及作战任务需求和体系建设需求等内容,牵涉因素众多,可以以综合研讨的形式,采用概念图、头脑风暴等方法,定性分析与定量计算相结合、以定性分析为主,通过与专家进行接触、交流、研讨,引发专家思维的碰撞,综合集成专家的各种意见,研究未来战争可能面临的危机、挑战以及潜在对手的威胁,然后将这些定性研究结果进行一定的分解,找到"真问题",设计成作战实验的变量空间,围绕焦点问题展开联合作战实验,综合运用多种手段找出其中的关键变量,摸清、摸准军事需求,并以此转换落地解决方案,系统设计作战样式、作战编组、战术战法等主要内容,有力支撑作战概念开发。

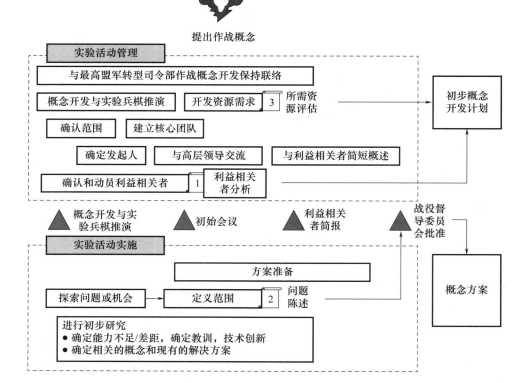

图 7-3 提出作战概念阶段的作战实验

2. 作战实验支撑开发作战概念

开发作战概念阶段,主要目的是形成概念开发实施方案和作战概念草案,证明概念草案的合理性。如图 7-4 所示,该阶段的实验活动管理内容包括分配资源、分配/管理团队成员、更新工作计划、实施项目计划、复盘实验和分析支持计划、复盘研讨计划、评估预算和需求、管理和维护资源态势图、共享信息、交流合作等,产品是更新的概念开发计划,主要由更新的所需资源分配计划(包括作战实验分析与复盘研讨等实验需求)、管理和维护资源态势图等内容构成。实验活动实施内容包括形成概念,方案/替代选项开发,方案测试,方案通过,想定和场景开发,实验和分析,与主题专家交互、探索、评估和向下选择方案,评估收益、风险,执行建模和仿真,继续研究和文献综述,开发实施方案等,产品包括概念草案 0.5 版(该版本作战概念是概念开发活动中的重要版本,在开发生命周期内逐步发展完善)、概念开发实施方案。

第7章 作战实验应用及案例

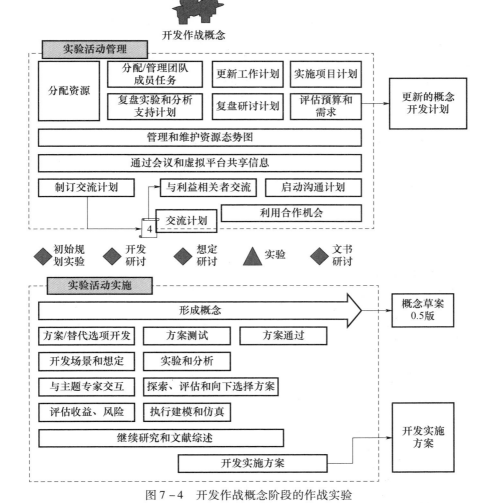

图7-4 开发作战概念阶段的作战实验

开发作战概念既要能够前瞻未来战场场景,需考虑作战力量、技术手段等现实条件的支撑,具体方案既要围绕未来的可能威胁进行开放性设计,又要立足现实问题进行针对性探索。联合作战实验能够提供一种虚拟预实践平台,能够将设计的作战概念具体方案置于其中,围绕具体问题进行探索分析,把现实及未来可能的主要兵力、主战装备、综合保障、支撑技术等各种因素研究透,搞清各种因素的可能运用及其对作战的影响,确保通过作战概念实现从理论到战斗力的顺利转化,最终落地落实。具体的实验形式,可以从综合研讨、兵棋推演,一直到实兵实装演习,进行统筹设计,能够全过程支撑方案的形成、细化和优化。具体的实验研究内容,既要充分分析支撑作战概念运用的现有武器装备、保障系统等条

255

件,又要充分考虑人工智能、无人、深海等高新技术快速发展可能带来的作战样式创新等影响。该阶段的作战实验手段主要采用假设实验的方式,达到作战概念草案分析的目的。其中,假设实验,将多个作战概念草案与基线作战概念草案进行比较实验;作战概念草案分析,可以使用基于选项的分析方法(如多标准决策分析)或基于模拟的实验,比较概念草案的有效性。完善概念草案的作战实验涉及场景想定设计、建模仿真、概念草案探索与评估等。

3. 作战实验支撑验证作战概念

验证作战概念阶段旨在修改完善作战概念草案,并在典型作战环境中对草案进行测试。该阶段主要活动如图 7-5 所示,该阶段的实验活动管理内容主要是制订交流计划、执行交流计划、准备审批决策等,产品是进一步更新后的概念

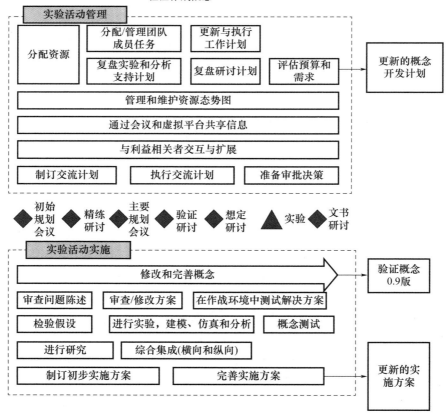

图 7-5　验证作战概念阶段的作战实验

开发计划,该计划的内容与开发作战概念阶段的计划内容相似。实验活动实施内容包括修改和完善概念、审查问题陈述、审查/修改方案、测试解决方案、检验假设、仿真分析、概念测试、进行研究、综合集成、制订和完善方案等,产品是验证概念 0.9 版(该版本是概念开发计划的最后一个版本,是概念的详细版本,已通过实验和分析验证)、进一步更新后的作战概念开发实施方案(更新后的实施方案以初步实施方案为基础,增加了关于实施概念开发的见解和建议)。

与前两个阶段相似,该阶段也需要通过持续的实验和分析,使作战概念不断完善和成熟。该阶段的作战实验活动侧重于对作战问题的测试和验证,主要有基于演习的实验、概念开发评估推演及兵棋推演等。

不同形式的联合作战实验在作战概念开发不同的阶段发挥着不同的作用,更多的是多种形式的综合运用,但总的趋势体现了由定性为主、到注重定量、再到实战检验的阶段与手段特点,呼应着联合作战体系能力从开发、生成到确认的全过程。

7.1.2 基于研讨式推演的作战概念开发案例

2014 年,美国海军研究生院(the Naval Postgraduate School,NPS)针对海军水面舰艇反舰能力不足组织了研讨式推演,并据此开发了海军分布式杀伤作战概念,本小节以此为例,介绍基于研讨式兵棋推演开发作战概念的基本实验过程。

1. 提出分布式杀伤作战概念

1) 作战场景设计

美军设想 2030 年印太地区友盟军事力量对比发生重大逆转,需要在该区域展示军事实力,美国海军的作战任务是实施海上控制计划,防止敌对方(红方)进一步军事升级,迫使红方终止当前的一系列军事行动。在该区域对峙中,设计两组方案,旨在对比分析分布式杀伤对航母作战集群的威慑能力。方案通过扩大作战范围、增加非作战人员、延长作战时间、调整作战目标,提高每次兵棋推演行动的复杂程度。

2) 研讨式推演方式

在此次研讨式推演中,双方的推演兵力是确定的,但推演中采取的行动是开放式的,这一研讨推演方式可以分为 4 个步骤。

(1) 部署:在了解场景之后,推演者有 1h 的时间完成部署。部署属于非公开性计划会议,要求每个小组秘密地制订部署计划。部署结束后每个小组会收到一张记分卡和一张推演地图。此外,交战双方还会分配一张相同的六边形印太某区域地图,双方结合该地图在透明作业纸上实施推演部署计划。记分卡上提供作战目标、行动计划、威胁感知指数,以及敌军用以提升威胁感知能力的行动。兵棋推演小组会在作业纸的一面汇总记分卡信息,红蓝双方推演小组分别在作业纸的右边和左边记录部署计划,为下一步裁决做准备。

(2) 评判:白方收集作战双方的作业纸,并将其同步至双方各自的作战区域相应的图上。以便双方了解彼此的作战行动、作战态势,以及双方兵力的交汇点。随后,由专家裁判小组对双方已经实现和尚未实现的作战目标进行裁决,推演者无须参与。

(3) 研讨:威慑能力只能根据交战双方的反应来评估。把作业纸从白方取出放进开放式研讨室,再次张贴于同一张地图上。双方事先已经在地图两侧记录了部署计划,因此裁判容易判断双方的作战目标。裁判从地图上明确交战双方战舰与战机的交汇点。专家小组对双方已达成和未达成的作战目标进行评估,并将相关评估标注于作业纸上。然后,裁判征求双方指挥官对作战行动的判断,以及基于这种判断双方会如何部署军事行动。每位团队成员都有机会讨论各自部署的优缺点、分析分布式杀伤如何帮助或干扰其部署计划。

(4) 最终确认:研讨会结束后,分析小组以调查问卷的形式回答遗留问题。

3) 初步提出概念

通过研讨,提出了海军分布式杀伤这一作战概念:是在强大网络能力支撑下,利用先进的进攻与防御武器,结合海、陆、空诸军兵种力量全面提升部队固有作战能力的作战概念。其核心思想是美海军通过指挥控制、通信协同等能力手段,实现作战单元以分散部署、融合一体的形式形成分布式火力态势,实施海上联合作战,目的是提升单个作战单元的作战能力,克服传统集群式兵力易被发现和摧毁的问题,提高己方战场生存能力,同时增大作战范围,提升体系作战效能,从而加大敌方应对难度。

研讨中还发现这一作战概念应重点关注以下方面:

(1) 敏捷跨域指控。达成分布式杀伤概念的关键在于指挥控制结构,灵活的指挥控制结构能够按照战场需求与平台所处位置和能力确定指控关系,避免按资排辈,有效应对战场变化。

(2) 弹性信息支撑。分布式杀伤依赖于信息共享能力,完善的信息共享能力能够加强战略反应能力、扩展信息传递方式,提升非致命武器的影响力和威慑力。

(3) 精准补给网络。分布式杀伤需要更新现有后勤补给模式,快速精准的补给链能够充分发挥分布式杀伤的作用。

2. 开发分布式杀伤作战概念

为将提出的海上分布式杀伤作战概念进一步细化,美军又进一步组织了对这一作战概念的开发实验,探索和选择作战概念的具体解决方案。

1)提出概念假设

由于海上分布式杀伤作战所需的基本系统和能力并不存在,美军假设作战概念中的作战方案可以在未来满足海上分布式杀伤作战的相关假设,主要包括后勤、通信技术、人工智能机器控制和自主系统。

(1)后勤。由于海上分布式杀伤作战单元分散在整个作战区域,使得燃料、食物、弹药、维护等支援任务面临的挑战更加复杂,需要研发新的供应链模型。为了将小型平台和部队运送到作战区域,兵棋推演中的海上分布式杀伤作战单元使用传统部队运送小型部队,或将小型系统部署在作战区域附近。海上分布式杀伤作战单元可以使用新兴技术,运用现有资源,使燃料、水、食物等物资符合相应的质量标准。

(2)通信技术。兵棋推演假设海上分布式杀伤作战单元中至少有一个单元能够定期接受指挥员的指挥,并向指挥员提供作战行动方案和作战结果等相关建议。每个海上分布式杀伤作战单元不需要与其他所有海上分布式杀伤作战单元直接通信,而只需与相邻海上分布式杀伤作战单元通信,相邻海上分布式杀伤作战单元之间通过网状网络实现信息中继功能。兵棋推演中将受到敌方通信干扰的影响,但海上分布式杀伤作战单元可通过转换系统或网关实现互操作。

(3)人工智能机器控制和自主系统。兵棋推演假定机器控制系统可完成仿真模拟。在指挥与控制体系结构中,规划单元的指挥员向控制系统发出命令,这些命令定义了任务性质、背景、优先权、时机、风险承受能力等参数。利用任务指令,机器控制系统建立以时空背景为中心的指挥、控制与通信体系结构,根据通信可用性使部队与指挥员保持一致,管理其控制范围,并为作战单元分配相关任务。另外,通过增加下级系统的自主权,可降低机器控制系统带来的复杂度。

2)细化作战概念

基于上述基本假设,美军构设了一个具体的想定背景。这一想定将海上分布式杀伤应用到了一个明确的交战场景中。其中,蓝方是一支具备上述假设能力的美军联合特遣部队,红方是一支由具有强大精确打击和反介入/区域拒止能力的混合部队。在推演中,蓝方的任务是瓦解红方的传感器和武器系统。海上分布式杀伤作战力量使用大量无人平台,这些平台具备分布式部署、智能组网、人机协同决策等关键能力,并由基于人工智能支持的机器控制器将指令转换为可执行选项。专家在推演过程中监控局势,并不断根据任务执行情况动态地分配资源。

(1)想定设计:设想在某非洲国家,红方试图推翻该国政府,蓝方特遣部队介入干预、担负非战斗人员撤离任务,并支持该国政府打击红方海上和地面部队。

(2)推演问题:比较传统规划方法与海上分布式杀伤作战制订计划的效能差别;探索海上分布式杀伤作战概念下的作战行动模式;明确海上分布式杀伤作战的关键组成部分;探索参与者对风险的承受能力和新型机动进攻样式的应对能力。

(3)输入:蓝方部队两组,一组海上分布式杀伤作战力量,一组传统力量,两组兵力的作战能力大致相当。海上分布式杀伤作战模式区分为1个指挥节点,3个计划节点,指控节点负责整体作战计划控制,3个计划节点负责分配任务和组织多任务平台具体作战行动;传统模式采用与当前美军相似的指挥控制(Command and Control,C^2)过程。红方部队作战行动为规划行动,但会根据蓝方作战行动适应性变化。

(4)输出:传统作战模式与海上分布式杀伤作战模式的效能对比;海上分布式杀伤作战方法的关键组成部分以及作战运用模式;参与者对风险的承受能力和新作战概念的见解。

(5)推演分析:通过兵棋推演,展示海上分布式杀伤作战的关键组成部分及作战运用模式。首先,组合现有系统生成海上分布式杀伤作战力量部队,如可通过整编现有系统实现海上分布式杀伤作战力量组合,但需要提高指挥控制能力来管理复杂的"杀伤网";其次,不同于传统的杀伤链,杀伤网主要根据不断变化的任务需求,从整个方案网络中动态获取杀伤效果;再次,用于小型编队的情报、火力和后勤平台越多,需利用具有人工智能功能的指挥控制和任务规划系统来管理杀伤网的需求也越多;最后,只有在规划和执行过程中实现人机协同,才能管理好海上分布式杀伤作战群,如人工智能应用程序可以管理补给请求和人员调换、为情报规划人员提出地形建议、为火力负责人员消除空域冲突等。参与人员在推演中对风险承受能力和进攻机动形式有了全新的认识,并认为海上分布式杀伤部队组合更具有风险价值,在寻找突破口过程中,损失一架低成本无人机是可接受的,而若为了压制敌方防御,让第5代战斗机冒险,则需要慎重考虑。

3)形成开发结论

基于上述想定的推演分析,将提出的海上分布式杀伤作战概念进一步细化。

(1)作战空间的扩展和延伸:海上分布式杀伤概念首先强调作战力量应在海上呈"分布"作战态势,因此势必要将海上的作战空间进一步拓展延伸,以适应海上兵力分散部署的需要。随着作战空间的拓展,海上复杂环境和兵力分散等情况所引起的负面效应也会随之增加,这就对指挥控制、通信和协同能力提出了更高的要求。

(2)作战力量的分散和协同:海上分布式杀伤概念的核心是实现海上作战样式由"以兵力集中实现火力集中"向"兵力分散火力仍集中"转变。随着计算机、网络、通信等技术能力的快速提升,使部队在目标侦察能力、指挥控制能力、通信协同能力等方面取得了长足进步,为海上作战力量分布协同的实现提供了支撑。

(3)作战指挥的"分布式"实现:实现海上分布式杀伤的根本手段是分布式指挥控制,即在贯彻作战意图的基础上,各作战单元依据战场态势和任务需要进行自主指挥控制。长期主要的指挥控制形式是集中控制,而在激烈的对抗环境下,这种指挥控制模式无法保证网络、数据链和通信系统具有不受破坏并且在受损后可以迅速恢复的能力,特别是分布式杀伤概念对作战力量之间的组网建链能力有更高的要求,因此,传统指挥模式已然不能适应分布式杀伤作战需求,需将分布式指挥控制取代集中控制。

3. 验证分布式杀伤作战概念

为了评价海上分布式杀伤作战概念,美军还组织了概念的实验验证,旨在评估作战概念的可行性、有效性和存在的风险,从而修改完善作战概念。

1) 组织推演研制

为了应对红方威胁,压制红方决策,恢复友军的行动自由,蓝军采用海上分布式杀伤的部队和采用传统战法的部队都决定对红方进行一系列快速、平行的攻击。海上分布式杀伤部队利用其能力,更精确地管理军事力量,根据战略需求,在大量高风险任务和少量低风险任务之间转换。

如图7-6所示,为削弱敌方力量,海上分布式杀伤部队最初在整个战斗区域执行了几项平行任务,并立即开始摧毁远程传感器和导弹。通过将兵力分散到更多的任务中,海上分布式杀伤部队减少了与红方的对抗,导致损失数量增加,但损失主要发生在小型或无人部队。海上分布式杀伤部队随后集中攻击红方主要导弹阵地,并寻求优势,提高成功概率。一旦红方导弹阵地降级,海上分布式杀伤部队将转移至范围更广的战斗区域内、降低被红方攻击的成功概率,防止红方重建。

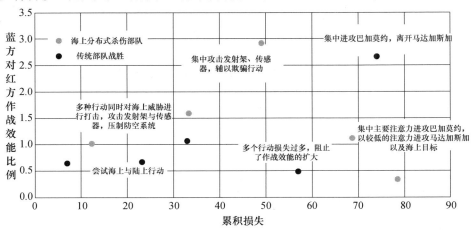

图7-6 海上分布式杀伤力量和传统力量对抗红方而产生的过度匹配

2) 推演方案对比

两种推演方案的对比表明,在大范围的陆、海和空域作战中,仅海上分布式杀伤部队能够成功实现目标。其兵棋推演如图7-7所示,传统军事力量团队试图同时攻击战斗区域内的红方远程武器和传感器。但传统部队损失惨重,这对其规模和效能产生了重大影响,因为与海上分布式杀伤作战力量相比,传统部队的部队数量少,但成分复杂。

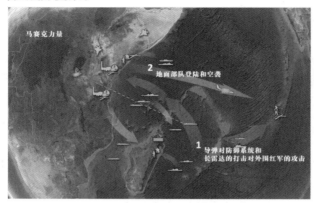

(a) 海上分布式杀伤部队

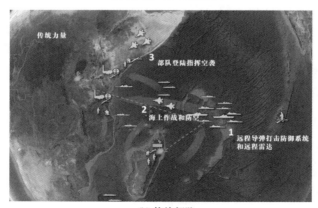

(b) 传统部队

图7-7 海上分布式杀伤部队与传统部队的行动比较

海上分布式杀伤部队利用其比传统部队更快速、更直接和平行的行动能力,在两个阶段(图7-7)的行动后就能够实现其目标。对抗的最后阶段,使用地面部队搜索并摧毁剩余的红方传感器和远程武器。然而,传统部队因为试图消除远程威胁,降低了防御能力,无法达成该目标。

3) 推演结果分析

(1) 战损分析:如图7-8所示,海上分布式杀伤作战力量能在不影响其总体规模和效能的情况下承担更高的损失,因为损失主要发生在比传统平台数量更多、成本更低的小型无人系统中。例如,尽管海上分布式杀伤作战力量在第三个推演场景中遭受了更大的损失,但其损失平台的总成本不到传统部队的1/3,其损失均为无人驾驶的小型单位,与传统部队相比,减少了海上分布式杀伤部队由于对抗损失造成的整体规模和效力影响。

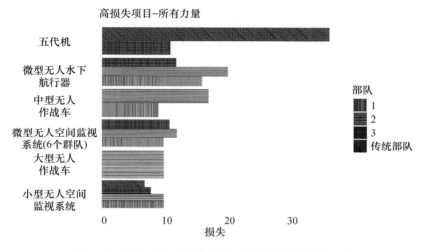

图7-8 海上分布式杀伤部队与传统部队的战损比较

(2)行动分析:如图7-9所示,海上分布式杀伤部队更高的复杂性和采取多样化行动的能力,使其具有压倒敌方OODA决策周期的能力。这在作战层面将产生重大效益,还可以阻止敌方的攻击行为。

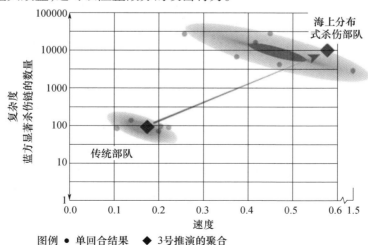

图7-9 海上分布式杀伤部队与传统部队的复杂度和速度比较

由于无法运用真实的红方部队,推演实验无法反映所有问题,如不能解决海上分布式杀伤作战力量的速度和复杂性对敌方指挥员和行动的影响。这使推演主要聚焦于改进海上分布式杀伤作战力量设计和指挥与控制流程。未来的兵棋推演应该更多地研究海上分布式杀伤作战对敌方决策和行动的影响,以及敌方部署其自身的海上分布式杀伤作战的影响。

7.2　联合作战方案评估实验案例

任何作战方案的运用都有明确的针对性和特定的适应条件,尤其在信息化时代,作战方案会涉及大量的"联合"问题,其制订、评估和优化必须考虑各种复杂多变的战场因素。基于联合作战实验,可以综合考虑作战过程中各种可能情况,并结合作战双方动态、对抗的交战全程,发现作战方案中的主要矛盾和可能存在的风险问题,检验作战方案的科学性和可行性、评估其优劣,进而实现对作战方案的优化和完善。本节在梳理作战方案评估实验总体流程的基础上,针对该流程中确定重点关注问题和探索问题解决方案这两个关键环节,以"美军阿富汗和平支撑行动方案兵棋推演实验与分析"为例,说明如何采用兵棋推演方法确定重点关注问题、如何通过探索性实验分析解决方案的具体方法,使读者更好地了解作战方案评估实验提供参考。

7.2.1　作战实验在联合作战方案评估中应用

联合作战方案评估的主要目的是优化改进方案、辅助理解方案和增强方案的适应性。可信性和可解释性是联合作战方案评估的基本需求,但联合作战方案的复杂性、分支性和层次性,决定了仅凭单一手段、一次性评估难以达成评估目的。在实践中,综合多种手段反复进行迭代分析评估已形成较为广泛的共识。

作战方案中需要关注的问题众多,如重点打击目标、基本战法、兵力部署等,通常需要把这些问题转化为具体实验问题,采取合适的实验方式,对作战方案中的主要作战行动、关键问题进行研究,围绕可能出现的情况,探讨对手可能的对抗行动。因此,这一过程的重点包括两个方面:一是确定联合作战方案的重点关注问题(即确定决策点),该步骤主要是从影响决策问题的众多问题中抽取主要因素作为研究对象,从而把错综复杂的作战方案简单化、条理化;二是探索问题求解空间(即决策空间),该步骤主要是在重点关注问题的基础上,进行有针对性的系列作战实验,通过比对性分析,判断作战方案的可行性、风险性、灵活性等,找出优缺点及潜在风险,为指挥员选定方案、定下决心提供实验结论依据。本节在梳理作战方案评估实验总体流程的基础上,针对确定重点关注问题、探索问题求解空间两个关键步骤进行介绍。

1. 作战方案评估实验总体流程

拟制方案、制订计划是联合作战筹划的重要环节,如图7-10所示,评估优选方案是其中关键步骤,主要是将已经形成的多套方案,逐一与设想的多套敌方行动方案进行推演评估、对比分析形成作战方案评估报告,提出选案,这其中,联合作战实验能够发挥重要作用。美军联合作战条令也对采用作战实验方式组织作战方案评估进行了规范,明确要求评估活动需占作战计划筹划和拟制时间的1/3。

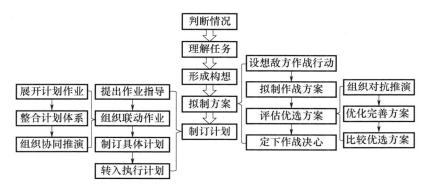

图7-10 联合作战筹划中的作战方案计划评估

联合作战方案评估,涉及分析大量的敌我行动、协同行动,这些行动相互交织、内容复杂,仅靠逻辑思考、理论推导和专家辨析,已无法满足复杂度和准确度需求,这就需要综合运用运筹分析、仿真实验、实兵演习和兵棋推演等多种方法,分解、细化、深化作战行动和环节。其中,运筹分析法作用重点是"战术"层级的作战方案,优点是理论性强、客观性好、变量之间关系简洁明了,公式与推导客观可见,缺点是当作战方案复杂时,模型公式难以建立或者相当困难,通常使用静态计算,难以体现方案的对抗特征。仿真实验的优势是分析武器装备体系能力和短板弱项,其通常基于相对固定的计划方案,难以体现态势变化过程中的决策行为。实兵演习具有作战环境的真实性、武器装备的体系性、作战行动的对抗性等特点,通常用于全面演示验证方案和部队作战能力,难以大规模探索。兵棋推演的主要特点是模型驱动、量化裁决和整体模拟,其优点是"人在回路",有利于发挥人的主观能动性进行实时决策,缺点是可重复性差。

分析型兵棋推演是一种公认的评估概念、探索问题、演练战法、优化方案的有效方法。以北约为例,为了提高成员国部队的作战能力,北约系统分析和研究小组(System Analysis and Studies Panel)-139通过改进分析型兵棋推演以更好地支持北约的军事决策过程。为此,该研究小组规范了分析型兵棋推演的标准操作(Standard Operating Procedure,SOP),包括初步分析、明确任务、指定问题、提取目标、提出假设或问题、筹划设计、预先测试、推演实施、推演分析、仿真实验,并根据兵棋推演、仿真实验获取和生成的数据,进行综合分析,形成分析评估报告(图7-11)。

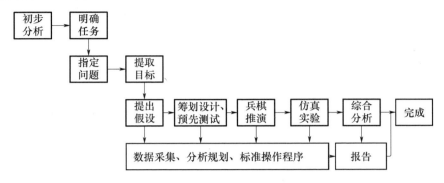

图7-11 北约分析型兵棋推演标准操作

北约系统分析小组-139梳理了作战方案评估的实施流程,如图7-12所示。认为兵棋推演可以通过采取不同兵棋推演模式,综合分析研讨兵棋推演数据,获取作战方案研究的问题点;仿真实验可以通过生成和验证重点问题的方案可行空间,探索兵棋推演关注问题的解决方案;最终通过分析总结评估结论。

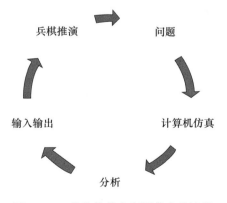

图7-12 北约作战方案评估实验流程

2. 确定作战方案关注重点

北约认为可以通过设计不同兵棋推演方法确定重点关注问题,其流程如图7-13所示,若兵棋推演结束后通过分析能够找到重点关注问题,则该阶段结束,否则通过调整兵棋推演方法继续进行兵棋推演。

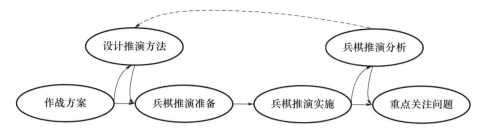

图 7-13 基于兵棋推演确定重点关注问题流程

兵棋推演方法通常有以下几种：①连续式分阶段推演。在推演过程中，每个作战阶段结束后，或发生与预想差距较大的情况时，有必要暂停推演进行研讨分析，根据研讨结果微调方案或修正当前推演数据，而后继续推演。②跃进式分阶段推演。该推演是在统一作战背景下间断式推演评估，为研究下一部分需要关注作战问题，随时停表，在前期推演结果基础上，组织作战问题研讨评估，而后根据研讨评估结果调整态势，跃进形成下一阶段初始态势继续推演。③离散式分阶段推演。该推演是针对特定作战问题的推演评估，不统一要求一个作战背景，可以根据问题进行专项推演。在连续式分阶段推演模式下，与预想差距较大的需要重点关注；跃进式分阶段推演模式下，阶段首尾通常需要重点关注；离散式分阶段推演模式下，前期确定的问题需要重点关注。这些重点关注问题，需要通过探索其变量空间进行深入评估分析。

3. 探索作战方案解决途径

针对方案评估中已确定的重点关注问题，生成方案空间，对各方案进行实验，为方案评估提供数据基础。该阶段的核心工作是对海量方案空间进行仿真实验，仿真实验主要有以下几项工作：一是将兵棋推演当前态势映射为仿真实验所需初始想定；二是针对兴趣变量进行实验设计；三是按照仿真实验设计运行实验并采集数据。

4. 形成作战方案评估结论

在仿真实验数据和推演数据的基础上，通过局部分析和整体分析两种方式迭代综合形成评估结论。其中，局部分析主要是针对兵棋推演维和仿真实验维单个维度的推演数据和仿真数据进行单个维度数据挖掘分析；整体分析是结合兵棋推演维数据和仿真实验维数据进行挖掘分析；整个综合分析维是结合局部分析和整体分析形成评估结论。

7.2.2 基于兵棋推演的作战方案评估实验案例

联合作战方案可以理解为一个长程决策过程，该过程是由作战进程中众多决策点组合而成的,不同决策点对作战方案的影响程度不同,通过兵棋推演可以协助分析找到关键决策点。以美军阿富汗和平支撑行动为例,针对 2011—2013 年美军阿富汗地区作战任务需求,驻阿富汗美军司令艾伦将军指示国际安全援助部队阿富汗评估小组评估作战行动计划。最初,评估小组利用和平支撑行动模型(Peace Support Operation Model,PSOM)搭建了一个战区级"人在回路"的计算机辅助推演系统(Human – in – the – Loop,Computer Assisted Wargame,HITL – CAW)。在 150 多名高级指挥员、文职领导和评估小组的参与下,经过几个月的准备和一个星期的推演,仍未彻底探索和平支撑行动方案空间。评估小组认为这种模式的投资回报比不可接受,为了解决这个问题,采用了"兵棋推演事后实验与分析"(Post Wargame Experimentation and Analysis,PWEA)方法。

1. 分析阿富汗和平支撑行动关键决策点

1) 案例背景

从 2011 年秋季到 2013 年春季,国际安全援助部队使用和平支撑行动模型进行了多次计算机辅助推演,目的是演练现有的作战计划(operational plan,OPLAN),分析优化行动方案。指挥员主要关心叛乱分子暴力活动程度与美军规模的影响关系。

行动方案筹划中,最基本问题是叛乱分子与民众和国际安全援助部队的暴力冲突。考虑和平支撑行动模型没有对暴力强度的直接度量,评估团队定义了若干评估指标。每一项指标都是多种 PSOM 输出数据的函数,其中一些数据是国际安全援助部队所关心的,对这些指标的全面分析可以衡量"暴力"。

2) 确定决策点

推演平台,即和平支撑行动模型,是一种决策支持平台,用于研究反叛乱(counterinsurgency,COIN)相关的问题。和平支撑行动模型是一个基于回合制的随机半自动模型,它反映了反叛乱行动的一系列民事和军事方面行动效果,模型可以模拟包括东道国的军事和警察组织、国际机构和非政府组织等,每个组织都能设置不同的动机和能力。该平台支持"人在回路"的军事行动推演互动,以及环境、基础设施、人口、经济、就业等非军事因素。

推演人员的作战决策通过分配作战单位任务和设置作战单位攻击水平体现,这些决策向下延伸到战术和个人层面。和平支撑行动模型的随机因素包括冲突判断、信息共享和群体事件(如地区迁移、暴动)等。其主操作界面如图 7 – 14 所示。

推演"回合",由一系列决策阶段组成。每个回合结束时,会裁决推演结果并更新态势,进而促使推演者做出新的决策。和平支撑行动模型的输出包括民众对安全的感知、民众对每个派别的认同等指标,这些指标都是根据一个地区的

第7章 作战实验应用及案例

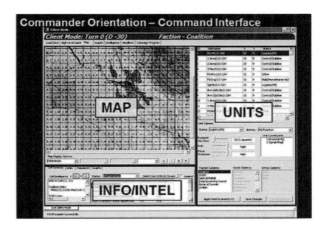

图7-14 和平支撑行动模型(PSOM)主操作界面

经济条件而制订的。通过回合制推演确定决策变量,涵盖了地区安全、人道主义援助、法律、犯罪和国家关键基础设施等因素,如表7-1所列。

表7-1 策略评估指标

显著因素	变化趋势
地区安全	增长
人道主义援助	增长
法律	下降
犯罪	增长
国家关键基础	增长

指挥员提出关键问题,评估计划中潜在问题,以及可能的风险和机会。随着兵棋推演的推进,计划人员为自己的作战力量分配行动任务,评估模型输出关键指标数据,根据输出数据分析重要的分支或决策点。

3)选择决策变量

评估小组在推演之后,创建并研究了6个分支备选方案。评估了军队规模、结构等因素。不同力量的备选方案组合是指数级的。从大量的选择中制订最优的组合方案非常困难。同样,由于问题的组合性,分析部队结构中影响因素的贡献度可行性不高。

通过兵棋推演分析出该作战方案中关键变量(即关键决策点)是每个地区内按类型(步兵、炮兵、空中支援、后勤、警察等)划分现役部队的数量。兵棋推演主题专家和阿富汗评估小组的工作人员明确了受控变量及其范围,使其符合作战方案分析的物理约束条件。选择决策变量涉及获取决策者输入并将其转化

269

为实验参数,因此,该步骤是将计算机辅助推演系统转化为闭环仿真实验的关键一步,是后续仿真实验的起始条件。

2. 优化阿富汗和平支撑作战方案

"兵棋推演事后实验与分析"方法是为了解决兵棋推演难以对作战方案进行大规模实验评估而设计的,其关键是兵棋推演后的仿真实验分析,兵棋推演是为了找到决策变量,而事后的仿真实验是通过对决策空间的大范围探索优化作战方案。

1) 设计实验空间

对于这个高维度的问题,决策空间巨大。图 7-15 说明了评估人员通过仿真实验研究问题的过程。"兵棋推演事后实验与分析"方法通过生成大量独特的设计点来探索整个决策空间,并将其转化为部队结构。实验人员采用了平衡空间填充的实验设计,保证决策变量 n 维空间的均匀采样。

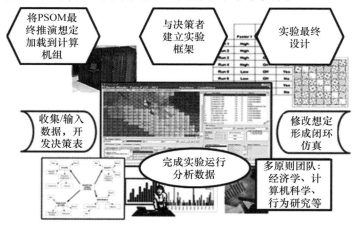

图 7-15 探索性仿真分析过程

实验设计的第一步是根据主题专家(Subject Matter Expert,SME)的共识选择变量和变量变化的范围。变量通常描述为可控或不可控。不可控变量表示不受控制,但仍是影响最终结果的因素。实验中的可控变量为兵棋推演环节确定的关键决策变量,即每个地区内按类型(步兵、炮兵、空中支援、后勤、警察等)划分的现役部队数量。

尽管和平支撑行动模型有许多参数来控制蓝方行为,但实验重点是研究蓝方力量结构的影响。因此,只控制了蓝军部队的力量结构。不可控变量是红方作战单元在三个地区的力量和攻击性。三个红方作战单元攻击性水平映射为和平支撑行动模型交战规则(Role of Engagement,RoE)特定参数的设置。RoE 参数是 1(宽松)和 5(严格)之间的整数,表示作战力量为了完成任务愿意造成平民伤亡的程度。部队结构的变化直接影响部队可以执行的行动类型。

实验设计方面,选择了一种接近平衡、接近正交混合设计(Nearly Balanced,Nearly Orthogonal Mixed Design,NBNOMD)。NBNOMD 的一个重要特征是它能够容纳离散和连续因素的混合。NBNOMD 从所有可能的设计点中选择了 190 个设计点。考虑关键输出指标的可变性、所需的精度和可信度,以及Ⅰ型和Ⅱ型错误的可接受水平,对实验设计中的每个备选方案使用了 15 次重复。

2)执行实验设计

如果将单个推演执行情况视为一个决策树,则可考虑在该树的选定部分执行实验。例如,图 7-16 是一个仿真实验决策树的抽象。第一个矩形(第 0 天)表示研究起始条件的变化,也可以分离仿真实验决策树的一个特定部分并执行。图 7-16 中的第二个矩形(第 2 天)表示执行的变化(决策点),同时不改变之前发生的决策和操作。简而言之,在整个仿真实验决策树的不同部分进行探索性仿真实验,可以进行新旧策略风险和机会的比较分析。

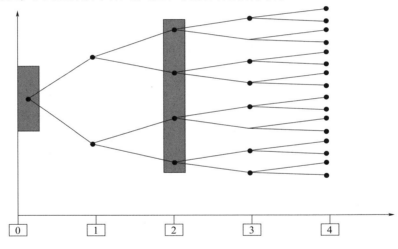

图 7-16 方案空间探索阶段

"兵棋推演事后实验与分析"方法通过将有限次的 HITL CAW 推演转化为一个封闭的仿真实验,转换需要详细的映射,定义每个实验点如何根据推演语法和规则转换为特定场景文件元素。例如,为社区建设基础设施或培训人员(表 7-2)。

表 7-2 PSOM 不同实体活动水平假设

立场	活动
建设/人道主义救援	建设基础设施
	训练人力资本
	提供援助
	能力建设

自动化场景生成和实验执行的工具,为每个备选方案(设计点)创建和平支撑行动模型想定文件,依次运行方案,收集、合成和总结输出数据以供分析。图 7-17 描述了执行实验的体系结构。为了给每个备选方案或设计点创建仿真想定文件,需要三个输入项:实验的设计矩阵、基本情况想定文件(包含要执行的复制数量的文件),以及将设计变量单独连接到所需仿真文件的映射表。

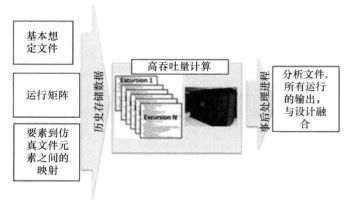

图 7-17 执行实验的体系结构

仿真实验可以在兵棋推演基础上更深入地研究问题,也可以识别关键(可控)变量及其对预期结果的影响,以及在作战环境中(不可控)变量发生变化时所作决策的稳健性。不断更新实验设计可以开发和评估更多的行动方案,这些行动方案表示不同的部队组成、战略或战术行动。最终形成对基础想定更广泛、更深入的见解。

3)分析实验数据

(1)关键指标。和平支撑行动模型指标与关键指标分析直接相关。"同意"表示平民对一个派系行动的支持程度,范围从 1 到 10,其中 10 是最佳评级。人口安全感范围描述了个人对死亡可能性的感知,在 1 到 10 之间,10 表示死亡可能性最低。动力学水平描述了给定区域内每个派别的作战行动数量。表 7-3 包含了研究中使用的和平支撑行动模型指标的细分。

表 7-3 实验中使用的 PSOM 指标细节

有战略效能的措施	PSOM 措施
安全	安全民众的比例
	政治运动
	军人伤亡
	平民伤亡

续表

有战略效能的措施	PSOM 措施
人道主义	人力资本与基础设施状态
法律	赞成的人口比例
	军事部门战备水平
犯罪	犯罪组织活动
	犯罪组织活动引起的平民伤亡
基础设施	人力资本与基础设施状态

(2) 指挥官定义成功阈值。指挥员确定单个和组合指标阈值，以评估任务是否成功。该团队没有试图提供成功的客观定义，而是专注于分离实验中哪些因素对指标的变化影响最大。评估小组开发了分析方法，使成功标准设置具有灵活性（如至少 7.0 的民众同意和安全评级，少于 n 的平民伤亡，少于 10% 的军事伤亡等）。

(3) 确定受控变量和指标之间的相关性。在一些作战区域，人们发现民众同意与民众安全感知高度正相关，而在另一些作战区域，它们是独立的。相关矩阵和散点图表明，在给定的作战区域内，许多受控变量对总体指标具有高度影响。在对每个作战区域内的继续分析显示，在一些作战区域中，受控变量正向影响一组指标，但负向影响另一组指标。这些分析结果使团队能够建立描述这些重要指标的数学模型。

(4) 建立元模型填充实验空间。通过将元模型与关键指标相匹配，确定对单个指标或多个指标的变化贡献最大的单元类型——一种多目标方法。该团队记录了最具影响力变量的阈值或"断点"值。在分离出在实验领域中是关键驱动因素的单元类型之后，团队可以展示实现其对度量影响所需的单元类型的数量，如图 7-18 所示。本分析中使用的元建模技术包括线性回归、分类回归树（Classification and Regression Tree，CART）。由于分类原因，实验团队没有确定小组发现的对任何给定作战区域中暴力指标影响最大的具体单位和规模。团队记录了最具影响力变量的阈值或"断点"值。在分离出实验领域中关键驱动因素类型之后，可以分析指标与类型数量的关系。

(5) 分类回归树（CART）分析。对国际安全援助部队实际推演的分析显示了一些负面估计，这意味着增加特定部队类型的数量可能会降低某些地区的民众支持。由于"兵棋推演事后实验与分析"方法的实验设计，分类分析还考虑了双向作用和二次效应的模型。图 7-19 显示了分类回归树技术的一个示例。研究了一些暴力程度的替代指标，以代表问题的多目标性质。如果备选方案（设计点）的结果是民众同意和民众对安全的感知都高于指挥员定义的阈值，而平

参数估计排序				
项目	估计	标准差	t比例	概率>$|t|$
2旅工程中队	0.2114989	0.002578	82.05	<.0001*
1旅侦察	0.4222097	0.005778	73.08	<.0001*
1旅工程中队	0.1394444	0.002591	53.82	<.0001*
1旅步兵连	0.1364862	0.002629	51.92	<.0001*
2旅炮兵连	0.0833541	0.002596	32.10	<.0001*
2旅省重建队	0.177517	0.005778	30.73	<.0001*
2旅炮兵营	0.1686694	0.005778	29.19	<.0001*
1旅炮兵营	0.1618266	0.005778	28.01	<.0001*
1旅省重建队	0.1521484	0.005778	26.33	<.0001*
1旅后勤保障	0.1111255	0.005778	19.23	<.0001*
3旅工程中队	0.0183491	0.00239	7.68	<.0001*
2旅后勤保障	0.0395584	0.005778	6.85	<.0001*
3旅步兵连	0.0102588	0.00351	2.92	0.0042*

图7-18 参数评估聚类排序

民伤亡人数低于指挥员定义的阈值,那么多目标标准将得到满足(得分为"是"),备选行动方案将归类为"成功"。

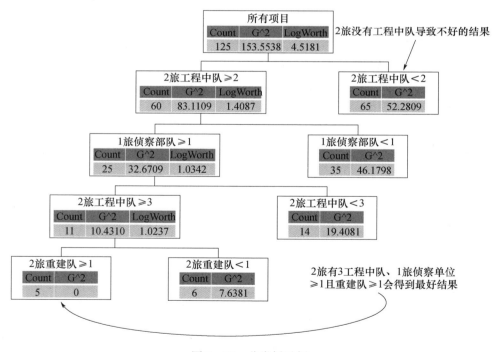

图7-19 分类树示例

分类回归树是非参数技术,是对回归的补充。该算法对数据进行递归优化分区。结果是一个树形结构,有时解释为"决策树"。决策树确定了变量及其在每个分支中的决策点,划分了满足或不满足多目标标准的设计点的数量。图 7-19 显示,第 2 旅没有任何工兵中队导致满足多目标标准的可能性非常低。相反,在第 2 旅至少有 3 个工兵中队,在第 1 旅至少有 1 个侦察部队和 1 个重建队(Provincial Reconstruction Team,PRT),结果最好。

如前所述,将设计要点分离出来,以便为国际安全援助部队寻找有利的结果。通过验证替代方案,进一步选择风险明显较低的。具体来说,在仿真实验的不确定变量上,通过损失函数分析平均性能和可变性。不确定因素包括实验的一组不可控变量,以及模型中受随机种子影响的其他因素。将稳健策略与相对稳定的局部变量相关联,确定对这种变化敏感的行动方案,避免向国际安全援助部队决策者提出危险的建议。总的来说,通过仿真实验探索了关键决策点可行空间,从整体上评估了作战方案的适用范围。

7.3 装备体系能力论证实验案例

武器装备作为联合作战体系的重要物质基础,其能力的高低将直接影响联合作战体系能力。相对于回答单件装备的好坏,高层决策者更加关注"武器装备体系的短板在哪里""新型装备对体系的贡献度多大""武器装备体系结构如何影响体系能力"等问题,这就要求从整体、动态、对抗的体系层面研究武器装备体系能力。武器装备体系规模巨大,通过实兵实装的演习或装备实验进行研究耗资巨大,且难以实施,但该方法是除实战外验证武器装备在实际环境中作战效能的最可信方法。此外,借助于计算机仿真实验可以大幅减少实兵实装演习的代价,具有较高的可行性、较好的可信度,对于研究武器装备体系建设具有重要意义。装备体系能力论证是作战实验的重要应用领域,本节结合美国海军研究生院"分布式海上作战行动"仿真实验介绍了运用仿真实验方法开发无人装备体系能力的步骤流程。

7.3.1 作战实验在装备能力开发与论证中应用

装备体系建设和发展是军队现代化的重要抓手,能力论证是装备体系建设的关键步骤,装备体系能力论证遵循"提出问题——分析问题——给出方案——评估优选——论证结论"的基本模式,如图 7-20 所示,需求分析、提出方案和方案评估是一个循环迭代、不断优化的过程,是能力需求论证的核心环节。

无论是需求分析,还是方案评估;无论是具体装备型号建设,还是关键技术创新,都必须将规划的建设方案置于"作战体系"中进行研究分析,在体系对抗中发现问题、解决问题。联合作战实验能够综合运用各种手段,围绕具体问题进行实验设计和实验分析,通过对体系对抗中的关键变量的探索、测量和分析,为装备建设和关键技术创新寻找答案。

北约提出了作战能力开发与实验(Capability Development and Experimentation,CD&E)的理念,采用各种作战实验的方法,开发与验证作战能力。针对武器装备体系能力的实验论证,如图 7-21 所示,通常包含仿真实验、实兵演习等。仿真实验可以通过对装备性能参数空间和作战策略空间的大样本仿真,生成装备在体系中的能力云,为装备论证提供数据分析依据。实兵演习可以通过构建真实的装备应用环境,采集武器装备实际对抗条件下的性能参数,进一步检验仿真实验的能力云结果,提供更可信可行的装备体系能力论证结果。

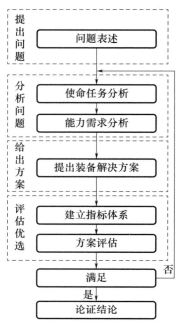

图 7-20 装备需求论证基本模式

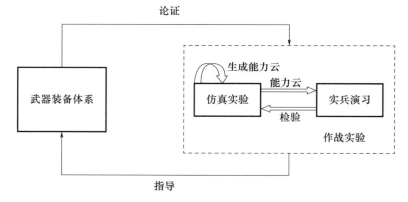

图 7-21 武器装备体系能力论证

7.3.2 基于仿真实验的装备体系能力论证案例

本小节以美海军研究生院开展的"分布式海上作战行动"中"无人平台"的能力论证为例,介绍基于仿真实验进行装备体系能力论证中的基本方法。

1. 基于仿真实验的装备体系能力论证框架

未来联合作战需要什么样的装备与技术是装备体系能力开发首先回答的问

题。但是,建设什么装备、发展什么技术,应符合未来作战需求,向"未来打什么仗"要"体系怎么建"的答案,通过研究未来作战体系应该发展什么、淘汰什么、在体系配置和规模上应该如何优化等内容,找准面向未来作战装备体系建设需求。联合作战实验能够辅助研究"什么时候打仗,在哪打仗,跟谁打仗,打什么样的仗,怎么打仗"等问题,并以此为输入,设计典型作战场景,尤其是装备体系的典型作战运用方法,在不同战场态势和任务背景下,分析装备体系完成作战任务的有效程度,是从"战"的视角探索联合作战体系能力的需求空间,进一步牵引装备体系的建设和完善。

装备体系能力论证中,基于探索性仿真实验方法,通过自上向下顶层设计,分解武器装备体系对重点装备的论证需求;通过自下向上的动态对抗,涌现出装备体系整体效能。仿真实验根据实验初始参数和基本方案,批量生成实验对比方案,进行仿真任务并行处理、分布运行和仿真结果预处理,生成装备体系能力在作战体系中的结果云,其流程如图 7-22 所示。

1) 对比方案生成设计

运用仿真实验方法研究武器装备体系,可以构建大规模不确定性空间。实验设计包括对想定空间、想定参数空间以及样本空间的设计。想定空间是指对基本想定进行调整而形成的不同想定的集合。想定参数空间是在保持想定基本不变的情况下,改变想定的参数而形成的参量集合,如对想定的环境参数、能力参数和策略参数的不同取值进行组合,可以形成不同的参数空间取值。样本空间是指对每种参量组合,改变仿真过程中出现的随机数,仿真运行所生成的仿真结果的集合。样本空间反映了在多组随机种子下的重复实验,仿真分析结论源于对样本空间的分析与挖掘。

2) 仿真任务分发/运行

对于武器装备体系对抗仿真,需要设计一种理想的随机运行控制策略,可以实现对多次仿真样本生成的灵活控制。既可以终结仿真运行的随机性,也可以通过定制随机种子序列控制每次仿真的样本生成,即指定的随机种子将完全取决于该次仿真运行结果,相同的随机种子会产生相同的仿真样本。

3) 仿真结果数据处理及装备体系能力云生成

作战体系的不确定性反映装备体系能力评估中,就是在体系对抗条件下,不断演化的装备体系能力。所有演化结果的集合,就会形成装备的"能力云",反映各类变量对装备体系能力的影响,体现体系中装备体系能力的涌现性特点。

2. 海上无人装备体系能力仿真实验

实验设想了一个 2030—2035 年的未来场景:多国在印太地区发生军事冲突,为保护美国在该区域盟友利益,美军在冲突中实践"分布式海上作战"。通

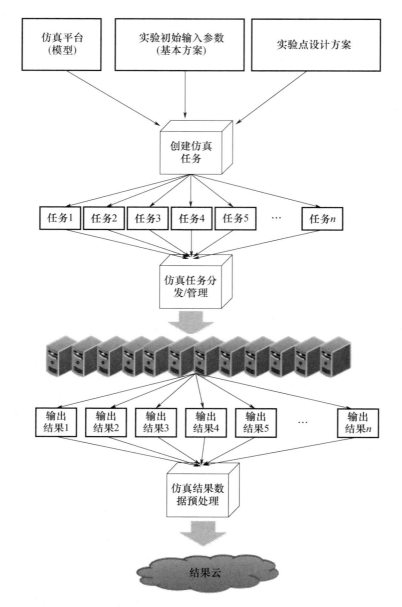

图 7-22　仿真实验组织实施流程

过离散事件仿真方式,对比分析"无人平台"赋能下传统固定兵力编组和分布式海上作战行动编组的仿真结果。

1）实验问题

比较传统型固定兵力架构与分布式兵力架构下"无人平台"在作战体系中

的效能。

2)实验输入

传统型固定兵力架构仿真实验包括 1 支航空母舰打击群、1 支远征打击群、数个独立作战单元,以及多种无人对抗平台。分布式兵力架构不同于固定兵力架构样式,通过协同化、网络化友军兵力资产的编组,各作战域中的平台装备数量可以进行动态调整。单次仿真运行中,分布式兵力架构包含如 1 艘 DDG – 1000 型导弹驱逐舰、1 艘远征快速运输船(Expeditionary Fast Transport,EPF)、数架 EA – 18 型电子战飞机、数架 AH – 1 型武装直升机、无人作战平台等非传统型编组的装备体系,具体如表 7 – 4 所列。

表 7 – 4 体系聚焦实验输入变量

装备平台			战术手段与对抗措施			
变量	最小	最大	变量	最小	最大	类型
核动力航空母舰(Carrier Vessel Nuclear,CVN)/艘	0	2	蜂群	0	1	离散
两栖攻击舰(Amphibious Assault Ship,LHA/LHD)/艘	0	2	箔条/枚	0	200	连续
两栖船坞登陆舰(Landing Platform Dock,LPD)/艘	0	4	热焰弹/枚	0	50	连续
CG 导弹巡洋舰/艘	0	3	可见光烟幕/枚	0	50	连续
DDG – 51/艘	0	10	红外烟幕/枚	0	50	连续
DDG – 1000/艘	0	1	主动式诱饵/枚	0	25	连续
LCS/艘	0	6	被动式诱饵/枚	0	300	连续
远程快速运输船(EPF)/艘	0	3	瞄准式干扰	0	1	离散
MDUSV/艘	0	6	阻塞式干扰	0	1	离散

3)仿真运行

通过近正交平衡空间填补设计实验方案,创建了 512 个方案设计点,这些实验点包括固定兵力架构所用战术手段、分布式兵力架构及其战术手段在内的各输入变量组合。对 512 个方案设计点重复实验 30 次,以控制随机性造成的影响,对两种兵力架构各生成 15360 次运行过程,仿真模拟运行次数共计 30720 次。

4)实验输出

固定兵力架构仿真实验的输出数据,反映了仅考虑战术手段与对抗措施等模型输入变量时无人装备作用的发挥情况。分布式兵力架构输出数据,反映了友军无人装备平台具备自适应作战能力时效能发挥情况,各次仿真的兵力架构随战场态势均不相同。

3. 海上无人装备体系能力仿真分析

以友军兵力生存能力为指标,生成无人作战平台在作战体系中的能力云。生存能力指标,通过运行过程中存活下来的友军装备数量与初始阶段数量的比例进行计算。

1) 固定兵力架构分析

对于固定兵力架构的分析过程,仅将各种战术手段与对抗措施作为输入变量,兵力结构固定保持不变。变量包括各类型干扰措施、无人装备运用、主要导弹装备平台(CG 导弹巡洋舰、DDG-51 导弹驱逐舰、DDG-1000 导弹驱逐舰)的信号控制措施等。

由于难以对各类型装备平台进行权重赋值,总体生存能力指标在数值上很难区分。损失一艘航空母舰对于友军兵力而言,其危害性远超于损失一艘中型无人舰船或一架无人机,但在此度量指标中并不进行区分,因此,对各类型装备平台进行分组度量,更能反映该指标的价值。按照装备类型,将总体生存能力指标分解为次级度量指标,能够对特定装备平台的能力进行更为全面的体现。分析工作组将装备分为各作战域内所有兵力、航空母舰与两栖攻击舰、各主要导弹装载水面战斗平台、战斗机(F-35、F/A-18、EA-18 型)4 类,分别对其生存能力进行检验研究。

按照该分组,首先确定对生存能力指标具有显著性的输入变量。在对各输入变量各自的显著性进行确定之前,通过回归分析处理输出结果预测方案的真实值,图 7-23 展示了固定兵力架构的总体生存能力指标。

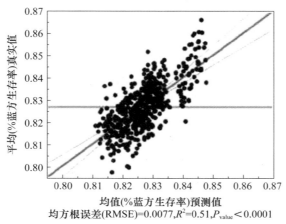

均方根误差(RMSE)=0.0077,R^2=0.51,P_{value}<0.0001

图 7-23 友军兵力总体生存能力指标回归分析

而后,对友军兵力总体生存能力相关的各独立因素及各输入变量之间的交互关系进行分析。表7-5提供了各项输出数据的统计结果,该归纳表中各个分组装备平台的生存能力,按各独立因素的统计学显著性进行排序确定。为了确定哪些因素在仿真过程中对友军生存能力具有积极或消极影响,将更多输出数据纳入考虑范围,包括参数排序与分类树。

表7-5 基本型兵力结构的生存能力指标归纳分析

效力度量(MOE)计算指标	百分比_{蓝方存活兵力} = 仿真分析结束时蓝方存活兵力数量 / 蓝方兵力初始数量			
统计学显著性贡献因素	固定兵力架构			
	总体生存力	高价值舰船	导弹挂/装载平台	战斗机
	瞄准式干扰 蜂群 阻塞式干扰	蜂群 瞄准式干扰 阻塞式干扰	蜂群 阻塞式干扰	阻塞式干扰 数字视频干扰 扫描式干扰

图7-24给出了分类树模型,通过对各独立输入变量进行检验分析,确定参数估计。分类树展示除友军导弹挂/装载平台的生存力。用效能指标大于37.4%的蜂群模拟高价值平台,将使导弹巡洋舰与导弹驱逐舰平台存活率指标提高4个百分点。此外,如果蜂群的效能指标增加到接近90%,导弹挂/装载平台的总体生存力将再增加4个百分点,从而使导弹巡洋舰与导弹驱逐舰存活率指标总体上增加8个百分点。

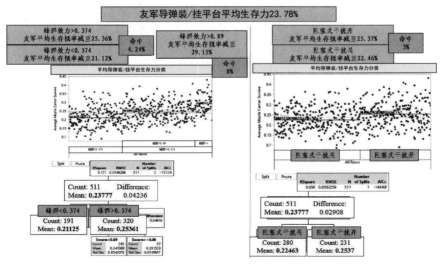

图7-24 对行动构成影响的统计指标

2) 分布式兵力架构分析

对于分布式兵力架构的仿真实验分析,战术手段与对抗措施与固定式兵力架构的输入数据保持不变,此外增加了23个无人平台。这种以分布式海上作战行动为中心的兵力架构,整合了各作战域中对敌方兵力实施攻击的各种有人与无人兵力装备的组合。生存能力指标在分布式海上作战行动样式时尤为有用,原因在于该指标体现了装备平台抵御攻击行动的能力,以及对敌威胁源实施进攻性打击的能力。该指标也需要针对各种场景分别考虑,原因在于结果的可变性在很大程度上应归因于所战斗序列的样式。例如,仿真分析的单次运行中生成了149个敌方威胁源,并且与数量基本相当的友军兵力中主要水面战斗舰船、战斗机、情报监视侦察(Intelligence, Surveillance and Reconnaissance, ISR)装备平台及无人装备进行攻击。运用同一组数据的另一次运行过程中,可能生成149个敌方威胁源,并针对一个由濒海战斗舰和旋翼飞机编成的小规模水面行动群进行攻击。如表7-6所列,分布式兵力架构分析过程中显著因素数量更多,但是能够通过各数据指标的更多层级分析,确定分布式兵力架构在作战行动中具有显著统计学意义的主要装备平台。

表7-6 分布式兵力架构生存能力指标归纳分析

效力度量(Measurement of Effectiveness, MOE) 计算指标	百分比$_{蓝方存活兵力}$ = $\dfrac{仿真分析结束时蓝方存活兵力数量}{蓝方兵力初始数量}$			
	分布兵力架构			
	总体生存力	高价值舰船	导弹挂/装载平台	战斗机
统计学显著性贡献因素	无人机数量 DDG-51数量 F-35对空数量 F-35对海数量 瞄准式干扰 阻塞式干扰	DDG-51数量 两栖攻击舰数量 蜂群	DDG-51数量 蜂群 LCS数量 CVN数量 阻塞式干扰 箔条	F-35对空数量 F-35对海数量 DDG-51数量 EA-18数量、CG数量 阻塞式干扰 F/A-18数量 地表/水面 瞄准式干扰 无人机数量

3) 仿真分析结论与建议

通过实验分析,无人平台组成的蜂群或者干扰源,是有效的防御措施,特别是在无人机编组能够成功地模拟有人装备平台或高价值单元的情况下。无人机蜂群最主要的作战行动意义体现在提高导弹挂/装载平台生存能力。

在需要依托现役或未来先进性雷达传感器及网络能力的情况下,降低或减弱对手电子战手段对于友军兵力生存至关重要。对于此目的,海军应聚焦于兵力架构重组问题,持续发展和整合无人系统并编配航母打击群、远征打击群和水面行动群。对于分布式兵力架构的分析,工作组认为无人机是提高效能指标的重要因素,在仿真生成的无人机数量大于15~20架的情况下尤为明显。更多无人装备平台的价值,在于迫使敌方调配资源和耗费时间用于实施情况判断,特别是在这些无人平台具备战斗能力(如具备实施干扰或使用武器)的情况下。

更进一步,蜂群战术是无人装备平台的重要运用。无人机蜂群对于固定型兵力架构和分布型兵力架构的实验分析过程,都起到关键性作用。无人机蜂群模拟核动力航空母舰的实验结果,证明了无人机蜂群可牵制敌方解算射击诸元的能力。建议考虑将无人机蜂群装备形成欺诈诱饵来模拟航空母舰与驱逐舰,此战术手段能够使红方导弹武器发射平台在目标选择时发生偏差漏掉航空母舰。同样,运用无人水面舰船的意义并非在于分散敌方的导弹火力,而且其对于敌方装备平台也具备相当的攻击能力,将影响友军兵力获胜。

7.4 本章小结

本章在联合作战实验基本理论基础上,针对作战概念开发、作战方案评估和装备体系能力论证三类作战实验典型应用场景,提出了三类联合作战实验应用流程和框架,并以美军和北约相关案例为基础,分别对相应场景下作战实验组织实施方法进行了讨论。在作战概念开发实验案例中,围绕作战概念的提出、开发和验证三个关键步骤,以海军分布式杀伤作战概念为例,分析了基于研讨式推演提出作战概念、开发和验证作战概念。在联合作战方案评估实验案例中,以阿富汗和平支撑行动方案评估为例,研究了基于兵棋推演分析关键决策点并进行实验优化。在装备体系能力论证实验案例中,以海上无人装备体系能力论证为例,结合装备体系能力的开发和验证两个关键过程,介绍了基于仿真实验的应用。通过本章案例研究,对掌握不同应用场景下的作战实验方法提供了借鉴,对深化理解联合作战实验基础理论提供了参考。

中英文对照表

缩略语	英文全称	中文名
A2/AD	Anti–Access/Area Denial	反介入/区域拒止
AAR	After Action Review	事后回顾/分析
ACEIOS	Air and Space Collaborative Environment Information Operations Suite	空天信息作战仿真系统
AFSIM	The Advanced Framework for Simulation, Integration and Modeling	仿真、集成与建模高级框架
ALSP	Aggregate Level Simulation Protocol	聚合级仿真协议
ANDEM	Architecture Neutral Data Exchange Model	中性数据交换模型
ASD	Authoritative Source Data	权威数据源
ATO–G	Air Tasking Order Generator	空中任务分配指令生成器
ATO–T	Air Tasking Order Translator	空中任务分配指令转换器
AWSIM	Air Warfare Simulation	空战仿真系统
BOM	Basical Object Model	基本对象模型
CM	Campaign of Experimentation	实验战役
CAN	Center for Naval Analysis	美国海军分析中心
CDL	Correlated Data Layer	相关数据层
CEMS	Cloud Enabled Modular Services	云使能模块化服务
CEP	Combat Events Program	战斗事件程序
CITA	Common Training Instrumentation Architecture	通用训练设施体系架构
CMANO	Command: Modern Air/Naval Operations	现代空海一体战
COA	Combat Operation Action	作战行动方案
COP	Common Operation Picture	公共作战视图
C2	Command and Control	指挥控制
CBTE	Competecy Based Test and Evaluation	基于能力的试验鉴定
COIN	Counterinsurgency	反叛乱
CART	Classification and Regression Tree	分类回归树
CVN	Carrier Vessel Nuclear	核动力航空母舰

续表

缩略语	英文全称	中文名
DE	Defense Experimentation	防务实验
DIS	Distributed Interactive Simulation	分布式交互仿真
DISA	Defense Information Systems Agency	国防信息系统代理
EADSIM	Extended Air Defense Simulation	扩展防空仿真系统
ECT	Event Control Tools	事件控制工具
EDT	Event Design Tools	事件设计工具
ELS	Entity Level Simulation	实体级模拟
EA	Exploratory Analysis	探索性分析方法
EPF	Expeditionary Fast Transport Vessel	远征快速运输船
FBE	Fleet Battle Experiment	舰队战斗实验
FP	Frequent Pattern	频繁模式
FIRE	Force Interaction Request Environment	兵力交互任务变更环境
GCCS	Global Command Control System	全球联合指挥控制系统
GS	General Service	通用服务
HLA	High Level Architecture	高层体系结构
HLA-OMT	HLA object Model Template	HLA 对象模型模板
HITL-CAW	Human-in-the-Loop,Computer Assisted Wargames	人在回路的计算机辅助推演系统
ICP	Interface Configuration Program	接口配置程序
ISR	Intelligence,Surveillance and Reconnaissance	情报监视侦察
I-MILES	Instrumentable-Multiple Integrated Laser Engagement System	辅助型多功能综合激光交战训练模拟系统
JAAR	Joint After Action Review	联合事后讲评
JCATS	Joint Conflict and Tactical Simulation	联合冲突与战术仿真系统
JDLM	Joint Deployment Logistics Model	联合部署后勤模型系统
JECS	Joint Exercise Control Station	联合演习控制站
JHIP	JTLS HLA Interface Program	JTLS 高级架构界面程序
JMASS	Joint Modeling and Simulation System	联合建模与仿真系统
JMETC	Joint Mission Environment Test Capability	联合任务环境试验能力
JNTC	Joint National Training Capability	联合国家训练能力
JOI	JOI,JTLS Operational Interface	JTLS 操作界面
JE	Joint Experimentation	联合实验

续表

缩略语	英文全称	中文名
JOEA	Joint Operation Experiment Analysis	联合作战实验分析
JSAF	Joint Semi-Automated Force	联合半自动生成兵力系统
JSE	Joint Simulation Environment	联合仿真环境
JEIMS	Joint Simulation System	联合仿真系统
JTIDS	Joint Training Data Service	联合训练数据服务
JTLS	Joint Theater Level Simulation	联合战区级仿真系统
JTLS-GO	Joint Theater Level Simulation-Global Operation	联合战区级仿真系统-全球作战
JWA	Joint Warfare Assessment	联合作战评估
JWARS	Joint Warfare System	联合作战仿真系统
JFCOM	Joint Forces Command	联合部队司令部
LVC	Live、Virtual、Constructive	实况、虚拟与构造仿真
LAM	Land Attack Missile	对地攻击导弹
LHA/LHD	Amphibious Assault Ship	两栖攻击舰
LPD	Landing Platform Dock	两栖船坞登陆舰
MC02	Millennium Challenge 2002	千年挑战2002
ME	Military Experimentation	军事实验
MNE	Multinational Experimentation	多国实验
MUSE	Multiple Unmanned Aerial Vehicle Simulation Environment	多无人飞行器仿真环境
MoE	Measurement of Effectiveness	效力度量
NIFC-CA	Naval Integrated Fire Control-Counter Air	海军一体化火控-防空系统
NTC	National Training Center	欧文堡国家训练中心
NWARSNG	National Wargaming Simulation Next Generation	国家下一代作战仿真系统
NPS	the Naval Postgraduate School	美国海军研究生院
NBNOMD	Nearly Balanced, Nearly Orthogonal Mixed Design	接近平衡、接近正交混合设计
OVT	Order Verification Tool	命令校验工具
OLAP	On-Line Analytical Processing	联机分析处理
OPLAN	Operational Plans	作战计划
PC22	Project Convergence22	"会聚工程"2022

续表

缩略语	英文全称	中文名
PSOM	Peace Support Operations Model	和平支撑行动模型
PWEA	Post Wargame Experimentation and Analysis	兵棋推演事后实验与分析
PRT	Provincial Reconstruction Team	重建队
RPG	Rocket-Propelled Grenade	火箭推进榴弹
RoE	Rule of Engagement	交战规则
SDR	Scenario Data Repository	想定数据存储库
SDT	Scenario Design Tools	想定设计工具
SIMNET	Simulation Networking	分布式仿真网络
SIP	Scenario Initialization Program	想定初始化程序
SMT	Scenario Management Tool	想定管理工具
SNTO	Sequential Number-Theoretic Optimization	序贯均匀设计法
SLAMEM	Simulation Mobile Enemy Missiles	移动导弹定位与攻击仿真系统
STAFFEX	Staff Exercise	参谋人员集训
SEAS	System Effectiveness Analysis Simulation	系统效能分析仿真系统
SEAD	Surpression of Enemy Air Force	防空压制
SOPs	Standard Operating Procedures	标准操作
SME	Subject Matter Expert	主题专家
TACSIM	Tactical Simulation	战术仿真系统
TENA	Test and Training Enabling Architecture	试验与训练使能体系架构
TENA-LROM	TENA Logical Range Object Model	TENA 逻辑靶场对象模型
TW	Trident Warrior	三叉戟勇士
TTPs	Tactics, Techniques, Procedures	战术-技术-操作程序
VTI	Virtual Training Interface	虚拟训练接口
VV&A	Verification Validation and Accreditation	验证、校核与确认
VBS	Virtual Battlefield Space	虚拟战场空间

参考文献

[1] 林定夷. 科学实验的历史发展及其方法论思想之演化[J]. 学术研究, 1986(2): 26–31.

[2] 辛秋水. 论社会科学实验对社会发展的重大意义:来自社会科学实验前沿的报告[J]. 荆门职业技术学院学报, 2000(4): 1–7, 111.

[3] 王辉青. 论作战实验的科学基础和认知特征[J]. 中国军事科学, 2007, 20(3): 1–5.

[4] 卜先锦, 张德群. 作战实验学教程[M]. 2版. 北京: 军事科学出版社, 2013.

[5] 江敬灼. 作战实验若干问题研究[M]. 北京: 军事科学出版社, 2010.

[6] Department of Defense Experimentation Guidebook[Z]. 2021.

[7] ALBERTS D, HAYES R. Campaigns of Experimentation:Pathways to Innovation and Transformation[M]. Washington, DC:CCRP Publications, 2016.

[8] 孙翱, 庄益夫, 王宝和, 等. 武器装备作战试验研究与实践[M]. 北京: 国防工业出版社, 2021.

[9] 钱学森, 等. 论系统工程:(新世纪版)[M]. 上海: 上海交通大学出版社, 2007.

[10] 钱学森. 创建系统学:(新世纪版)[M]. 上海: 上海交通大学出版社, 2007.

[11] MCCUE B. Wotan's workshop:military experiments before World War II[M]. Quantico Virginia: Marine Corps University Press, 2013.

[12] 白爽, 洪俊. 美军面向LVC联合训练的技术发展[J]. 指挥控制与仿真, 2020, 42(5): 135–140.

[13] 刘德胜, 王吉星, 马宝林. 美军联合作战实验回顾性分析[J]. 火力与指挥控制, 2021, 46(7): 1–5.

[14] CJCSI 3010.02 Guidance for developing and implementing joint concepts[Z]. Military and Government Specs & Standards(Naval Publication and Form Center), 2016.

[15] 张兵志, 郭齐胜. 陆军武器装备需求论证理论与方法[M]. 北京: 国防工业出版社, 2012.

[16] 柯林. "千年挑战2002"美军转型的试验场[J]. 现代军事, 2002(9): 15–17.

[17] 吕跃广, 方胜良. 作战实验[M]. 北京: 国防工业出版社, 2007.

[18] 军事科学院军事运筹分析研究所. 作战实验理论与实践[M]. 北京: 军事科学出版社, 2008.

[19] 军事科学院军事运筹分析研究所. 作战实验实施指南[M]. 北京: 军事科学出版社, 2008.

[20] 胡晓峰, 杨镜宇, 司光亚, 等. 战争复杂系统仿真分析与实验[M]. 北京: 国防大学出版

社,2008.
[21] 曹裕华,管清波,白洪波,等.作战实验理论与技术[M].北京:国防工业出版社,2013.
[22] 蒋亚民.论作战实验[J].军事运筹与系统工程,2014,28(3):5-9.
[23] 卜先锦,叶雄兵,季明.作战实验点设计研究[J].军事运筹与系统工程,2010(2):61-66.
[24] 杨雪生,伊山,员向前,等.联合作战实验仿真战例研究[M].北京:军事科学出版社,2021.
[25] 杨镜宇.战争分析仿真实验系统[M].北京:国防大学出版社,2014.
[26] 王鹏,刘立娜.作战实验一体化设计研究[J].军事运筹与系统工程,2017,31(3):51-57.
[27] 钱东,赵江.海上实兵作战实验综述:概念、案例与方法[J].水下无人系统学报,2020,28(3):231-251.
[28] 孙宏宇.联合登陆作战方案评估建模分析[D].北京:国防大学,2019.
[29] 季明.面向武器装备体系仿真实验的试验床实验设计方法研究[D].北京:国防大学,2015.
[30] 江敬灼.论作战实验方法[J].军事运筹与系统工程,2009,23(3):8-15.
[31] 司光亚.战略训练模拟系统原理[M].北京:国防大学出版社,2011.
[32] 李向阳,孙龙,慈元卓,等.美军"施里弗"空间战演习解读[M].北京:国防工业出版社,2016.
[33] 张磊.军事战略问题的对抗式研讨方法初探[J].军事运筹与系统工程,2008,22(1):34-37.
[34] 李庆山.美军演习[M].沈阳:白山出版社,2008.
[35] 徐享忠,汤再江,于永涛,等.作战仿真试验[M].北京:国防工业出版社,2013.
[36] 梦想童年549.基于计算机仿真的战例分析:美军阿富汗"瓦纳特战斗"仿真推演与启示[EB/OL].(2019-02-19)[2022-11-12].http://www.360doc.com/content/19/0219/22/19248296_816185468.shtml.
[37] 荣新光,温睿.网络训练基本问题研究[M].北京:海潮出版社,2014.
[38] 李辉.美军作战实验研究教程[M].北京:军事科学出版社,2013.
[39] 司光亚,胡晓峰,吴琳."沉浸式"战略决策训练模拟系统研究与实现[J].系统仿真学报,2006,18(12):3581-1383,3607.
[40] 唐忠,魏雁飞,薛永奎.美军EADSIM仿真系统机理与应用分析[J].航天电子对抗,2015,31(3):25-29.
[41] 柯镇,李松.美军电子战试验场[J].航天电子对抗,2006,22(5):36-38.
[42] 李延旭,郭惠志.美国欧文堡国家训练中心组训方式探析[C]//外军职业军事教育与训练研讨会论文集2011年,2011:272-287.
[43] 游志斌.德国国家战略危机管理演习的主要特点及启示[J].中国应急管理.2010(5):53-55.
[44] 姚芬,孙裔申,张一博.国家战略危机决策模拟训练系统[J].指挥信息系统与技术,2013,6(4):13-18,47.

[45] 陈敏,黄谦,李坎. 军事战略博弈研讨系统分析与设计[J]. 指挥控制与仿真. 2019,41(1):84-89.

[46] 徐屹泰,于淼,孙晓民,等. 战略博弈与兵棋推演跨层级联动运行研究[J]. 军事运筹与评估,2022,37(2):73-79.

[47] 刘雅奇,齐锋. 信息作战实验基础理论与关键技术[M]. 北京:国防大学出版社,2015.

[48] 金伟新. 大型仿真系统[M]. 北京:电子工业出版社,2004.

[49] 胡晓峰,范嘉宾. 兵棋对抗演习概论[M]. 北京:国防大学出版社,2012.

[50] 彭希文. 兵棋:从实验室走向战场[M]. 北京:国防大学出版社,2013.

[51] 杨南征. 虚拟演兵:兵棋、作战模拟与仿真[M]. 北京:解放军出版社,2007.

[52] 彭鹏菲,任雄伟,龚立. 军事系统建模与仿真[M]. 北京:国防工业出版社,2016.

[53] 何昌其. 桌面战争:美国兵棋发展应用及案例研究[M]. 北京:航空工业出版社,2017.

[54] 张昱,李仁见,毛捍东. 美军一体化联合仿真[M]. 北京:国防大学出版社,2015.

[55] 李进,吉宁,刘小荷,等. 美军新一代支持联合训练的JLVC2020框架研究[J]. 计算机仿真,2015(1):463-467.

[56] 张昱,张明智,胡晓峰. 面向LVC训练的多系统互联技术综述[J]. 系统仿真学报,2013(11):2515-2521.

[57] 周玉芳,余云智,翟永翠. LVC仿真技术综述[J]. 指挥控制与仿真,2010(4):1-7.

[58] 朱江,陈巍,薛海鹏. 战法创新与实验[M]. 北京:军事科学出版社,2015.

[59] 朱迪亚·玻尔,达纳·麦肯齐. 为什么:关于因果关系的新科学[M]. 江生,于华,译. 北京:中信出版社,2019.

[60] TAN P N,STEINBACH M,KUMAR V. 数据挖掘导论[M]. 范明,范宏建. 译. 北京:人民邮电出版社,2020.

[61] NATO. NATO CD&E Handbook[EB/OL]. (2021-08-01)[2022-11-02] https://www.act.nato.int/application/files/1316/2857/5217/nato-act-cde-handbook_a_concept_develops_toolbox.pdf.

[62] CLARK B,PATT D,SCHRAMM H. Mosaic Warfare:Exploiting Artificial Intelligence and Autonomous Systems to Implement Decision-Centric Operations[R]. Center Strategic and budgetaly Assessments(CSBA),2020.

[63] HERNANDEZ A. Post Wargame Experimentation and Analysis:Re-Examining Executed Computer Assisted Wargames for New Insights[J]. Military Operation Reseach,2015,20(4):19-37.

[64] CHRISTOPHER H P,SYDNEY P S,Ee Hong Aw A,et al. Distributed Maritime Operations and Unmanned Systems Tactical Employment[R]. California Navy Postgraduate School,2018.

[65] APPLEGET J,BURKS R,CAMERON F. The Craft of Wargaming:A Detailed Planning Guide for Defence Planners and Analysts[R]. Australian Department of Defence,2021.

[66] 温睿. 作战方案计划推演评估[M]. 北京:兵器工业出版社,2019.

[67] 方开泰. 均匀设计[J]. 战术导弹技术,1994,6(2):56-59.